Le cerveau

Publié pour la première fois aux États-Unis sous le titre
The Complete Idiot's Guide to Understanding the Brain.

© Arthur Bard et Mitchell Bard, 2002. Tous droits réservés.

Cette édition est publiée en accord avec Alpha Books, une division de Penguin Group (USA) Inc.

Traduit de l'anglais (États-Unis) par Claire Nioche-Huguet.

Avec la collaboration d'Élisabeth Boyer.

Rédaction des QCM : Stéphanie Bouvet.

© 2009 Marabout (Hachette Livre) pour la traduction et l'édition française.

Toute reproduction d'un extrait quelconque de ce livre par quelque procédé que ce soit, et notamment par photocopie ou par microfilms, est interdite sans autorisation écrite de l'éditeur.

Le cerveau

Arthur Bard
Mitchell Bard

MARABOUT

Le programme d'un seul coup d'œil

Partie 1 — Aux origines du cerveau 1

1 C'est ici que tout commence 3
Le cerveau est sans doute un des plus grands mystères de l'univers, mais aussi un des plus fascinants.

2 De l'âge de pierre à la Renaissance 15
Un tour d'horizon de quelques hypothèses anciennes et moins anciennes qu'on a pu faire sur le cerveau.

3 La connaissance du cerveau, une longue histoire 27
La science commence enfin à s'intéresser de plus près au cerveau et réalise que cet organe pourrait jouer un rôle important.

4 La pensée moderne 47
Les progrès technologiques et les recherches récentes ouvrent de nouvelles perspectives pour comprendre le fonctionnement et la structure du cerveau.

Partie 2 — Principes d'anatomie 65

5 Le commandant en chef 67
Le cortex cérébral est le disque dur du cerveau et c'est là que se déroulent la plupart des fonctions associées à l'esprit.

6 Le coordinateur 79
Découvrez les mystères du cervelet et son importance pour l'équilibre, le tonus musculaire, le traitement des informations visuelles et auditives.

7 Une autoroute de l'information 89
Des milliards de cellules pour faire fonctionner le cerveau et assurer la circulation des messages nerveux.

8 Sur les nerfs 99
Découvrez les douze paires de nerfs crâniens qui relient le cerveau aux parties vitales de l'organisme.

Partie 3 — L'ordinateur humain 111

9 Et maintenant, parlez ! 113
La faculté de communiquer est un processus complexe qui met en jeu de nombreuses zones du cerveau.

10 Sens dessus dessous ! 123
Découvrez comment le cerveau intervient dans nos cinq sens, la vue, le goût, le toucher, l'ouïe et l'odorat.

VI La Grèce antique

11 Les nécessités de la vie **139**
*Manger, boire, dormir, faire l'amour... Ces besoins biologiques
mais si réjouissants sont contrôlés par le cerveau.*

12 Le corps en pilotage automatique **149**
*Les fonctions vitales du corps sont régulées par le système nerveux
autonome, divisé en système sympathique et parasympathique.*

13 À vous de choisir **163**
*Notre corps ne fait pas que réagir automatiquement à des stimuli.
Sans même que nous en ayons conscience, notre cerveau prend
des décisions. C'est ce qui distingue la réaction du réflexe.*

Partie 4 Action ! **175**

14 Le tableau noir de l'esprit **177**
*Le cerveau stocke un nombre important d'informations
mais le processus de la mémoire et du souvenir est complexe.*

15 Le cerveau sensible **193**
*Pourquoi sommes-nous triste ou heureux ? Qu'est-ce qui nous fait
pleurer ? D'où viennent nos émotions ? Le cerveau n'est pas étranger
à nos sentiments et à nos sensations.*

16 Quel cerveau ! **205**
*Quelques pages pour réfléchir à la notion d'intelligence et découvrir
combien ce sujet reste encore assez mal connu.*

Partie 5 Le cerveau malade **221**

17 L'ordinateur se plante **223**
*Le cerveau est un organe fragile. Traumatismes, tumeurs ou lésions
peuvent affecter son fonctionnement.*

18 Maux de tête et troubles neurologiques **243**
*Des maux de tête à l'épilepsie en passant par les maladies de Parkinson
ou d'Alzheimer, découvrez les principales maladies qui peuvent toucher
le cerveau. Certaines sont douloureuses, d'autres très invalidantes.*

19 Drogues et démons **259**
*Tabac, drogue, alcool sont des substances nocives pour le cerveau
et leur consommation est en progression constante dans le monde.*

20 Courts-circuits **271**
*Les troubles mentaux couvrent un large éventail de pathologies,
de l'anxiété aux psychoses en passant par la dépression ou les phobies.*

Le programme d'un seul coup d'œil VII

Partie 6 **Divans, pilules et bistouris** **287**

21 Examens en tous genres 289
Les progrès de la technologie aident médecins et spécialistes à établir des diagnostics de plus en plus précis.

22 On peut traiter certains problèmes 301
Certaines maladies qui touchent le cerveau sont encore incurables mais médicaments et thérapies peuvent aider les patients à mieux vivre. La chirurgie permet aussi de traiter certains cas.

23 Un avenir chargé de promesses 317
Chaque jour les chercheurs en découvrent davantage sur le fonctionnement du cerveau et sur sa structure, ce qui ouvre de nouveaux espoirs dans le traitement de certaines maladies.

Annexes **327**

A Glossaire 327
B Index 333

Sommaire détaillé

Partie 1 — Aux origines du cerveau 1

1 C'est ici que tout commence 3
Une merveille de la nature...4
    Le voyage du Beagle...4
    Un oncle du singe..5
Le cerveau des bébés..6
    L'évolution humaine..7
Petit, mais très malin 9
Le chef d'orchestre...10
Les spécialistes du cerveau..12
Scoops en série 12
Le cerveau, cet inconnu..13

2 De l'âge de pierre à la Renaissance 15
La préhistoire de la chirurgie du cerveau...15
Les momies n'étaient pas des lumières ! 16
Le génie des Grecs...18
    La tête ou le cœur ?...19
    Quel sens de l'humeur !...20
La science prend des vacances 21
Le jour et la nuit..22
La Renaissance..22
Des barbiers barbares 25

3 La connaissance du cerveau, une longue histoire 27
Cogito ergo sum..27
Une place dans le cœur..28
Des yeux pour voir..30
Comprendre ce que nous voyons..30
Des inventeurs pas toujours crédibles..32
    La théorie des bosses...32
    Regardez-moi dans les yeux !..32
Galvanisé !..33
Eurêka !..34
    Des maladies qui font avancer la science 35
Sous contrôle..36
Les chiens de Pavlov..37
Grosses têtes 38
Cherchons la petite bête..40
Un cas séduisant...41

Le livre qui a changé la face du monde 41
La première opération du cerveau...42
Zone interdite 43
Folle fin de siècle 44

4 La pensée moderne 47
Sexe, rêves et psychanalyse 48
Prises de tête..49
    Le développement des tests d'intelligence 50
    La découverte d'Alzheimer..50
    Sur la piste des messages chimiques 51
    Rêve de Nobel..51
    Un, deux, trois, test ! 51
    De drôles de machines 52
Et la neurologie fut 52
    Le père de la neurochirurgie..53
    Dandy chirurgien 54
    Un héros de la neurochirurgie française..54
Des cures controversées 55
    Sans les lobes 55
    Un traitement de choc 56
De nouveaux instruments 57
    Approfondir le regard 58
    Un cerveau homoncule..58
    Une boîte à scanner l'homme..59
    Interdit aux claustrophobes 60
Un antidouleur maison 61
Des pas de géants en un siècle..61

Partie 2 Principes d'anatomie 65

5 Le commandant en chef..67
Casque de sécurité et kit de survie 67
    Des trous dans la tête 69
    La barrière hémato-encéphalique..70
Qu'est-ce qui pense ?..71
    Matière grise 71
    Les noyaux gris centraux 72
Un cerveau multiple 72
    En plein front..73
    Ça se comprend 74
    Le lobe temporal 75
    Des yeux derrière la tête 75

Sommaire détaillé

    Petit, mais précieux 75
        La station relais 76
        Le régulateur 76

6 Le coordinateur **79**
    Les lobes, ce n'est pas que pour les oreilles 79
    Marcher droit 81
    Pas si moyen que ça ! 83
    À la base de tout 83
    Le système limbique 84
    Histoire d'hormones 85
        L'hypophyse 83
        Les hormones sécrétées par l'antéhypophyse 87
        Les hormones sécrétées par la post-hypophyse 87
        Un peu plus qu'une pomme de pin 88

7 Une autoroute de l'information **89**
    Un organe pour penser en permanence 90
    100 milliards de cellules ne peuvent pas avoir tort 90
    La circulation des messages 93
        Synapses à gogo 94
        Les neurones en action 95
        Des cellules méconnues 95
        Quel poison ! 96
    Toujours des inconnues 96

8 Sur les nerfs **99**
    À quoi ça sert ? 99
    Number One 100
    Rien que pour vos yeux 100
        Les fonctions des nerfs crâniens 101
        Réflexe ! 102
        Caméra cassée 103
        Rouler des yeux 103
    Un visage expressif 103
    Attention aux oreilles 105
    Déglutissez et inhalez 105
        Les nerfs de l'oreille, de la langue et de la gorge 106
        Viva Las Vagus 106
        Le bon accessoire 107
    Tirez la langue ! 107

Partie 3 — L'ordinateur humain 111

9 Et maintenant, parlez! 113
L'inconnue des origines 114
Le langage des bébés 115
   Areu! Areu! 115
   C comme « chat » 116
   C'est du chinois! 117
Retour sur Broca et Wernicke 118
Langage et lecture 119
   À l'aide! 119
Audition et langage 120

10 Sens dessus dessous! 123
Vue de l'esprit 123
   Une vie haute en couleur 124
   Chassé-croisé 125
   Partie de chasse 126
   Deux yeux valent mieux qu'un 126
   Dans le brouillard 126
   Voir, c'est croire? 128
Une oreille pour entendre 128
   De bonnes vibrations 130
   Baissez le volume, s'il vous plaît 131
Par l'odeur alléché 133
Miam, miam! 134
Comme c'est touchant! 136
Le sixième sens 137

11 Les nécessités de la vie 139
Mangez, buvez et réjouissez-vous 139
Doux sommeil 140
   Le rythme circadien 141
   Votre cerveau est sur la bonne longueur d'onde 142
   Les cycles du sommeil 142
   Ces rêves qui peuplent nos nuits 143
   Les insomnies 145
   Le sommeil des voyageurs du ciel 146
On ne badine pas avec l'amour 146

12 Le corps en pilotage automatique 149
Un thermostat interne 150
Du combustible 152

Sous pression..153
    En surchauffe..154
    Soufflez!...154
Le système parasympathique....................................155
Les réflexes..156
    Les bébés ont plein de réflexes..........................158
La propreté : un apprentissage................................159
Parlons sexe..159

13 À vous de choisir..163
En équilibre..163
Cinq sens et plus..164
    Passage aveugle...164
    Étonnant labyrinthe...165
Quand partir fait souffrir..166
    Mieux vaut prévenir que guérir...........................167
    Quand la tête vous tourne..................................168
Les pyramides...169
La carte de Penfield..170
Réflexe ou réaction ?..170
    À vos crayons !...173
Du physique au mental..172

Partie 4 Action !..175

14 Le tableau noir de l'esprit.................................177
Souvenirs, souvenirs..178
La mémoire est complexe..178
    La mémoire à court terme...................................179
    La mémoire de travail..180
    La mémoire à long terme....................................181
Mémoire et action..182
    L'effet Mozart..183
    Remplir les blancs..184
    Faux souvenirs..184
Dessiner un vide..185
Un petit tour et puis s'en vont !...............................187
Gonfler sa mémoire..188
    Mangez malin...190

15 Le cerveau sensible..193
Les sentiments d'abord ?...194
    La palette des émotions.....................................196

La tête de l'emploi	197
Un traitement radical	198
Chair de poule	200
Un stress qui change la vie	201
Peut-on vraiment détecter les mensonges ?	202
L'intelligence émotionnelle	203

16 Quel cerveau ! 205

Qu'est-ce que l'intelligence ?	205
L'école de la rue	206
L'intelligence multiple	207
Mesurer l'intelligence	208
Qu'est-ce qui nous rend intelligent ?	210
Les enfants surdoués	211
Petit Q.I	212
Rain Man	213
Intelligence et taille du cerveau	213
Deux cerveaux valent mieux qu'un	214
Léonard de Vinci, Mozart et vous	215
Le cerveau d'Einstein	216
Le mythe des 10 %	217
Un savant fou	218
L'élixir d'intelligence	219

Partie 5 Le cerveau malade 221

17 L'ordinateur se plante 223

Le trauma : plus qu'une petite bosse	224
Quand le cerveau fait mal	224
Coups de boule	225
Les fractures du crâne	227
La rééducation intégrée	227
Tumeur au cerveau : des mots qui font peur	228
Les tumeurs crâniennes	228
Les méningiomes	228
Les tumeurs des nerfs crâniens	229
Les gliomes	230
Les tumeurs hypophysaires	231
Les infections cérébrales	232
Les méningites bactériennes	232
Les abcès cérébraux	233
Les encéphalites	233
La rage	234

  Quelques autres infections cérébrales......................................235
  Les infections liées au SIDA......................................236
 Les maladies dégénératives héréditaires......................................236
 Les anomalies congénitales......................................237
  L'hydrocéphalie......................................237
  La trisomie 21......................................238
 Les accidents vasculaires cérébraux......................................239
  Les différents types d'AVC......................................239
  Le traitement des AVC......................................241
 La mort cérébrale......................................241

18 Maux de tête et troubles neurologiques......................................**243**
 Quand la tête fait mal......................................244
  Les migraines......................................232
  L'algie vasculaire de la face......................................245
  La céphalée de tension......................................245
 La névralgie du trijumeau......................................246
 La paralysie cérébrale......................................247
 La maladie de Parkinson......................................247
 La paralysie supranucléaire progressive......................................249
 L'épilepsie......................................249
 La sclérose en plaques......................................252
 La maladie d'Alzheimer......................................253
 L'hydrocéphalie à pression normale......................................254
 La maladie de la vache folle......................................255
 Tics et TOC : le syndrome de la Tourette......................................256
 Sommes-nous trop pessimistes ?......................................257

19 Drogues et démons......................................**259**
 Un problème mondial......................................260
  Les jeunes et la drogue......................................260
 L'alcoolisme......................................261
 La nicotine......................................262
 Le cannabis......................................263
 La cocaïne......................................264
 L'héroïne......................................265
 Les hallucinogènes......................................266
  Le LSD......................................266
  Le PCP......................................267
  L'ectasy......................................268
 Des hauts et des bas......................................268

20 Courts-circuits **271**
C'est dans la tête 272
L'enfermement : une longue tradition 272
Un changement dans les années 1950 273
Des troubles très nombreux 273
La schizophrénie 275
De mauvais gènes ? 276
Des hommes d'exception 277
L'anxiété 277
L'anxiété généralisée 278
Panique à bord 279
Les TOC 279
Les phobies 279
Du blues à la dépression 280
Tous égaux 281
Les femmes s'effondrent, les hommes aussi 281
Soigner la dépression 282
Le trouble bipolaire 283
L'autisme 284
Le TDAH 284

Partie 4 : Divans, pilules et bistouris **287**

21 Examens en tous genres **289**
Un patient a toujours une histoire 290
La ponction lombaire : ça fait mal ! 291
Une ambiance électrique 292
Le potentiel évoqué 293
Les ondes ne mentent pas 293
Les biopsies 294
Myélographie, angiographie et autres 294
L'imagerie médicale 295
Le premier scanner 296
L'IRM : une image plus nette 296
Le TEP-scanner 297

22 On peut traiter certains problèmes **301**
Les médicaments : une aide précieuse 302
L'effet Placebo 302
Je vous écoute 303
La thérapie psychodynamique 304
L'approche comportementaliste 305
L'approche cognitiviste 306

	Des traitements radicaux	307
	Sous le bistouri	307
	Un travail de spécialistes	308
	Une bonne préparation est indispensable	308
	Les traumas crâniens	309
	L'hydrocéphalie	310
	Les anomalies crâniofaciales	310
	Les tumeurs cérébrales	310
	Les tumeurs pituitaires	311
	Le neurinome de l'acoustique	311
	Les méningiomes	312
	Les tumeurs métastasiques	312
	Anévrismes et malformations artérioveineuses	313
	Traiter les attaques cérébrales	314
	Garder espoir	315

23 Un avenir chargé de promesses 317
Du génie dans les gènes 318
Les débats éthiques de la science moderne 318
À la source 320
Encore une controverse 320
Hello Dolly ! 321
Deep Blue 322
Un nouveau cerveau ? 322
De nous à vous 323
La « renaissance » de la Grèce en Occident 306

Annexes **327**

A Glossaire **327**
B Index **333**

Préface

Comprendre le fonctionnement du cerveau, la manière dont il se construit et se façonne en fonction de notre patrimoine génétique, de notre expérience, de notre environnement, de nos apprentissages ;

comprendre comment la conscience, l'intelligence et les émotions émergent de cet organe que certains chercheurs qualifient d'« organe le plus complexe de l'univers » en raison de ses milliards de composants élémentaires, les neurones ;

comprendre comment le cerveau contrôle chacun de nos mouvements volontaires avec tant de précision, des plus simples aux plus acrobatiques, tout en assurant l'équilibre de l'ensemble du corps, et comment il nous permet d'avoir une perception unifiée du monde malgré la diversité de nos sens ;

voici autant de questions fondamentales et fascinantes auxquelles tentent aujourd'hui de répondre de nombreux chercheurs, et qui constitueront, sans aucun doute, la base des grandes lignes des recherches en neurosciences au XXIe siècle.

Cet engouement des chercheurs et du grand public pour les neurosciences, cette discipline qui englobe toute les sciences qui concourent à l'étude du fonctionnement du système nerveux (neurophysiologie, biomécanique, génétique, psychologie, robotique, mathématiques, informatique, etc.), s'explique sans doute par le fait que cette discipline s'intéresse à ce qui nous est de plus intime, le fonctionnement de notre corps et de notre esprit, mais également parce qu'elle est porteuse d'un espoir immense de guérison des maladies neurologiques, telles que les maladies de Parkinson, d'Alzheimer, d'Huntington, de Creuztfel-Jacob, l'épilepsie... pour n'en citer que quelques-unes.

Depuis ces dernières décennies, les progrès dans la connaissance du fonctionnement du cerveau ont été exponentiels, notamment grâce à l'utilisation de techniques d'exploration très sophistiquées qui permettent de visualiser l'activité du cerveau en « cours d'action ». Cependant, comme les auteurs de ce livre le soulignent, nous sommes encore très loin d'avoir percé tous ses mystères.

Utilisable sans connaissances biomédicales préalables, ce qui est exceptionnel pour ce type de sujet, cet ouvrage s'adresse à toutes les personnes curieuses et désirant mettre à jour ou approfondir leurs connaissances dans un domaine qui évolue très rapidement. Il retrace dans ses grandes lignes l'historique de l'avancée des connaissances sur le cerveau, de la plus haute Antiquité (les premières traces de la description du cerveau, écrites en hiéroglyphes, remontent à 3 000 ans avant notre ère) jusqu'à nos jours. Il expose ensuite clairement les bases fondamentales du fonctionnement cérébral telles que nous les connaissons aujourd'hui, en abordant, entre autres, les bases neurales de la mémoire, du mouvement, des sensations, du langage, des émotions, de l'intelligence, des rêves, avant de décrire les disfonctionnements de cet organe à l'origine des grandes maladies neurologiques et leurs traitements.

Autant dire que le programme de cet ouvrage est ambitieux. Mais tellement passionnant. Alors bonne lecture !

Éric Yiou
Maître de conférence à l'université Paris-XI

Introduction

Ce livre n'a pas été facile à écrire. Celui de nous deux qui est neurochirurgien (Arthur Bard) pensait qu'il s'agissait d'une mission impossible tant il était difficile pour lui d'envisager de rendre compte de la complexité du travail de toute une vie dans le format de cette collection.

Nous nous sommes efforcés de trouver un équilibre entre deux positions délicates : soit être didactiques et complets, soit être intéressants et compréhensibles. Nous avons constaté, en examinant les autres ouvrages écrits sur le cerveau, que ceux-ci optaient pour l'une ou l'autre de ces positions.

De nombreux livres sur le corps humain ont été écrits à l'intention des enfants ; ces livres sont utiles en ceci qu'ils simplifient les connaissances, mais ils sont insatisfaisants car ils réduisent des ensembles de chapitres à un simple paragraphe. D'un autre côté, nous ne voulions pas, non plus, faire de ce livre un manuel pour étudiant en médecine, jargonneux et surchargé de descriptions sur chacune des structures et fonctions du cerveau.

Nous espérons avoir trouvé le juste équilibre, et pouvoir vous offrir la possibilité d'apprendre, non seulement les connaissances de base à propos du cerveau, mais aussi quelques-uns des concepts les plus sophistiqués, sans que vous vous sentiez dépassés. La recherche médicale fait de nouveaux progrès tous les jours, et nous avons essayé d'introduire certaines des découvertes les plus récentes, en complément des idées les plus reconnues sur le cerveau.

Ceux qui sont familiers avec cette collection remarqueront que le ton change dans la seconde moitié du livre. Ceci est tout à fait délibéré. Bien que nous ayons adopté une approche légère pour une grande partie de l'ouvrage, nous avons également ressenti que la gravité des chapitres traitants de pathologie, de toxicomanie et de thérapeutique, requérait un style plus sérieux. Nous sommes sûrs que vous trouverez toutes les informations que nous proposons intéressantes et non moins utiles.

Nous n'espérons pas que vous soyez prêts à pratiquer la neurochirurgie après avoir lu ce livre. En revanche, nous espérons vraiment que vous aurez une meilleure compréhension de cet étonnant et mystérieux organe, qui vous permet de lire et de comprendre ces mots.

Comment utiliser ce livre

Ce livre traite à la fois de l'histoire de la science du cerveau, de la constitution et du fonctionnement de cet organe fabuleux, mais aussi des lésions et maladies qui peuvent l'atteindre et des moyens de traiter ces troubles. Au fil des pages, vous découvrirez également combien les évolutions technologiques nous aident à pénétrer plus profondément l'univers du cerveau, même s'il reste encore des pans inexplorés et des découvertes merveilleuses à faire dans ce domaine. Le sujet est complexe et nous avons été obligés de recourir à un vocabulaire parfois un peu technique, mais nous nous sommes efforcés de rendre notre propos le plus clair possible pour vous en faciliter la lecture et aiguiser votre curiosité.

Partie 1 : « Aux origines du cerveau ». Cette partie vous initie aux mystères du cerveau et apporte un éclairage sur la façon dont il a été perçu au fil des siècles par les philosophes, les scientifiques, les théologiens et les médecins. Elle retrace également comment a évolué notre façon de comprendre son architecture et ses fonctions.

Partie 2 : « Principes d'anatomie ». Ces quelques chapitres traitent de la structure du cerveau. Vous y apprendrez tout ce qu'il faut savoir sur les différentes zones de cet organe et sur leur rôle.

Partie 3 : « L'ordinateur humain ». Un des grands mystères du cerveau est de savoir comment il agit sur notre aptitude à parler, à voir, à entendre, à toucher, à goûter et à sentir. Cette partie porte un regard sur le rapport entre le cerveau et nos besoins essentiels, comme l'alimentation, l'hydratation, le sommeil et la sexualité. Enfin, elle examine certaines des actions involontaires ou volontaires que le cerveau contrôle.

Partie 4 : « Action ! ». Comment se crée le souvenir, qu'est-ce qui nous rend intelligents, d'où viennent nos émotions ? Telles sont les questions auxquelles tentent de répondre cette section, nons sans faire état des débats et controverses qu'elles suscitent.

Partie 5 : « Le cerveau malade ». Le cerveau est un organe fabuleux, mais vulnérable. Au fil de ces pages, vous découvrirez un large spectre de lésions, pathologies et troubles qui peuvent le toucher, des maux de tête aux tumeurs en passant par les accidents vasculaires cérébraux. Cette partie traite également de la maladie mentale et des effets de la drogue et de l'alcool sur le cerveau.

Partie 6 : « Divans, pilules et bistouri ». Après avoir évoqué les maux qui peuvent altérer le fonctionnement du cerveau, il fallait bien évoquer la manière d'en venir à bout ou du moins d'en atténuer les effets. C'est le rôle de cette dernière partie, qui se conclut sur une évocation des recherches actuelles susceptibles de faire évoluer encore notre connaissance du cerveau et des moyens de le soigner.

Encadrés

Tout au long de ce livre, vous trouverez des encadrés contenant des informations complémentaires, des définitions, des citations ou des pistes de découvertes.

Le jargon de la science
Ces encadrés présentent les définitions de certains termes difficiles que vous rencontrerez au fil de votre lecture. Mais vous pourrez aussi les retrouver dans le glossaire, en fin de volume, si vous les avez oubliés en cours de route...

Gagnez des points de Q.I.
Ces encadrés apportent des éclairages fascinants sur la façon dont le cerveau fonctionne ou vous livre des anecdotes passionnantes sur les travail des scientifiques et des médecins.

Faites le 15 !
Vous y trouverez des messages d'alerte sur les événements qui peuvent affecter le fonctionnement du cerveau ou des avertissements sur des interprétations sujettes à caution.

Remue-méninges
Nous vous proposons des pistes d'exploration pour approfondir vos connaissances. À vous ensuite de jouer et de combler votre curiosité par de nouvelles lectures.

Remerciements

Arthur Bard tient à remercier ses premiers enseignants, les professeurs Eben Alexander et Courtland Davis, qui ont éveillé son intérêt pour la neurochirurgie. Il remercie également le neurochirurgien Fred Rehfield, rencontré à Fort Worth au Texas, alors qu'il exerçait au Public Health Service , et qui a beaucoup compté dans son désir de poursuivre sa carrière en neurochirurgie. Les docteurs Keasley Welsh, Richard Lende, Wolf Kirsch et Tom Craigmile ont continué de le former à la neurochirurgie, alors qu'il était chef de clinique de l'University of Colorado Medical Center.

Mitchell Bard souhaite remercier sa famille pour la patience dont elle a pait reuve tout au long de la conception, très prenante, de ce livre. Il veut tient aussi à remercier son père dont la patience n'a jamais manqué quand il fallait tout expliquer à quelqu'un qui voulait qu'on lui parle comme s'il avait six ans...

Partie 1
Aux origines du cerveau

Cette partie traite des représentations – des plus perspicaces aux plus bizarres – que les philosophes, les médecins et les gens ordinaires ont pu se faire du cerveau à travers les âges. Si vous ne vous intéressez pas à l'histoire, sentez-vous libre de passer directement à la deuxième partie. Mais si vous aimez lire les histoires de momies, d'hypnotisme et de Frankenstein, attardez-vous un peu sur ces premières pages. Vous y apprendrez deux ou trois choses sur la manière dont la compréhension du cerveau a évolué depuis les temps les plus reculés jusqu'aujourd'hui.

Chapitre 1

C'est ici que tout commence

Dans ce chapitre

→ L'objet le plus complexe de l'univers

→ L'évolution du cerveau

→ Câblage réel

→ Cerveau contre ordinateur

→ Les experts du cerveau et ce qu'ils font

Le cerveau est un organe fascinant. Il détermine ce que nous pensons et comment nous interprétons le monde. Il produit nos rêves et nos cauchemars. Il nous dit d'être heureux ou triste. Nous mangeons, nous buvons et nous avons une activité sexuelle grâce à des instructions données par notre cerveau. Avec d'autres acteurs du système nerveux central, comme la moelle épinière, il contrôle chacun de nos processus internes, comme le battement de notre cœur, la digestion des aliments et le rythme de notre respiration, sans même que nous ayons à y penser.

La curiosité est à elle seule une très bonne raison d'étudier le cerveau. Ce dernier a longtemps exercé une fascination sur les scientifiques et les médecins, même si, pendant des siècles, il n'a pas été considéré comme un organe important. Ce n'est que récemment, quand les chercheurs ont pu mieux comprendre la structure et la fonction du cerveau, que le public a commencé à s'y intéresser vraiment. En saisissant mieux de quoi le cerveau a l'air, comment il est assemblé et comment il fonctionne, nous espérons pouvoir améliorer nos vies et celles de nos enfants. Nous espérons trouver les moyens de développer notre mémoire, de modifier le comportement de nos enfants, de surmonter les angoisses qui gênent nos actions et affectent notre bonheur.

En outre, le cerveau représente un enjeu de santé crucial, car on estime à 50 millions la population souffrant de maladies neurologiques. La nécessité de trouver des traitements et des remèdes anime nombre de projets de recherche sur cet organe.

Dans les pages suivantes, vous aurez la chance de découvrir ces recherches tout en enrichissant votre compréhension et votre représentation de la création la plus remarquable de la nature : le cerveau humain. Détendez-vous, savourez vos découvertes et ne vous inquiétez pas : vous ne verrez pas une goutte de sang !

Une merveille de la nature

Votre cerveau pèse moins que celui d'un dauphin. Il ressemble à une noix, mais il est moelleux comme une éponge car il est composé d'eau à presque 80 %. Ceux qui ont déjà fait de la plongée avec bouteilles ou en apnée et qui ont pu voir certains coraux ronds dont la surface est recouverte d'un dessin en labyrinthe peuvent se faire une idée assez juste de ce à quoi ressemble la surface de notre cerveau.

> **Gagnez des points de Q.I.**
>
> Vous êtes-vous jamais demandé pourquoi une coupure sur la tête saigne aussi abondamment quand une coupure au genou ne produit souvent qu'une goutte de sang ? En fait, il y a tellement de sang pompé par notre tête que le cuir chevelu est plus fortement irrigué que n'importe quelle autre zone de la peau. C'est ce qui explique que les blessures à la tête ont souvent l'air plus graves qu'elles ne le sont en réalité.

Le cerveau est abrité dans un réceptacle osseux sur mesure. Bien qu'il ne représente que 2 % du poids de votre corps, il a besoin de 20 % de l'énergie corporelle. Environ un cinquième du sang que votre cœur pompe (à peu près 5 litres par minute au repos) est envoyé au cerveau par quatre artères principales. Ce dernier fonctionne grâce à l'oxygène et au glucose et produit environ la même quantité d'énergie qu'une ampoule de 10 watts. Il travaille vingt-quatre heures sur vingt-quatre, sept jours sur sept, aussi longtemps que vous vivrez, et n'a aucune partie mobile.

Pour le dire simplement, votre cerveau est sans doute l'objet le plus incroyable et le plus complexe de l'univers...

Le voyage du Beagle

En 1831, un naturaliste britannique de vingt-deux ans nommé Charles Darwin prend part à une expédition à bord du navire d'exploration *H.M.S. Beagle*. Lors de ce voyage autour du monde, Darwin fait de prudentes, mais pertinentes observations sur les espèces animales dans différentes régions. En s'appuyant sur les ressemblances et différences qu'il observe, il développe sa théorie de l'évolution. D'après lui, les individus d'une espèce qui réussit à survivre sur plusieurs générations ont développé certains avantages leur permettant de rivaliser avec les autres espèces, voire avec les individus de leur propre espèce. Par un processus de **sélection naturelle**, les générations plus récentes héritent des adaptations réalisées par les générations qui les ont précédées. Par exemple, les individus qui sont les meilleurs chasseurs survivent, et les caractéristiques qui font d'eux de bons chasseurs (l'acuité visuelle, la rapidité, la furtivité) sont transmises à leur descendance. Une autre notion clé de la théorie de Darwin – particulièrement pertinente concernant l'étude du cerveau – est l'idée que les organismes qui ont des traits anatomiques communs descendent d'ancêtres communs.

> **Le jargon de la science**
>
> La **sélection naturelle** est le processus qui permet la survie des plantes ou des animaux les mieux adaptés à leur milieu. Ce processus conduit à la perpétuation de qualités génétiques qui garantissent cette adaptation.

À l'époque, cette théorie est mal reçue, parce que son auteur ne peut la prouver (certains sceptiques résistent d'ailleurs encore aujourd'hui). En outre, ses idées sont considérées comme une critique directe des convictions religieuses selon lesquelles le monde a été créé par un être divin. Selon la *Genèse*, Dieu créa l'homme il y a environ 6 000 ans. Dans la seconde moitié du XIXe siècle, pourtant, des paléontologues, des archéologues et des anthropologues commencent à découvrir des liens entre les humains et les singes. Ils dégagent également les vestiges d'anciennes cultures et exhument des preuves qui font remonter la naissance de l'espèce humaine à une période bien antérieure à 6 000 ans et qui témoignent de la continuité du processus d'évolution.

Un oncle du singe

Le développement du cerveau suit également un chemin évolutif qui commence avec les premiers animaux marins. Parce que leur vie est relativement simple, ces créatures ont des cerveaux constitués d'un petit nombre de cellules nerveuses.

Quand les premiers reptiles émergent des mers, il y a 300 millions d'années, ils ont besoin de se mouvoir et de posséder des sens aiguisés pour localiser leurs proies. Leur cerveau évolue, avec un développement du cervelet et du tronc cérébral, les éléments qui contrôlent le mouvement et les sens.

Les premiers mammifères apparaissent il y a environ 200 millions d'années. Ils maintiennent certains traits reptiliens, mais y ajoutent des qualités comme la mémoire et l'émotion. Leur cerveau développe alors de nouvelles structures correspondant à ces qualités.

L'apparition des premiers hominidés marque une période d'intense progression dans le développement du cerveau. Les fossiles montrent que l'évolution du corps humain est moins rapide que celle du cerveau.

Il y a moins de deux millions d'années, le développement du cerveau accompagne une extension de la mémoire, des aptitudes motrices plus fines, l'apparition du langage et des processus de pensée. Nous conservons les parties les plus anciennes du cerveau de nos ancêtres animaux, mais nous développons de nouveaux composants.

> **Gagnez des points de Q.I.**
>
> La famille des humains est celle des hominidés. Les caractéristiques de notre famille comprennent un cerveau volumineux, hautement développé, notre station debout et notre façon de nous déplacer. Nous nous distinguons des autres familles animales par notre aptitude à construire et utiliser des outils.

Le cerveau humain permet à notre espèce de survivre dans son milieu. S'il n'avait pas évolué avec tous ces composants, les animaux nous auraient probablement exterminés il y a un million d'années, et ils régneraient aujourd'hui sur la planète.

Même si nous regardons nos ancêtres de haut, les hommes des cavernes n'étaient pas les brutes stupides que nous nous imaginons. Votre cerveau est essentiellement le même que celui de Cro-Magnon il y a 35 000 ans. Si vous aviez mis un ordinateur devant ce gars hirsute en pagne et armé d'une grosse massue, il aurait eu la capacité mentale de l'utiliser. Le problème, c'est qu'il a fallu des milliers d'années pour inventer cette technologie…

Le cerveau des bébés

Le processus d'évolution au terme duquel notre cerveau a pris sa configuration actuelle a duré des millions d'années, mais le développement du cerveau d'un individu, de sa conception à sa naissance, est infiniment plus rapide. Plus surprenant encore : le modèle codé pour le construire est contenu dans une bande de 2 mètres de matériel génétique appelée **ADN**.

Pendant la plus grande partie des neuf mois qu'il passe dans l'utérus, l'être nouvellement formé

> **Le jargon de la science**
>
> **ADN** est l'abréviation en usage pour « acide désoxyribonucléique ». Cet acronyme est un raccourci pour décrire les acides nucléiques qui prennent la forme, dans la cellule, d'une double hélice et constituent les bases moléculaires de l'hérédité.

C'est ici que tout commence — Chapitre 1

L'évolution humaine

Date	Caractéristiques	Taille du cerveau (en cm³)
4 à 2,75 millions d'années	Notre plus ancien ancêtre s'appelle *Australopithecus afarensis*. Les fossiles retrouvés sont connus sous le nom de Lucie.	380-450 cm³
3 à 1,6 million d'années	*Australopithecus africanus* est plus grand que Lucie et a des capacités cérébrales plus importantes.	380 - 450 cm³
2,3 à 1,3 million d'années	*Australopithecus robustus* est significativement plus grand que ses prédécesseurs et a un cerveau beaucoup plus important.	500 - 600 cm³
1,8 à 1 million d'années	*Homo erectus* a une stature similaire à celle des humains actuels. Il utilise sans doute des outils et le feu. Il occupe des grottes.	800 - 1 300 cm³
300 000 à 200 000 ans	*Homo sapiens* commence à sembler plus « humain » et moins simien. Son crâne est plus rond et plus gros, ses dents et mâchoires plus petites que celles d'*Homo erectus*.	1 350 cm³
100 000 à 40 000 ans	Neandertal est petit et musclé. Son crâne est long, avec un petit front et un menton massif. Son cerveau est plus gros que le nôtre, mais structuré différemment, avec un néocortex moins développé. Néanmoins, caricaturer Neandertal sous les traits d'une brute épaisse est inexact.	1 500 cm³
35 000 ans	Cro-Magnon fait preuve de talents évidents dans les arts (peintures rupestres) et la technologie (nouveaux outils de chasse).	1 600 cm³

> **Le jargon de la science**
>
> Le **prosencéphale** forme le cerveau, le thalamus et l'hypothalamus. Le **mésencéphale** constitue le centre du cerveau. Plus spécifiquement, c'est la partie supérieure du tronc cérébral. Le **rhombencéphale** ou **cerveau postérieur** est la partie la plus basse du tronc cérébral, incluant la protubérance annulaire (ou pont) et le bulbe rachidien (*medulla oblongata*).

n'a ni conscience, ni connaissance, ni sentiments. À peu près dix-huit jours après la fécondation, une plaque neurale se forme à partir des tissus embryonnaires et devient lentement un tube de plus en plus épais qui présente trois vésicules : le **prosencéphale**, le **mésencéphale** et le **rhombencéphale** ou **cerveau postérieur**.

À la septième semaine de développement, ces trois structures principales ont continué de se diviser en zones plus spécialisées et le cerveau commence à se former. Les hémisphères cérébraux se développent à partir du prosencéphale jusqu'au point où ils recouvrent toutes les autres parties du cerveau. Le mésencéphale se subdivise, et quatre lobes associés à la vision et l'audition se forment. Une partie du rhombencéphale constitue le cervelet alors que l'autre partie évolue pour former le reste du tronc cérébral. Les grandes lignes du cerveau sont dessinées au troisième mois de vie fœtale.

Pendant ce temps, quelque 250 000 neurones sont créés chaque minute de la vie intra-utérine. Virtuellement, la totalité des neurones que vous utiliserez de votre vivant sont formés avant la naissance. les neurones sont des cellules capables de transmettre des

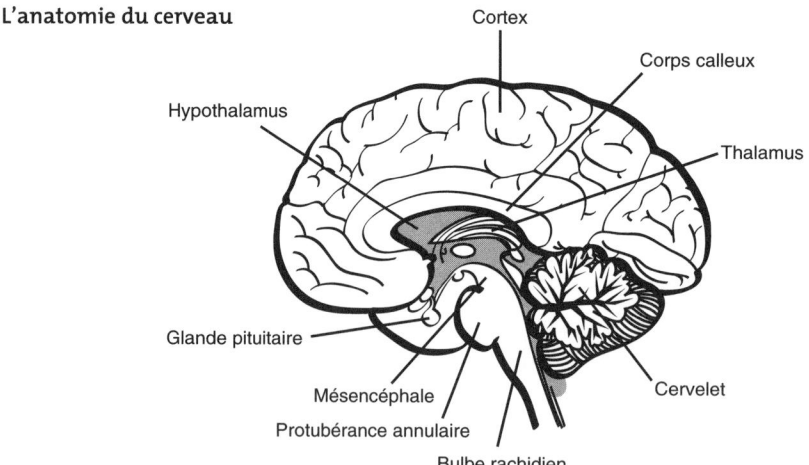

L'anatomie du cerveau

informations sous forme d'impulsions électriques à d'autres cellules (c'est-à-dire d'autres neurones, des cellules musculaires, des cellules glandulaires) et de modifier leur activité

Quand les enfants naissent, leur cerveau et leurs organes sont suffisamment développés pour qu'ils puissent survivre en dehors de l'utérus. Cependant, la nature a fait en sorte que le cerveau soit assez petit pour que la tête du bébé passe à travers le tractus génital. S'il était complètement formé, le passage serait rendu impossible par la taille de la tête du nouveau-né.

Petit, mais très malin

La plus grande partie du développement du cerveau se passe dans les deux premières années de la vie. Cet organe de 340 grammes à la naissance pèse 935 grammes à la fin de la première année. À cinq ans, il a atteint grosso modo sa taille et son poids définitif.

Bien que tous les neurones soient en place avant la naissance, ils ne sont pas reliés entre eux. Ce sont les expériences du nouveau-né qui, à chaque fois que les neurones sont activés, provoquent leur liaison. La capacité à apprendre est plus grande pendant la petite enfance. Une fois que les connections neuronales sont établies, collecter de nouvelles connaissances devient plus difficile. On aimerait bien parfois retomber en enfance !

Vous avez sans doute remarqué que les enfants apprennent souvent plus facilement que les adultes. Cette différence est due au fait que la plupart des connections cérébrales deviennent permanentes au fur et à mesure que nous grandissons. Si les parents jugent que leurs gamins se grillent le cerveau devant la télévision, ce sont en fait les adultes qui perdent leurs neurones petit à petit. Dès l'âge de vingt ans – et oui ! – les cellules de notre cerveau commencent à mourir à un rythme de 10 000 par jour, sans être jamais remplacées.

Faites le 15 !

N'attendez pas l'adolescent pour initier votre enfant à une nouvelle langue. Nous apprenons à comprendre et utiliser le langage durant la toute petite enfance, alors que le « câblage cérébral » commence à s'établir. Dans la zone du cerveau qui commande le langage, les neurones sont reliés entre eux à l'âge de six ans. Ce raccordement progressif est l'une des raisons pour lesquelles les enfants apprennent une nouvelle langue plus facilement que les adultes.

Au bout d'une vie, ce sont des millions de neurones qui sont perdus. Précisément, la capacité d'apprentissage et d'acquisition de nouvelles aptitudes physiques ou mentales commence à se détériorer dès que la personne vieillit. À trente ans vous n'en avez pas encore conscience mais, à soixante, vous commencez à sentir une différence dans ce que vous pouvez ou ne pouvez pas apprendre. Heureusement, d'ici là, l'être humain a généralement accumulé suffisamment de connaissances et d'expérience pour compenser.

Le chef d'orchestre

Le cerveau a souvent été comparé aux avancées technologiques en vogue. Dans le passé, par exemple, on l'envisageait comme un standard téléphonique. Aujourd'hui, il est souvent décrit comme un ordinateur, même si la façon dont il fonctionne est en fait bien différente, comme le montre l'analyse comparée qui suit.

- L'ordinateur, comme notre cerveau, a besoin d'énergie pour fonctionner. Mais la sienne est électrique alors que celle du cerveau est dérivée de la nourriture que nous consommons. De même, l'ordinateur peut être éteint, alors que le cerveau fonctionne en permanence.

- Les fonctions cérébrales sont activées par des réactions chimiques qui produisent de l'électricité, mais non pas de l'électricité pure comme pour l'ordinateur. De plus, la composition chimique du cerveau change en permanence, alors que le système de votre ordinateur reste toujours le même, sauf si vous devez procéder à une mise à jour.

- Le processus continu de réactions chimiques à l'intérieur du cerveau implique qu'il puisse réagir différemment aux mêmes stimuli ; au contraire, l'ordinateur produit en série une même réponse à une même saisie.

- Les microprocesseurs deviennent de plus en plus complexes et de plus en plus de données peuvent être traitées dans un volume de plus en plus petit. Par exemple, un microprocesseur de 1 GHz contient à peu près 22 millions de transistors sur une puce de la taille d'un timbre-poste. Mais, en comparaison, un morceau de cerveau de la taille d'une tête d'épingle contient jusqu'à un milliard de connexions.

Gagnez des points de Q.I.

En mai 1997, le champion du monde d'échecs Gary Kasparov, a été battu par *Big Blue*, un ordinateur programmé par une équipe d'ingénieurs et d'informaticiens qui étaient aussi de brillants joueurs d'échecs. Certains ont prétendu que cette victoire marquait une avancée majeure de l'intelligence artificielle. D'autres personnes ont attribué la défaite de Kasparov non pas à l'intelligence de l'ordinateur, mais à celle de ses programmateurs.

C'est ici que tout commence — Chapitre 1

> **Remue-méninges**
>
> En 1950, le mathématicien britannique Alan Turing avance, dans un article célèbre (« Computing Machinery and Intelligence »), que les ordinateurs pourraient être programmés pour rivaliser avec l'être humain. Il propose un test afin d'établir le succès d'une telle entreprise. Dans le test de Turing, un humain et un ordinateur sont interrogés par quelqu'un qui reçoit les réponses sans savoir de qui elles proviennent. Turing avance que si l'examinateur ne peut établir si les réponses proviennent du sujet humain, alors on peut considérer l'ordinateur comme intelligent.

- Tous ces microprocesseurs permettent aux ordinateurs d'effectuer d'impressionnants calculs et de nombreuses tâches à une vitesse qui dépasse de loin nos capacités humaines. Cependant, le cerveau opère, en un éclair et en mode multitâches, le contrôle du rythme cardiaque et de la tension artérielle tout en vous permettant de poursuivre une conversation.

- Si un composant informatique grille, il faut généralement le remplacer, sinon c'est toute la machine qui ne fonctionne pas. Dans quelques cas, quand une partie du cerveau est endommagée, il peut se réparer tout seul ou d'autres zones peuvent prendre le relais. Par exemple, lorsqu'une zone du cerveau est lésée, d'autres peuvent prendre le relais.

- Certaines parties d'un ordinateur fonctionnent tout à fait indépendamment. Les données sont stockées sur le disque dur, le son est produit par une carte audio, les images par une carte vidéo. Bien qu'on ait cru pendant de longues années que certaines zones du cerveau contrôlaient des fonctions bien spécifiques, on sait aujourd'hui que plusieurs zones collaborent afin d'assurer une fonction donnée.

- La différence majeure entre un ordinateur et un cerveau est qu'un ordinateur, ne ressent pas, ne rêve pas, ne pense pas ou n'est pas conscient de sa propre existence. Le cerveau humain, oui.

Au vu de cette analyse, il serait sans doute plus judicieux de comparer le cerveau à un chef d'orchestre. Beaucoup d'instrumentistes différents composent l'orchestre. Ils peuvent jouer séparément, mais il en résulte souvent une cacophonie. Le chef d'orchestre doit exploiter le talent de ses musiciens tout en coordonnant leur action afin qu'ils jouent la note juste au bon moment. Le cerveau agit de manière similaire. Il doit contrôler simultanément tous les organes du corps et analyser les influx nerveux véhiculant les sensations. Il doit surveiller en permanence toutes les activités de l'organisme.

Les spécialistes du cerveau

Ce n'est pas toujours simple de s'y retrouver dans la jungle des spécialistes qui étudient ou traitent le cerveau. Voici quelques repères pour que vous sachiez qui fait quoi.

• **Les microbiologistes** ne s'intéressent pas qu'au cerveau, mais leurs recherches sont extrêmement importantes pour comprendre son architecture et son fonctionnement. Ils étudient ce qui se passe dans les nerfs et les cellules à une échelle moléculaire.

• **Les neurophysiologistes** essayent de comprendre les interactions entre les différents composants du système nerveux.

• **Les psychologues** étudient le comportement et les pathologies du cerveau comme un tout. Ils traitent les comportements anormaux sans avoir recours aux médicaments ou à la chirurgie.

• **Les psychiatres** sont des médecins qui étudient le comportement induit par des pathologies cérébrales. Ils prescrivent des médicaments et pratiquent d'autres formes de thérapies.

• **Les neurologues** sont des médecins qui diagnostiquent les troubles neurologiques intéressant le cerveau, la moelle épinière et les nerfs périphériques, et les traitent sans avoir recours à la chirurgie.

• **Les neurochirurgiens** sont des médecins qui diagnostiquent qui diagnostiquent les troubles neurologiques intéressant le cerveau, la moelle épinière et les nerfs périphériques, et les traitent en opérant le cerveau (mais aussi le crâne et la colonne vertébrale), ainsi que les vaisseaux sanguins irriguant ces zones.

• **Les neuroradiologues** sont des médecins qui s'intéressent particulièrement au diagnostic et au traitement des anomalies des vaisseaux sanguins qui irriguent le cerveau. En fait, vous pouvez accoler « neuro » à bon nombre de spécialités médicales et obtenir le nom d'un des nombreux spécialistes du cerveau.

Scoops en série

Presque chaque semaine, les journaux publient des articles sur les nouvelles avancées en matière de recherche sur les troubles neurologiques. Les dangers supposés de tel ou tel aliment, les effets bénéfiques de telle stimulation pour développer l'intelligence des bébés, les modifications irréversibles du cerveau à telle étape de la vie sont autant de sujets qui font parfois les gros titres des journaux. Petit passage en revue de quelques thèmes récurrents...

- Des chercheurs ont avancé récemment que la musique, à l'instar de la nourriture, de l'activité sexuelle ou de certaines substances chimiques, provoque une stimulation du cerveau qui génère de fortes sensations de plaisir ou d'excitation. Certains articles vont jusqu'à donner une liste des musiques qui vont favoriser la concentration ou au contraire la relaxation, vous rendre plus actif quand vous faites le ménage ou quand vous courez, vous aider à vous endormir...

- Des études ont établi que le cerveau réagissait à des substances sexuelles spécifiques, affirmant que certaines substances chimiques proches des hormones mâles et femelles déclenchaient une réponse distincte quand elles sont inhalées par le sexe opposé.

- Des recherches mettent en évidence les parties du cerveau stimulées lorsqu'une personne est traversée d'un sentiment religieux.

- Des travaux récents ont cherché à montrer que la crise d'adolescence et ses réactions volcaniques pouvaient être mises en relation avec le fait que le cerveau n'atteint son plein développement que vers l'âge de vingt ans et qu'il subit de profondes mutations à la fin de l'enfance.

- D'autres études indiquent que les processus majeurs du développement cérébral se prolongent jusque vers la cinquantaine.

- Quand certains chercheurs avancent qu'une alimentation pauvre en viande rouge et riche en produits à base de soja est la meilleure pour entretenir le cerveau, d'autres prétendent à l'inverse que le soja accélérerait la dégénérescence du cerveau...

En conclusion, tous les articles que vous pouvez lire sur le cerveau ne sont pas à jeter systématiquement, mais l'exploitation des données scientifiques par des journaux non spécialisés n'est toujours très cohérente. Notre revue de presse sur le cerveau oscille entre un optimisme débridé et un catastrophisme alarmant. Vous devez donc toujours vérifier auprès d'un médecin toute information concernant une avancée extraordinaire des recherches ou un traitement jugé miraculeux.

Remue-méninges

« Le cerveau est un monde de continents inexplorés et de grands lambeaux de terres inconnues. »

Santiago Ramon y Cajal

Le cerveau, cet inconnu

Le cerveau est complexe. Au cours des siècles, on a pu en savoir un peu plus sur la structure et le fonctionnement du cerveau, mais nos connaissances restent encore incomplètes. Dans les prochains chapitres, nous allons évoquer une grande partie de ce qui nous est connu. Certaines questions resteront toutefois sans réponses, même si scientifiques et médecins les ont cherchées pendant des siècles. Personne ne comprend vraiment le fonctionnement miraculeux du cerveau, mais vous en aurez une meilleure idée quand vous aurez tourné la dernière page de ce livre. Du moins nous l'espérons...

Ce qu'il faut retenir

- → Votre cerveau est petit et spongieux ; il est composé principalement d'eau et utilise un cinquième du sang et 20 % de l'énergie disponible dans le corps.
- → Darwin a découvert que les espèces les plus adaptées survivent et que des organismes apparentés descendent d'un ancêtre commun.
- → Le développement du cerveau se déroule principalement pendant la vie intra-utérine et lors des deux premières années de la vie. À cinq ans, il a en gros sa taille et son poids définitifs.
- → Le cerveau est souvent comparé à un ordinateur, mais il est beaucoup plus complexe que n'importe quelle machine.
- → Ne croyez pas tout ce que vous lisez dans la presse. Certaines informations ne sont pas toujours très fondées. En fait, nous en ignorons plus sur le cerveau que ce que nous n'en savons.

Chapitre 2

De l'âge de pierre à la Renaissance

Dans ce chapitre

→ Les chirurgiens de l'âge de pierre remportent des succès

→ Les Égyptiens décrivent le cerveau et le jettent à la poubelle

→ Les Grecs philosophent sur la tête et le cœur

→ Les hommes de la Renaissance découvrent l'anatomie

→ Des coiffeurs audacieux charcutent en profondeur

Les hommes ont toujours été fascinés par l'anatomie et le rôle du cerveau. D'antiques peintures rupestres montrent un homme des cavernes tapant sur la tête d'un autre avec une grosse massue. Cet homme des cavernes était sans doute avisé d'un certain type de fonctions du cerveau, puisqu'il savait pertinemment que, en agissant ainsi, il pouvait rendre son adversaire inconscient ou le tuer. Les premières expérimentations neurophysiologiques n'étaient pas toujours très subtiles...

La préhistoire de la chirurgie du cerveau

Alors que le cerveau est certainement la machine la plus complexe de l'univers, vous serez peut-être surpris d'apprendre que la chirurgie du cerveau est l'une des plus vieilles

> **Le jargon de la science**
>
> La **trépanation** est une pratique ancienne consistant à faire des trous dans le cerveau, qui était peut-être destinée à le soulager des mauvais esprits supposés provoquer des maladies mentales et physiques.

techniques médicales. Apparemment, les hommes n'ont pas commencé par se soigner avec des plantes, des potions magiques ou des sangsues. En fait, ils se sont mis directement à se faire des trous dans le crâne. On a ainsi la preuve que la chirurgie du cerveau remonte à environ 7 000 ans avant J.-C. (à la fin de l'âge de pierre) et que ces opérations étaient couronnées de succès !

Les archéologues ont découvert en France des crânes bien conservés percés de trous et des instruments de chirurgie des pionniers de la médecine. Mais ces interventions n'étaient pas propres à l'Europe. Des preuves datant de 3000 avant J.-C. ont été retrouvées en Afrique et, en 2000 avant J.-C., sur le site de l'actuel Pérou, on pratiquait déjà cette chirurgie du cerveau qu'on appelle **trépanation**.

Cette méthode était utilisée aussi bien pour soigner les personnes atteintes de maux de tête, épilepsie et autres maladies que pour des raisons spirituelles ou magiques. Elle était encore en usage en Europe à la fin du xvie siècle.

Parfois, on perçait plusieurs trous dans un même crâne, mais ces trous étaient généralement faits avec une surprenante précision vu la nature grossière des instruments : bâtons de bois avec extrémité en silex, couteaux en bronze, scalpels de cuivre ou de verre volcanique. De nos jours, on pratique encore des trous dans le crâne pour soulager une hypertension cérébrale, réparer des fractures ou pratiquer des biopsies pour avoir accès à une tumeur ou à une anomalie vasculaire. Mais la chirurgie moderne utilise des trépans et des scies électriques ou à air comprimé de haute précision.

Maintenant, vous vous demandez sans doute comment on peut être sûr que ces patients avec des trous dans la tête ont survécu – sans parler de guérison... On peut le déduire du fait que certains crânes trépanés montrent des signes de cicatrisation. On a trouvé par exemple un crâne percé de cinq trous et c'est seulement le dernier qui montre les signes d'une infection.

Les momies n'étaient pas des lumières !

Quoique les premiers hommes aient apparemment saisi le bénéfice de l'ouverture de la tête des personnes malades, ils n'accordaient pas tellement d'attention à l'importance du cerveau en tant que tel. Les Égyptiens de l'Antiquité, par exemple, n'avaient pour lui aucune considération.

De l'âge de pierre à la Renaissance — Chapitre 2

Ils croyaient en l'immortalité et ils pensaient que l'âme revenait dans le corps après la mort pour continuer sa vie terrestre. Pour préparer cette renaissance, ils conservaient le corps des morts et leurs biens. Vers 3500 avant J.-C., ils ont commencé à embaumer leurs morts, retirant les organes principaux pour les placer dans des urnes avant d'emmailloter le corps avec des bandelettes de tissu. Deux organes ne subissaient pas le même sort : le cœur, qui était laissé dans le corps et souvent protégé par une amulette parce qu'on croyait qu'il était le foyer de la vie et de l'intelligence ; et le cerveau, dont on pensait qu'il n'avait aucune valeur, qui était évidé par le nez sans plus de cérémonie, puis jeté.

Ironiquement, en dépit de leur manque de respect pour le cerveau, les Égyptiens ont été les premiers à le nommer. Il est mentionné sept fois dans un papyrus égyptien vieux de 3000 ans et qui contient les premiers écrits sur le système nerveux.

Ce papyrus décrit quarante-huit cas chirurgicaux. Parmi eux, on compte vingt-sept exemples de blessures à la tête et un cas de lésion de la colonne vertébrale. Un certain nombre de ces cas sont importants pour les neurosciences parce que c'est, semble-t-il, la première fois que l'on procède à l'examen du cerveau, des méninges (qui recouvrent le cerveau), de la moelle épinière et du liquide cérébro-spinal.

Le cas n° 6 parle ainsi d'une blessure à la tête avec fracture du crâne et ouverture des méninges. Le texte décrit les circonvolutions du cerveau comme étant « comparables à ces plissements du cuivre en fusion ». L'auteur conclut que cette blessure est « un mal incurable ».

Une autre blessure incurable est décrite dans le cas n° 8, où une fracture du crâne a conduit à une paralysie du bras et de la jambe du même côté du corps que la blessure. Le premier témoignage documenté d'une aphasie – fracture de l'os temporal

Remue-méninges

À notre connaissance, la première mention d'une physiologie du cerveau se trouve dans un manuscrit sumérien qui rapporte que l'ingestion de pavot (dont est dérivée l'héroïne) provoque un état d'euphorie. Ce récit remonte à 4000 ans avant J.-C.

Gagnez des points de Q.I.

Le 20 janvier 1862, dans la ville de Louxor, Edwin Smith fit une importante découverte historique en achetant un antique papyrus à un marchand dénommé Mustapha Aga. Le papyrus s'avéra être le premier écrit faisant mention du système nerveux. Après la mort de Smith, sa fille, Leonore Smith, a fait don du papyrus à la New York Historical Society. En 1930, Henry Breasted a publié la première traduction en anglais de ce papyrus.

> **Gagnez des points de Q.I.**
>
> Le premier médecin connu de l'histoire est l'Égyptien Imhotep (vers 2800-2700 avant J.-C.). Après sa mort, il fut adoré comme un dieu pour ses pouvoirs de guérison.

crânien ayant rendu le patient du cas n° 22 incapable de parler – précède de plusieurs milliers d'années les travaux célèbres de Paul Broca sur l'aphasie (1861).

Le génie des Grecs

Le médecin grec Hippocrate (460-370 avant J.-C.) est considéré comme le père de l'éthique médicale moderne. Fils de médecin, Hippocrate est né sur l'île de Cos, dans la mer d'Égée. Son œuvre, *Le Corpus hippocratique*, est une compilation de quelque soixante-dix traités de médecine de la Grèce antique, mais personne ne sait lesquels ont véritablement été écrits par lui – si tant est qu'il y en ait (beaucoup de chercheurs pensent que cet ensemble aurait été rédigé par ses disciples).

Hippocrate pensait que le cerveau – ou une partie – était une glande dont la fonction était de refroidir le sang et de sécréter le mucus qui sort du nez quand il coule (appelé aussi phlegme). Dans ses ouvrages, on voit qu'il avait quelque connaissance des blessures à la tête : il décrit avec précision les spasmes et les attaques d'épilepsie ; il classe les fractures et les contusions ; il décrit et recommande la trépanation en cas de fracture du crâne. Ses descriptions de cas sont d'ailleurs remarquables pour l'époque et il n'y a ensuite rien eu de comparable pendant 2 000 ans.

> **Faites le 15 !**
>
> Le roi babylonien Hammurabi a écrit les premières règles de médecine 2 000 ans avant J.-C. Ces règles instituaient un système de récompenses pour mettre fin aux mauvaises pratiques. Par exemple, un médecin recevait 10 shekels d'argent pour soigner un noble d'une blessure ou d'un abcès à l'œil. Mais s'il provoquait la mort de son patient, ou s'il le rendait borgne, on lui coupait les mains.

Hippocrate a laissé de nombreux écrits sur la chirurgie du cerveau, mais il n'a jamais opéré personne. Et bien qu'il ait vu clairement le rôle de la chirurgie, il croyait plutôt aux pouvoirs de guérison de la nature. Il est certainement plus connu pour la voie éthique qu'il a ouverte aux médecins et qui demeure une ligne directrice dans la pratique médicale actuelle. Le *Serment d'Hippocrate*, prononcé par les jeunes diplômés en médecine quand ils s'apprêtent à pratiquer leur art, commence par ces mots : « Tout d'abord, ne fais pas de mal. »

Si Hippocrate reste toujours important dans l'histoire de la médecine, c'est parce qu'il a contribué à transformer le champ de cette activité : avec lui, on est passé d'une croyance en une origine surnaturelle de la maladie à une plus grande acceptation de ses causes physiques.

La tête ou le cœur ?

Le philosophe grec Alcméon de Crotone (vers 450 avant J.-C.) opérait les yeux et a découvert des passages entre les organes des sens et le cerveau. Il a aussi été parmi les premiers à faire l'hypothèse que le cerveau est le siège de la pensée et des sentiments.

Un autre fils de médecin, Aristote (384-322 avant J.-C.), mieux connu pour son œuvre de philosophe, a lui aussi contribué à la science médicale. C'était un fin observateur. Il disséquait les animaux et il a laissé des descriptions de nombreux organes, ainsi que des dessins anatomiques. Bien que son maître Platon ait pensé comme Alcméon de Crotone, Aristote restait persuadé que la pensée et les sentiments avaient leur siège dans le cœur et que le rôle du cerveau était seulement de refroidir le sang pour prévenir une surchauffe. Il avançait aussi que cet agent de refroidissement était le « phlegme ».

Hérophile (vers 335-280 avant J.-C.) croyait que les ventricules cérébraux étaient la source de l'intelligence. Il tenait le cerveau pour le centre du système nerveux, faisait une distinction entre les nerfs moteurs et les nerfs sensitifs, et a laissé des descriptions précises de plusieurs organes internes.

Un autre Grec, Érasistrate de Chios (304-250 avant J.-C.), a découvert que les organes étaient associés à des systèmes de veines, d'artères et de nerfs qui se ramifiaient en branches de plus en plus petites. Il pensait que l'air était pris par les poumons et qu'il passait à travers le cœur, où il était changé en *pneuma* – l'esprit vital, l'âme – qui ensuite pénétrait dans tout le reste du corps grâce aux artères. Le pneuma atteignait le cerveau par les ventricules et était alors transformé en une nouvelle forme de pneuma,

Gagnez des points de Q.I.

Cet ouvrage se concentre sur l'histoire de la médecine occidentale. Il y eut aussi des avancées médicales en Orient, mais peu concernaient le cerveau. Nei Ching décrivit certaines parties du corps il y a plus de 2000 ans, mais généralement les Chinois mettaient moins l'accent sur la structure du corps que sur l'esprit. Comme les philosophes occidentaux, ils croyaient en des forces occultes censées avoir une influence sur le comportement et la santé. Ils se concentraient surtout sur l'énergie, ou *chi* qui coule dans le corps par des canaux qu'ils appelaient « méridiens ». Cette énergie équilibrait les principes femelles (le *yin*) et les principes mâles (le *yang*).

qu'Érasistrate appelait « esprit animal ». Cet esprit passait à travers le corps par ce qu'il nommait les nerfs sacrés.

Érasistrate fut aussi un pionnier en matière d'observation du cerveau, remarquant ses circonvolutions et faisant des distinctions anatomiques entre ses différentes parties, comme le cortex cérébral et le cervelet. Il a décrit les ventricules cérébraux indépendamment du cerveau et des méninges qui le recouvrent. Il postulait en outre que, si le cerveau des hommes a plus de circonvolutions que celui des animaux, c'est que les hommes ont une intelligence supérieure...

Quel sens de l'humeur !

Au fil du temps, les Grecs en sont venus aussi à croire que toute chose est faite à partir des quatre éléments fondamentaux : l'air, l'eau, le feu, la terre. Ces éléments avaient des équivalents dans le corps : quatre fluides, appelés « humeurs », à savoir le sang, le phlegme, la bile jaune et la bile noire. Selon les Grecs, les maladies et le tempérament de chacun étaient liés à l'équilibre des humeurs, croyance qui est demeurée dans la sagesse populaire jusqu'au XVIIe siècle.

Gagnez des points de Q.I.

Le symbole médical appelé « caducée », représentant un bâton autour duquel s'enroule un serpent, a été repris pendant la seconde guerre mondiale quand les ambulanciers l'ont utilisé comme un drapeau blanc. Dans la Grèce antique, il était associé au dieu guérisseur Esculape. Le caducée était le sceptre porté par Hermès, messager des dieux, comme un symbole de paix. Il avait deux serpents autour de son bâton, tandis qu'Esculape n'en avait qu'un.

C'est encore un Grec, Galien (129-199 après J.-C.), qui a sans doute marqué le plus profondément les premières recherches médicales. Il était chirurgien à l'école des gladiateurs avant de devenir médecin auprès de trois empereurs romains.

Galien disséquait des animaux et est surtout célèbre pour ses descriptions des parties du corps, essentiellement les os et les muscles. Plus célèbre en fait sur ce sujet que pour son travail sur le cerveau. Mais certaines de ses expérimentations ont contribué à améliorer la compréhension du système nerveux, comme de couper un nerf pour étudier sa fonction. C'est de cette manière qu'il a découvert que la section du nerf laryngé affectait la parole.

Une autre de ses contributions décisives pour la médecine a été d'infirmer l'idée d'Erasistrate que l'air des poumons passant dans le cœur était transformé en esprit vital distribué dans le corps par les artères : Galien a montré qu'il n'y avait rien d'autre dans les artères... que du sang.

Pourtant la quasi-totalité de ses conclusions se sont révélées fausses, en partie parce qu'elles s'appuyaient essentiellement sur la dissection d'animaux. C'est ainsi qu'il a fait la description détaillée d'un réseau de vaisseaux minuscules à la base du cerveau, qu'il a appelé *rete mirabile* (« filet merveilleux »), qui existe chez de nombreux animaux mais pas chez l'homme. Nombre de ses erreurs se sont perpétuées pendant 1 500 ans.

La science prend des vacances

Après la mort de Galien, la recherche anatomique et physiologique s'est arrêtée et l'âge sombre de la médecine a commencé. Ce vide a duré environ 1 300 ans.

Fait intéressant, les Romains, qui avaient pris tant d'avance dans beaucoup de domaines, n'ont pas apporté grand-chose à la médecine. Ils ont laissé leur empreinte sur les questions de l'hygiène et des services de santé en développant les premiers hôpitaux, mais aucun médecin romain n'a légué d'héritage scientifique majeur à la médecine.

Ce déclin de la recherche scientifique est essentiellement lié au développement de la religion chrétienne et à l'influence grandissante de l'Église, qui interdisait l'étude de l'anatomie. La médecine rationnelle et la foi en la guérison miraculeuse avaient toujours coexisté, mais, à mesure que le rôle politique et social de l'Église est devenu plus important en Europe occidentale, il a été de plus en plus difficile pour les savants d'explorer des régions considérées comme des provinces de Dieu. Il était encore plus risqué, comme certains savants de la Renaissance devaient l'apprendre, de penser que les hommes sont guidés par quelque puissance semblable à celle de Dieu ou de penser différemment de la perspective théologique.

La croyance chrétienne générale envisageait la maladie comme un châtiment divin pour les péchés commis, le soulagement ne pouvant être apporté que par la prière, les pratiques superstitieuses, le recours aux saints guérisseurs ou tout autre moyen religieux. Ce qui préoccupait vraiment les gens était plutôt la question du destin de l'âme après la mort, bien plus que le fait de rester en vie. Le dogme le plus répandu au Moyen Âge était que le corps est une résidence temporaire de l'âme et que les problèmes physiques n'ont pas beaucoup d'importance.

> **Gagnez des points de Q.I.**
>
> On attribue aux Romains la mise au point d'une opération qui se pratique encore aujourd'hui : la césarienne. Cette opération, à l'origine, fut pratiquée quand le roi de Rome donna l'ordre d'ouvrir le corps d'une femme mourante pour extraire l'enfant qu'elle portait. L'histoire veut que Jules César soit né de cette façon, ce qui aurait donné son nom à l'opération.

Le conflit entre la science et la religion se poursuit aujourd'hui encore dans certains débats, par exemple autour de la question de la recherche sur les cellules souches du cerveau. Les considérations religieuses qui entravent certaines recherches modernes ne sont pas très différentes de celles qui ont pesé sur la médecine au Moyen Âge.

Il y a par contre davantage d'affinités entre les philosophes et les médecins. De nombreux savants, comme Aristote, étaient aussi philosophes. Pendant des siècles, cette situation était très courante. Ces deux disciplines continuent de se chevaucher aujourd'hui, tout particulièrement quand il s'agit de l'étude de l'esprit.

Le jour et la nuit

Si l'Église a longtemps entravé la recherche médicale, de nombreuses organisations religieuses en Europe occidentale ont créé des hôpitaux et autres institutions pour soigner les malades. Les membres de certains ordres religieux, comme les bénédictins, faisaient d'ailleurs partie des rares personnes qui savaient lire et écrire, et ils ont mis beaucoup de soin à rassembler, conserver, copier et étudier les textes médicaux de l'Antiquité. La plus grande de ces collections se trouvait sans doute à Monte Cassinon, près de Salerne, en Italie. Aux IXe et Xe siècle, cette région est devenue le centre de l'éducation médicale et a donné naissance à la première école de médecine.

Pendant ce temps, plus à l'est, les Romains se faisaient supplanter par les Arabes, qui ont créé un vaste empire allant de la Perse à l'Espagne en passant par l'Afrique du Nord. Eux aussi ont pris soin des ouvrages grecs et les ont traduits en arabe pour en propager la pensée à travers tout leur empire. Plus tard, les manuscrits ont été transcrits de l'arabe en latin et le savoir médical est revenu en Europe. Entre-temps, quelques médecins arabes avaient apporté d'importantes contributions à l'étude de la médecine. On compte parmi eux de grands philosophes, comme Al-Razi (852-932), peut-être le plus grand chirurgien islamique, Abulcasis (930-1013) ou encore Avicenne (980-1037). Le penseur juif Maïmonide (1135-1204) a eu lui aussi une importance décisive. Aucun d'eux pourtant n'a fait de découverte significative sur le cerveau.

La Renaissance

À partir du XIVe siècle et durant près de trois siècles, les peuples d'Europe ont commencé à remettre en question des croyances séculaires. Certes, la chrétienté demeurait une puissance dominante dans la politique et la culture, mais, progressivement, les gens ont commencé à se détacher de ce qui avait été leur seul souci – la vie après la mort – pour s'intéresser un peu au monde qui les entourait.

De l'âge de pierre à la Renaissance — Chapitre 2

Même si les universitaires relativisent aujourd'hui l'ampleur des changements apportés par cette période dans la conduite et la pensée des hommes, il demeure que les Européens étaient persuadés qu'ils étaient en train de créer une culture entièrement nouvelle. Et même si le Moyen Âge n'a pas été aussi obscurantiste qu'on a pu d'abord le penser, la Renaissance a été comme le ferment intellectuel qui allait servir de fondement à la science moderne.

Les grands artistes de cette période, comme Michel-Ange, Raphaël ou Léonard de Vinci, ont étudié de très près les formes du corps humain, poussés par le désir de le représenter avec précision. L'archétype de « l'homme de la Renaissance » est assurément Léonard de Vinci (1452-1519), l'un des premiers à mettre en cause les conclusions de Galien. D'un point de vue philosophique, Vinci croyait en une observation très attentive, persuadé que le comportement extérieur est une image des pensées intérieures. D'ailleurs, ses tableaux sont souvent décrits comme des « portraits psychologiques » de ses modèles.

Sa contribution majeure à la science a été cette conviction que le monde peut être compris quand on l'étudie objectivement. C'était une vision plutôt radicale pour l'époque, car l'idée dominante était qu'il y a beaucoup de spirituel dans la nature et que toute chose défiant un peu l'explication rationnelle relève de causes surnaturelles.

Léonard de Vinci a contesté les conceptions de Galien, qui n'avaient jamais été remises en question pendant des siècles, en particulier l'idée que les quatre humeurs du corps humain (le sang, la bile noire, la bile jaune, le phlegme) sont responsables de la santé. Puisqu'il avait longtemps suffi aux médecins de connaître cette théorie, il n'avait jamais été jugé nécessaire de détailler la structure du corps humain.

En se détournant de son penchant artistique, Vinci s'est passionné pour les fonctions du corps. Il a mené des recherches sur des animaux et sur des cadavres humains disséqués, et a fait des expériences en physiologie. Il a dessiné, à partir de ses observations, les images médicales et les visions de l'anatomie les plus impressionnantes qui soient. Il s'intéressait surtout au cœur, aux poumons, au cerveau, qu'il voyait comme le « moteur » des sens et de la vie. Pour ceux qui ne connaissent pas les dessins anatomiques de Léonard de Vinci et leur différence avec les dessins de ceux qui l'ont précédé, il n'est pas facile de concevoir combien le travail de cet artiste a marqué une rupture. Imaginez une image assez précise d'un corps humain avec, dessiné dessus, quelque chose qui ressemble au plan d'un labyrinthe : voilà ce que faisait l'ancienne école de dessin anatomique. Vinci, c'était tout le contraire : ses dessins ressemblaient assez aux schémas qu'on trouve dans n'importe quel ouvrage médical moderne.

Outre cette étude généraliste, Vinci a fait aussi des investigations spécifiques sur le système nerveux. Il a dessiné par exemple les nerfs périphériques et a compris qu'il y avait une relation entre les sens et certains nerfs. Il supposait que l'âme siège dans le cerveau et pensait que le cerveau est le centre de contrôle du corps. C'est en injectant de la cire dans un cerveau qu'il a découvert les ventricules, cavités situées en profondeur dans le cerveau et où, croyait-il à tort, les nerfs conduisaient. Il a décrit aussi les réflexes et, apparemment, a compris qu'ils impliquaient la moelle épinière et non le cerveau.

En dépit de ces conceptions profondes, Léonard de Vinci n'a pas eu d'influence sur ses contemporains et ce n'est que plusieurs siècles plus tard que son œuvre a été reconnue. Il a réalisé par exemple des moulages des ventricules du cerveau pour avoir une idée plus précise de leur forme. Il semblerait qu'il ait eu le projet de publier un livre d'anatomie, mais qu'il l'ait abandonné à la mort de son collaborateur.

Remue-méninges

L'ouvrage d'anatomie en sept volumes de Vésale, *De humani corporis fabrica* (« Sur la structure du corps humain »), a été publié en 1543, la même année que le traité de Copernic *De Revolutionibus orbium coelestium – Libri VI* (« Sur les révolutions des sphères célestes – Livre VI »), autre ouvrage révolutionnaire qui disait, entre autres, que la Terre tourne autour du soleil.

Autre figure importante de la Renaissance dans le champ de la médecine, le Flamand Andreas Vésale (1514-1564) a révolutionné l'étude du vivant et la pratique de la médecine par ses observations et ses descriptions de l'anatomie du corps humain. Contrairement à la majorité de ses prédécesseurs, il ne se limitait pas à la dissection des animaux et son étude des cadavres d'hommes lui a permis d'écrire et d'illustrer le premier livre complet d'anatomie humaine. Il a démontré aussi que la plupart des idées soutenues par Galien étaient incorrectes.

Mais ses travaux sur le cerveau ont été moins significatifs, en dépit des nombreux dessins excellents et de sa description des ventricules, du bulbe rachidien et du cervelet. Ses recherches, limitées comme celles de Galien par les méthodes scientifiques et par la technologie de son époque, comportaient donc quelques erreurs.

D'autres médecins et savants moins connus ont apporté leur pierre à l'étude du cerveau. Par exemple, en 1518, Laurentius Phryesen a publié un livre qui comportait six images montrant la dissection d'un cerveau à chacune de ses étapes. Jacobo Berengario da Carpi a décrit de nombreuses structures situées en profondeur dans le cerveau : les ventricules, les plexus choroïdes et la glande pinéale. Bartolomeo Eustachi (1510-1574) a laissé des schémas de la base du cerveau et du système nerveux sympathique.

Pourtant, à la Renaissance, l'étude du cerveau n'a jamais été considérée comme fondamentale pour comprendre le fonctionnement de la pensée, des émotions et de l'intelligence. À l'époque de Shakespeare, on estimait que c'était le foie qui était le siège de ces fonctions...

Des barbiers barbares

Aujourd'hui, les chirurgiens sont souvent considérés comme l'élite du monde médical, mais leur statut était nettement moins favorable par le passé. Assez étonnamment, les chirurgiens étaient aussi des barbiers qui allaient de ville en ville pour couper les cheveux, arracher les dents, recoudre les plaies et faire des saignées (cette pratique consistait à drainer le sang du corps, ce qui était censé soigner la maladie). L'enseigne tournante à bandes rouges et blanches qu'on pouvait voir autrefois au-dessus des échoppes des barbiers était un vestige de cette alliance du barbier et du chirurgien, les bandes rouges représentant le sang, les bandes blanches les pansements.

Dans un souci d'améliorer leur formation et leur statut (mais aussi leur image !), les chirurgiens ont commencé à créer des universités, une des premières étant le Royal College of Physicians, fondé à Londres en 1518.

Toutes ces théories et pratiques que nous venons d'évoquer nous font sourire aujourd'hui. Mais il nous semblait important de rappeler ces anciennes méthodes et croyances qui, si elles nous semblent totalement dépassées aujourd'hui, avaient du sens dans le contexte de l'époque. Les scientifiques de demain regarderont peut-être notre travail avec le même amusement que nous-même lorsque nous considérons la croyance de nos prédécesseurs dans la théorie des humeurs ou le rôle du foie dans l'intelligence.

Ce qu'il faut retenir

→ La chirurgie du cerveau remonte à des milliers d'années, quand les hommes se sont mis à percer des trous dans le crâne des malades pour les soigner.

→ Les Égyptiens ont été les premiers à mentionner le cerveau, mais ils ne pensaient pas que c'était une partie importante du corps.

→ Les Grecs ont étudié le corps et fait beaucoup de découvertes, mais la plupart demeuraient convaincus que le cœur était le siège de la pensée et des sentiments.

→ La Renaissance a apporté un regain d'intérêt pour l'étude du corps humain et a été une période de grands progrès en anatomie, particulièrement pour la description du cerveau.

Chapitre 3

La connaissance du cerveau, une longue histoire

Dans ce chapitre

→ L'esprit contre le corps

→ Le charlatanisme

→ Les chiens de Pavlov

→ Anesthésies et antisepsiques

→ Darwin, l'évolutionniste

Malgré quelques avancées remarquées dans certains domaines, par exemple le dessin anatomique, la Renaissance n'a, au bout du compte, pas fait faire de grands progrès à la médecine. Ce n'est qu'à partir du XVIIe siècle que la science va véritablement prendre son essor, mais les percées décisives dans la description et la compréhension du cerveau ont été précédées d'un questionnement plus philosophique.

Cogito ergo sum

La question de savoir où est le siège de l'âme a occupé les méditations des philosophes pendant des siècles. Certains croyaient qu'elle logeait dans le cœur, d'autres dans le foie et quelques-uns seulement pensaient qu'elle était peut-être dans le cerveau. Moins nombreux encore étaient ceux qui envisageaient que le cerveau puisse avoir quelque implication dans la pensée ou l'intelligence. Puis vint Descartes (1596-1650), philosophe et mathématicien, qui introduisit une perspective légèrement différente, mais non moins épineuse.

Selon lui, l'homme est composé de deux substances : le corps et l'esprit. Le corps est comme une machine, il est tangible et mesurable, tandis que l'esprit est plus abstrait, invisible, et pourtant capable de pensée. Le dualisme qu'expose Descartes a touché une corde sensible chez ses contemporains, ce qui n'est guère étonnant si on envisage le caractère alors limité de la compréhension de la fonction du cerveau et l'ignorance quasi totale de son rôle dans les processus de traitement de l'information.

Si vous partez de l'idée que l'âme et le corps sont distincts, la question suivante est de savoir comment ils sont reliés. Pour Descartes, c'est la glande pinéale, située en profondeur à l'intérieur du cerveau, qui est le lieu clé d'où l'esprit exerce son contrôle sur le corps. Son choix s'est arrêté sur la glande pinéale parce qu'il croyait – à tort – qu'elle n'existe que chez l'homme et parce qu'il pensait que c'était la seule partie du cerveau qui n'existait pas en double.

Le dualisme de l'âme et du corps marque d'ailleurs toute la philosophie de Descartes, mais notre propos n'est pas ici d'entrer dans les détails de cette pensée. Ce qui compte pour notre étude, c'est que Descartes a conduit à réfléchir sur la relation entre le cerveau et les processus mentaux. Par contre, le problème de sa philosophie, du point de vue de la médecine, c'est qu'elle a découragé toute investigation de l'esprit au nom d'une impossibilité supposée de l'étudier de façon scientifique. Il fallut presque trois siècles pour que les savants puissent envisager que les qualités humaines associées à l'esprit, comme la personnalité, étaient peut-être déterminées par des changements biochimiques.

> **Faites le 15 !**
>
> Si le fameux dualisme cartésien de l'âme et du corps continue d'agiter les philosophes, la théorie de Descartes sur le rôle de la glande pinéale s'est avérée entièrement fausse. Cette glande est impliquée dans la veille et le sommeil, et n'a rien à voir avec l'esprit.

Une place dans le cœur

Tandis que Descartes était en train de réfléchir sur la nature de l'esprit et du corps, d'autres penseurs menaient des expériences physiques. Le XVIIe siècle a inauguré une nouvelle ère de recherche scientifique : Galilée, Kepler et Brahe on fait de grandes découvertes en astronomie, William Gilbert a démontré les propriétés des aimants,

La connaissance du cerveau, une longue histoire — Chapitre 3

Robert Boyle (1627-1691) a contribué à jeter le discrédit sur l'**alchimie** et a introduit le champ scientifique de la chimie. Par ses expériences, ce dernier a d'ailleurs permis une plus grande compréhension de la composition du monde vivant et il a déboulonné de vieilles croyances sur les humeurs et les esprits.

Mais le plus grand pas en avant pour la médecine au XVIIe siècle a peut-être été la découverte, par l'Anglais William Harvey (1578-1657), de la circulation du sang dans le corps. Si cette trouvaille n'a pas de rapport direct avec le cerveau, elle a conduit à des recherches sur certains aspects du corps qui ont eu des répercussions sur la connaissance du cerveau. Ainsi, en 1658, Johann Wepfer émet la théorie selon laquelle la rupture d'un vaisseau sanguin dans le cerveau peut être la cause de l'apoplexie (attaque). Pendant le reste du XVIIe siècle, les seules avancées majeures dans l'étude du cerveau ont été la description et la nomination du quatrième et du onzième nerf crânien.

En 1664, l'anatomiste anglais Thomas Willis (1621-1675) introduit la notion de cervelet (*cerebellum*) et fait l'hypothèse – exacte – que cet organe est responsable des mouvements onconscients. Il est aussi l'auteur du premier ouvrage sur l'anatomie et la physiologie du cerveau, où on lit une description des interconnexions vasculaires à la base du cerveau, connues par la suite sous le nom de « polygone de Willis ». Il a en outre étudié les fonctions de chacune des parties du cerveau et émis l'hypothèse que les différentes aires du cerveau contrôlent des fonctions spécifiques, en distinguant par exemple les parties impliquées dans la pensée et dans la motricité.

Thomas Willis est considéré comme le père de la neurologie, terme qu'il a créé, tout comme les mots « hémisphère », « lobe » et « pédoncule ». Willis a écrit un autre livre décisif, *De Anima Brutorum* (« Discours sur l'âme des brutes »), où il décrit des troubles psychologiques et physiologiques comme le vertige, l'apoplexie, la paralysie

Le jargon de la science

L'**alchimie** était une discipline dont les praticiens prétendaient avoir le mystérieux pouvoir de rendre précieuses les matières ordinaires. Certains alchimistes croyaient qu'ils pouvaient changer le métal commun en or, guérir les maladies et prolonger indéfiniment la vie grâce à un élixir.

Remue-méninges

En 1691, Robert Boyle mentionne le cas d'un cavalier souffrant d'une fracture du crâne qui n'éprouvait plus de sensation et ne pouvait plus bouger ni un bras ni une jambe. Un chirurgien ôta de son crâne un bout pointu d'os et la paralysie disparut en quelques heures. Ce résultat suggéra l'idée qu'une aire de la surface du cerveau contrôle la fonction motrice.

et le délire. Mais, à côté de ces conceptions brillantes, Willis croyait à tort dans l'existence d'« esprits animaux » distincts du cerveau.

Des yeux pour voir...

La formule qui dit qu'il ne suffit pas d'avoir des yeux pour voir s'applique assez bien à l'étude du corps. Pendant des siècles, les savants n'ont eu que leurs yeux pour observer les structures du corps. Or, de la même façon que l'invention du télescope par Galilée a contribué à révolutionner l'astronomie, le microscope a bouleversé la médecine en permettant aux chercheurs de découvrir les plus petits éléments constituant le corps humain.

Le microscope a été inventé à la fin du XVIe siècle et a été utilisé par les premiers « microscopistes », comme Antoni van Leeuwenhoek (1632-1723), pour voir les cellules sanguines, les fibres musculaires et d'autres composants minuscules de notre corps. Certains organismes repérés par ces savants ont ensuite été identifiés comme des bactéries et reconnus comme la cause des maladies infectieuses.

L'anatomiste italien Marcello Malpighi (1628-1694), un des pionniers du microscope, a été le premier à décrire les aires cérébrales. Un certain nombre de structures anatomiques du corps portent d'ailleurs maintenant son nom.

Expliquer le phénomène de la pensée est demeuré une préoccupation vive tout au long du XVIIIe siècle. Julien de La Mettrie (1709-1751) a eu une influence déterminante dans ce domaine en faisant l'hypothèse que les hommes sont comme des machines. Considérant qu'une machine peut continuer de fonctionner même s'il y a des problèmes, il a soutenu qu'un homme peut « fonctionner » même s'il lui manque des parties. Il envisageait le cerveau comme une ardoise vierge qui sécrète des pensées de la même manière que le foie sécrète de la bile. Enfin, il comparait le mécanisme de la pensée à la corde d'un violon, qui vibre pour produire du son. Les fibres cérébrales, selon lui, sont frappées par les vagues sonores qui stimulent la reproduction de l'objet qui les a provoquées.

Comprendre ce que nous voyons

Comment voyons-nous et comment traduisons-nous ce qui vient à nos yeux en une image reconnaissable ? C'est là un mystère très ancien qui, dans la première moitié du XVIIIe siècle, a constitué un important sujet de réflexion et d'expérimentation.

Deux Irlandais, William Molyneux (1656-1698) et George Berkeley (1685-1753), se sont intéressés à ce qui peut se passer pour des personnes aveugles de naissance qui

La connaissance du cerveau, une longue histoire — Chapitre 3

recouvrent ensuite la vue. Tout le temps où elles ont été aveugles, ces personnes ont appris à reconnaître les objets principalement au toucher. Une fois qu'elles retrouvent la vue, elles peuvent identifier les formes et les tailles, apprécier les distances. Mais sont-elles capables d'identifier par la vue seulement un objet qui leur était familier par le toucher quand elles étaient aveugles ? Si cela leur est possible, il faut alors mettre la reconnaissance de l'objet en relation avec sa perception tactile, et pas seulement avec son apparence visuelle.

Philosophie et questionnement sur la fonction du cerveau se sont à nouveau croisés après la mort de Descartes, avec ce « problème de Molyneux ». En 1693, ce dernier écrit une lettre au philosophe anglais John Locke (1632-1704), où il lui expose son fameux problème : si une personne aveugle de naissance retrouve subitement la vue, peut-elle identifier les objets par la vue seulement ? Par exemple, une personne aveugle connaît par le toucher la différence entre un cube et une sphère ; pour autant, peut-elle les distinguer quand elle les voit pour la première fois, si elle cesse brusquement d'être aveugle ? Selon Molyneux, cette reconnaissance est impossible parce que la vision est un apprentissage, et que c'est l'âme qui voit, et non pas l'œil.

George Berkeley soutient lui aussi que la vision s'apprend et pense qu'il n'y a pas de connexion entre nos différents sens. Pour lui, c'est seulement dans l'expérience que nous apprenons à associer différents stimuli d'un objet particulier, comme la couleur, le toucher, la lumière, l'odeur et le son. En somme, les corps extérieurs n'existent que par la perception que nous en avons...

En 1749, le médecin anglais David Hartley (1705-1757) avance l'idée que, lorsque les organes des sens sont stimulés, les nerfs vibrent et envoient des messages au cerveau, qui les traduit en idées. Mais cette hypothèse pose la question de savoir comment se fait cette traduction. Hartley soutenait que les vibrations continuent de résonner dans le cerveau de telle sorte que, même après la disparition de la sensation, celle-ci est enregistrée. Mais si la sensation est la cause de la pensée, comment rendre compte du fait que plusieurs personnes interprètent différemment les mêmes sensations ? Les philosophes ont répondu à cette question de manières variées, en s'interrogeant sur la façon dont le cerveau d'un individu connecte les idées ou en mettant en cause la nature et le niveau de son éducation.

> **Remue-méninges**
>
> George Berkeley est un partisan de l'idéalisme : sa philosophie affirme que rien n'existe en dehors de notre représentation, pas même les choses matérielles. Tous les objets, dit-il, sont des collections d'idées et de sensations.

Des inventeurs pas toujours crédibles

Tout au long de l'histoire de la médecine, savants et pseudo-savants ont proposé des remèdes à tous les maux. Certains traitements, même s'ils n'étaient pas dans la ligne de la médecine classique, ont eu leurs adeptes fervents et continuent de jouir d'un certain crédit. C'est le cas de l'homéopathie et de l'aromathérapie (XVIIIe siècle).

Dans certains cas pourtant, on avait affaire à de fieffés escrocs. Rien ne prédisposait le XVIIIe siècle à un tel accès de charlatanerie et pourtant deux idées extrêmement bizarres sur le cerveau ont surgi à ce moment-là.

La théorie des bosses

Franz Gall (1758-1828) étudiait le crâne des morts pour essayer de mettre en rapport l'aspect du crâne et la personnalité de l'individu quand il était vivant. Il a établi que la taille des bosses sur le crâne correspondait à plus d'une douzaine de traits de caractère, comme l'amitié, le sens de l'humour ou la bonté (c'est d'ailleurs de cette théorie que viendrait l'expression « avoir la bosse des maths »...). Sa méthode consistait à poser sur la tête de ses sujets une sorte de chapeau avec des épingles amovibles qui faisaient des trous dans une feuille de papier. Gall utilisait ensuite cette « carte » pour déterminer la personnalité de l'individu. Cette théorie est connue sous le nom de « phrénologie » (« étude de l'esprit »).

Pendant plusieurs dizaines d'années, les phrénologistes on « lu » les têtes de leurs patients et ont publié le résultat de leurs études dans des livres et des revues. En France, le célèbre médecin et chirurgien François Broussais (1772-1838) a adopté et enseigné à la fin de sa vie la théorie de Gall.

Regardez-moi dans les yeux !

Franz Anton Mesmer (1734-1815), lui, ne s'intéressait pas aux bosses sur la tête. Il pensait que les planètes avaient une grande influence sur le comportement et que l'application d'aimants pouvait produire un effet similaire. Ensuite, il a imaginé pouvoir se passer des aimants et utiliser simplement ses mains pour communiquer au corps le « magnétisme animal ». Il semblerait qu'il en ait fait toute une mise en scène, usant de son pouvoir pour mettre les patients dans un état proche du sommeil, mais qui leur permettait quand même de répondre à ses ordres et de faire des mouvements. C'est le premier usage connu de l'**hypnose**.

Mesmer a réussi à persuader tellement de personnes qu'il pouvait changer le courant du fluide magnétique chez ses patients et donc influencer leur comportement qu'il est devenu riche et célèbre. Mais sa célébrité a attiré de soupçons sérieux sur ses prétendus

La connaissance du cerveau, une longue histoire **Chapitre 3**

> **Le jargon de la science**
>
> Le terme **hypnose** a été fixé par James Braid vers le milieu du XIXe siècle. Il renvoie au mesmérisme (d'après Franz Anton Mesmer) et décrit un état qui ressemble au sommeil et qui est provoqué par une autre personne.

pouvoirs. En 1784, l'Académie des Sciences conclut à la non-existence du « magnétisme animal ». À la suite de quoi Mesmer a perdu à la fois sa fortune et sa réputation.

Bien que la théorie de Mesmer sur le magnétisme animal ait été totalement discréditée, d'autres ont poursuivi l'idée que quelqu'un peut être plongé dans un état hypnotique. En 1820, Alexandre Jacques-François Bertrand (1795-1831) commence à étudier l'hypnose et celle-ci est progressivement acceptée comme un moyen de traiter certaines maladies mentales, d'alléger la souffrance et de soulager l'anxiété. Ce qui est plus controversé, c'est l'idée que les gens pourraient, sous hypnose se remettre, en mémoire des choses oubliées ou des souvenirs désagréables soigneusement enfouis.

Galvanisé !

La fin du XVIIIe siècle a eu aussi son lot de découvertes importantes. En 1773, John Fathergill décrit la névralgie du trijumeau : c'est la première identification d'un dysfonctionnement neurologique. Le trijumeau est le cinquième des douze paires de nerfs crâniens et il est directement rattaché au cerveau ; la névralgie du trijumeau est un état qui se caractérise par des élancements et une douleur faciale comparable à une décharge. La douleur est causée par une lésion ou une compression du nerf trijumeau.

Luigi Galvani (1739-1798) a ouvert lui aussi un nouveau champ de recherches en stimulant électriquement les nerfs de grenouilles. Il a montré que ce qu'il appelait « électricité animale » était une force à l'intérieur du corps et des cellules du cerveau. Comme de

> **Faites le 15 !**
>
> Tout le monde ne peut pas être hypnotisé. Certaines personnes sont plus sensibles que d'autres, sans que l'on sache vraiment pourquoi. La volonté ou la croyance ne font rien à l'affaire. Aussi, contrairement à ce qu'on peut voir dans les films, l'hypnotiseur ne peut pas programmer les gens à faire ce qu'il veut ou à commettre des crimes. Si, sur scène, un hypnotiseur peut faire faire des choses idiotes à des gens, comme de sauter à cloche-pied ou aboyer comme un chien, il ne peut pas les faire agir à contre leur propre morale.

> **Remue-méninges**
>
> L'électricité a été employée sans succès en 1816 sur la première femme du poète Percy Shelley, qui s'était suicidée en se jetant à l'eau. Sa seconde femme, Mary Shelley, a tiré des expériences de Galvani un roman célèbre, *Frankestein ou le Prométhée moderne*, dans lequel un médecin crée un homme à partir de différentes parties de corps humains et lui insuffle la vie au moyen de l'électricité (ou galvanisme, du nom de Luigi Galvani). Le Frankenstein de Mary Shelley a été adapté de très nombreuses fois à l'écran. Une des meilleures versions est sans doute la désopilante parodie de Mel Brook, *Frankenstein Junior*.

nombreuses autres découvertes, celle de Galvani a été accidentelle : son dispositif métallique a engendré une décharge électrique qui a fait tressauter le muscle d'un animal qu'il venait de disséquer. Ce qui lui a permis de faire le lien entre la stimulation extérieure et les mouvements du corps. Selon une autre version de l'histoire, Galvani aurait laissé une grenouille à l'extérieur, sur une assiette en métal, et aurait observé que ses cuisses tressautaient à chaque coup de tonnerre et à chaque éclair.

Une des conséquences de cette découverte est qu'elle a provoqué un véritable engouement pour l'usage des instruments électriques dans les traitements médicaux. La plupart de ces techniques se sont avérées cependant inutiles ou dangereuses et ont été abandonnées. Mais la trouvaille de Galvani a aussi accéléré les efforts des hommes de science et des médecins pour ramener les morts à la vie. L'électricité a ainsi été un temps utilisée pour tenter de ranimer des noyés.

Eurêka !

Les pièces minuscules mais décisives du puzzle du cerveau ont commencé à être rassemblées au xixe siècle, permettant une accélération des progrès dans ce champ de la science médicale. Jan Purkinje (1787-1869), par exemple, a découvert que les cellules nerveuses ont une structure différente des autres cellules du corps. Il remarque que le noyau est similaire à celui des autres cellules, mais constate que les fibres qui partent du noyau de la cellule nerveuse sont différentes.

Une autre découverte, celle faite par le médecin italien Camillo Golgi (1843-1926) en 1873, a été cruciale pour la compréhension des relations entre le cerveau et les nerfs.

La connaissance du cerveau, une longue histoire — Chapitre 3

Ayant mis au point une technique pour teindre de couleur différente les tissus nerveux, il peut observer le chemin des cellules nerveuses dans le cerveau et découvrir que les neurones du cerveau transmettent l'information aux nerfs moteurs et que l'information des nerfs sensoriels est transmise au cerveau. Le point de départ de sa trouvaille est une fois encore dû au hasard : Golgi broie un bout de crâne de hibou et le plonge dans une solution de nitrate d'argent ; quelques jours plus tard, il observe l'échantillon au microscope et découvre que seules certaines cellules, qui s'avéreront être les neurones, ont réagi à la teinture. Golgi en conclut que le système nerveux est fait de milliards de ces neurones.

Golgi pensait que tous les neurones étaient connectés en une sorte de filet géant. En 1889, Santiago Ramon y Cajal (1852-1934) découvre qu'ils étaient en réalité séparés par de minuscules intervalles, appelés synapses (terme introduit par le Britannique Charles Scott Sherrington, prix Nobel de physiologie en 1932). Les neurones sont donc des entités cellulaires séparées par de fins espaces (les synapses), et non pas les éléments constitutifs d'un réseau ininterrompu comme le pensait Golgi. Cajal est le premier à avoir réussi à isoler les cellules nerveuses situées à la surface du cerveau (on les nomme d'ailleurs « cellules de Cajal »). Les travaux de Golgi et Cajal leur ont valu le prix Nobel en 1906.

Formulée par le physiologiste allemand Johannes Müller en 1826, la loi des énergies nerveuses spécifiques a permis d'approfondir la compréhension des nerfs. Le principe de base de cette loi est le suivant : les sensations produites par un nerf spécifique sont particulières à ce nerf. Par exemple, la sensation de lumière ne peut être produite que lorsque le nerf optique est stimulé. Si ce sont les nerfs sensoriels du nez qui sont activés, cela ne donnera aucune sensation de lumière, seulement une sensation olfactive.

Des maladies qui font avancer la science

Plus tôt dans le siècle, James Parkinson (1755-1824) avait écrit son *Essay on Shaking Palsy* (« Essai sur la paralysie tremblante »), dans lequel il décrivait les symptômes de la maladie qui devait ensuite porter son nom. Plus d'un siècle plus tard, le Français Charles Foix (1882-1927) découvre que la lésion responsable de la maladie de Parkinson est localisée dans une partie du cerveau appelée la substance noire.

Un autre syndrome, la paralysie de Bell, est découvert en 1821 quand Charles Bell (1774-1842) observe la paralysie faciale qui se produit du même côté qu'une lésion du nerf facial. Un autre savant, John Down (1828-1896), livre une étude d'une anomalie congénitale qui se caractérise par des traits du visage inhabituels : langue protubérante, oreilles allongées, tête anormalement ronde, et facultés mentales réduites, ce que plus tard on nomma syndrome de Down.

L'homme que certains considèrent comme le fondateur de la neurologie, Jean-Martin Charcot, a aussi étudié le système nerveux et identifié plusieurs maladies importantes, notamment la sclérose latérale amyotrophique (SLA ou maladie de Charcot). Pour la petite histoire, Freud (sur lequel nous reviendrons au chapitre 4) a été son étudiant.

Sous contrôle

Comme peu de recherches pouvaient être pratiquées à l'époque sur des sujets humains, les chercheurs étaient réduits à la dissection pour observer la structure du cerveau et à des expériences sur des animaux pour déterminer comment une lésion dans les différentes parties du cerveau de l'animal affectait son comportement et ses mouvements. Au début, la plupart des expériences se faisaient sur des espèces comme les grenouilles, faciles à trouver et à étudier. Puis les chercheurs ont eu de plus en plus recours à des animaux situés plus haut dans l'échelle évolutive, c'est-à-dire à des animaux ressemblant davantage à l'homme, comme le chien ou le singe.

Ces expérimentations ont permis aux scientifiques d'apprendre que des parties distinctes du cerveau contrôlaient diverses fonctions du corps. Luigi Rolando (1773-1831), par exemple, a expérimenté sur des animaux l'ablation des hémisphères cérébraux et du cervelet. Il a eu aussi recours au courant électrique pour stimuler le cortex. En s'appuyant sur ses observations, il en conclut que le cortex cérébral contrôle les fonctions volontaires du corps tandis que le cervelet contrôle les fonctions involontaires.

Faites le 15 !

Le romancier Charles Dickens a décrit dès 1836 ce que nous connaissons sous le nom d'apnée du sommeil. Ce trouble est aussi courant que le diabète chez les adultes et touche aujourd'hui entre 5 et 10 % de la population. L'apnée du sommeil est causée par une mauvaise circulation de l'air, en général due à un rétrécissement et à une fermeture du pharynx pendant le sommeil. À chaque moment d'apnée, le cerveau tire un instant le dormeur de son sommeil pour rétablir la respiration. En conséquence, le sommeil est agité et non réparateur. Si elle n'est pas traitée, l'apnée du sommeil peut provoquer une hypertension artérielle et d'autres problèmes cardiovasculaires. Et aussi des troubles de la mémoire, une prise de poids, de l'impuissance, des maux de tête... Mais ce trouble est facile à diagnostiquer et peut se soigner.

La connaissance du cerveau, une longue histoire **Chapitre 3** 37

Treize ans plus tard, le physiologiste français Pierre Flourens (1794-1867) a enrichi la compréhension du cervelet en pratiquant son ablation chez des pigeons et des chiens, ce qui lui a permis de démontrer qu'une lésion du cervelet affecte la coordination motrice.

En 1875, le physiologiste anglais Richard Caton a enregistré pour sa part de faibles signaux électriques dans le cerveau de lapins et de singes. Cette découverte a pris ensuite toute son importance quand des chercheurs ont trouvé que les réactions chimiques produisent un courant électrique qui se propage le long des nerfs.

Les recherches de Caton ont également compté parce qu'elles indiquaient que le cerveau est naturellement actif, c'est-à-dire qu'il n'est jamais en repos. Plus tard, des chercheurs vont découvrir des moyens d'enregistrer cette activité cérébrale, ce qui a permis non seulement de prouver que le cerveau est continuellement actif, mais aussi que le degré d'activité change au cours des périodes de sommeil et de relaxation.

Les chiens de Pavlov

C'est le physiologiste russe Ivan Pavlov (1849-1936) qui a fait les expériences les plus célèbres sur des chiens. Intéressé par le processus de la digestion, il a étudié la relation chez les chiens entre la salivation et l'activité de l'estomac et a découvert que l'estomac ne commence pas le processus de digestion si l'animal n'a pas d'abord salivé. Il a fait ensuite une découverte plus importante encore, qui lui a valu d'obtenir le prix Nobel.

Son projet était de créer les conditions qui font qu'un chien bave et il y est parvenu en faisant sonner une clochette en même temps qu'il nourrissait les chiens. Au départ, les chiens ne bavaient que lorsqu'ils voyaient la nourriture et la mangeaient ; mais, après un certain temps, Pavol a pu observer qu'ils commençaient à saliver quand la clochette sonnait, même s'il ne leur donnait pas de nourriture. Une fois que les chiens ont intégré que le son de la clochette était liée au fait d'avoir à manger, Pavlov leur a ensuite appris que ces deux stimuli n'étaient pas systématiquement liés en faisant sonner la clochette sans donner de nourriture. Dans ces conditions, les chiens ont cessé de saliver au seul bruit de la clochette. Pavlov a appelé ce comportement un **réflexe conditionné**.

Le principal intérêt des travaux de Pavlov porte sur le comportement du corps, mais son travail a profondément influencé le champ de la psychologie. Une école de psychologie, le béhaviorisme (de l'anglais *behavior*, « comportement »), a émergé

> **Le jargon de la science**
>
> Un **réflexe conditionné** est un comportement acquis. Il doit être distingué d'un réflexe inné, qui est automatique, comme le fait de retirer votre main quand elle approche une flamme.

à partir des expériences de Pavlov. Selon les béhavioristes, l'hérédité n'est ni le seul ni le plus important des déterminants du comportement. Ils soutiennent au contraire que les émotions et beaucoup d'autres comportements sont appris et déterminés par des influences extérieures. Aujourd'hui, nous utilisons souvent les termes de renforcement positif ou de renforcement négatif pour désigner les récompenses et les punitions destinées à modifier un comportement. Ces idées dérivent du béhaviorisme.

Bien sûr, de nombreux psychologues ont des points de vue différents de ceux de Pavlov, dont certaines seront discutées dans ce livre. Le point important est que Pavlov, d'autres après lui, ont fait la démonstration que tout ce que nous faisons n'est pas uniquement déterminé par nos processus internes et que ce que le cerveau dit de faire à notre corps peut être influencé par ce qui se passe à l'extérieur de nous.

Grosses têtes

Les recherches du physiologiste français Claude Bernard (1813-1878) sur la digestion ont influencé Pavlov, mais sa contribution la plus durable à la science a été de mettre l'accent sur l'objectivité de l'expérimentation et sur la nécessité de prouver ou d'infirmer une hypothèse. Ce concept est fondamentalement ce que nous appelons aujourd'hui la méthode scientifique. La découverte de méthode est importante parce qu'elle mène à l'idée que les résultats d'une expérience sont basés sur des données factuelles plus que sur des idées subjectives.

À Londres, John Hughlings Jackson (1835-1911), un pionnier de la neurologie, a étudié l'épilepsie et découvert que les convulsions associées à ce trouble étaient provoquées par des décharges brutales dans le cerveau et que les crises variaient selon le site du cerveau touché par ces décharges.

Gagnez des points de Q.I.

L'une des principales raisons du recours massif aux animaux pour la recherche était que les gouvernements restreignaient l'usage du corps humain pour l'étude de l'anatomie. En Europe, il fut interdit de disséquer des corps humains pour la recherche scientifique jusqu'au XVIIe siècle. Cette interdiction eut pour effet d'encourager la pratique morbide du vol de cadavres dans les cimetières, où l'on déterrait des cadavres. Cette coutume devint tellement étendue qu'il a fallu finalement autoriser l'utilisation des corps que personne ne réclamait pour la recherche médicale.

La connaissance du cerveau, une longue histoire Chapitre 3

Plus déterminantes encore ont été les observations de Pierre-Paul Broca (1824-1880). Il suivait un patient surnommé Tan parce que c'était la seule syllabe qu'il pouvait prononcer. Après la mort de Tan, Broca a examiné son cerveau et a découvert une lésion du lobe frontal gauche, qui coordonne les muscles du larynx et du cou servant à parler. Avec cette découverte, c'était la première fois qu'on pouvait mettre en relation une activité précise avec une zone du cerveau. Cette partie du cerveau a été ensuite appelée « aire de Broca ». Quelques années après la découverte de Broca, Carl Wernicke a trouvé qu'une lésion dans une autre zone du cerveau provoquait l'aphasie. Ses patients parlaient, mais ils inventaient des mots ou les associaient de façon incohérente.

À peu près à la même période, de l'autre côté de l'océan, aux États-Unis, la guerre de Sécession, avec ses nombreuses victimes, a permis de mieux comprendre les différents types de blessures et leurs conséquences sur le comportement et les fonctions corporelles. Le neurologue américain Silas Weir Mitchell (1829-1914), qui a participé à la guerre, a écrit un ouvrage fondamental sur les blessures par balles et sur les lésions nerveuses. Il a aussi étudié les fonctions du cervelet.

> **Remue-méninges**
>
> Les découvertes de Broca et de Wernicke ont sapé la crédibilité des phrénologues, qui assignaient le contrôle des fonctions du langage à une zone située sous la paupière de l'œil gauche. Il faut toutefois reconnaître que la phrénologie a eu le mérite de penser qu'il y avait une localisation des fonctions cérébrales.

Autre grande découverte de cette époque, l'emploi d'agents anesthésiques a bouleversé la chirurgie. Avant cette trouvaille, la chirurgie était forcément très limitée et les gestes des praticiens – dont le plus courant était l'amputation – faisaient généralement endurer aux patients des douleurs atroces, qui nécessitaient l'intervention de médecins et d'infirmières pour les maintenir. Le seul moyen de réduire la douleur était d'administrer de fortes quantités d'alcool ou de rendre les patients inconscients en les assommant d'un coup de poing. Mais parfois la douleur était si grande que les patients s'évanouissaient tout seuls...

Au début des années 1840, on a commencé à recourir au chloroforme, à l'éther et à l'oxyde nitreux (appelé aussi « gaz hilarant » parce qu'il peut provoquer le rire ou des états d'hystérie). En 1846, Thomas Morton a utilisé l'éther pour rendre un patient inconscient pendant qu'il lui enlevait une tumeur dans le cou.

Charles-Emmanuel Sédillot (1804-1883), chirurgien militaire, a publié en 1848 le premier livre d'anesthésie en France. Il y décrit les anesthésies à l'éther, pratiquées en surveillant la respiration, et celles au chloroforme, plus efficaces mais plus difficiles à mener. Peu de temps après, l'éther et d'autres gaz ayant moins d'effets secondaires ont été plus largement employés pour les actes chirurgicaux.

Cherchons la petite bête

La théorie microbienne des maladies infectieuses est une autre découverte capitale du XIXe siècle. Quoiqu'on connaisse surtout le nom du chimiste français Louis Pasteur, le médecin allemand Robert Koch a émis l'hypothèse, tout à fait fondée, que certaines maladies sont causées par de minuscules organismes qui ne peuvent être décelés qu'au microscope. À mesure que la connaissance des causes des maladies infectieuses progressait, on a développé des vaccins et d'autres moyens de prévenir les pandémies qui avaient décimé des peuples entiers. Certaines de ces épidémies, comme la rage, affectaient le cerveau. C'est pourquoi leur prévention était importante pour éliminer ou du moins réduire les causes de certaines maladies mentales. Pasteur a inventé le vaccin contre la rage en 1885.

Après la démonstration, par Pasteur, que la moisissure était due à des organismes vivant dans l'air, le chirurgien anglais Joseph Lister a fait l'hypothèse que les microbes, en entrant dans une plaie, provoquaient son infection. À l'époque, les chirurgiens utilisaient les techniques rudimentaires en usage depuis le Moyen Âge. Ils opéraient souvent en tenue de ville, avec des outils sales et dans des chambres d'hôpital crasseuses. Par conséquent, si un patient avait la chance de survivre à son opération, il pouvait tout à fait mourir des suites d'une infection contractée pendant l'intervention.

Lister pensait qu'il était possible de prévenir l'infection si on parvenait à tuer les microbes avant qu'ils ne pénètrent dans le corps. Ayant appris que le phénol était utilisé pour traiter les eaux usées dans une région d'Angleterre et que, par ce moyen, un parasite du bétail avait été éradiqué, il a eu recours à ce produit pour nettoyer les plaies et s'est aperçu que c'était un excellent **antiseptique**.

L'innovation de Lister avait pourtant des inconvénients, en particulier pour les médecins qui l'employaient, car le phénol pouvait provoquer des brûlures et des lésions sévères de la peau. Du coup, au lieu d'utiliser une solution chimique, beaucoup de médecins ont préféré laver leurs vêtements et leurs instruments dans des bains à très haute température pour tuer tous les

Le jargon de la science

Les **antiseptiques** préviennent ou arrêtent la croissance de micro-organismes. L'**asepsie** est une méthode de destruction des organismes dangereux pour qu'ils ne pénètrent jamais dans la salle d'opération. Par exemple, tout le mobilier, les instruments, et le linge sont traités aux antiseptiques.

microbes. Cette méthode de stérilisation est devenue de plus en plus courante après l'invention de l'autoclave dans les années 1880. Elle est connue sous le nom d'**asepsie**.

Avant que la théorie microbienne ne s'impose, de simples gestes, comme le fait de se laver les mains ou de tenir des salles d'opérations propres, étaient des idées révolutionnaires. Ce n'est que dans les années 1890 que les chirurgiens ont commencé à porter des masques et des gants en caoutchouc. Quoique les idées de Lister aient d'abord rencontré une certaine résistance, l'acceptation progressive des antiseptiques a réduit le nombre de morts par infection. La chirurgie est devenue beaucoup plus sûre à mesure que les médecins ont appris à prendre de plus grandes précautions d'hygiène.

Un cas séduisant

En 1848, un cas atypique et intéressant a attiré l'attention des médecins. Un ouvrier du chemin de fer, Phineas P. Gage, vingt-cinq ans, est blessé par une explosion, une barre de fer de près de 1 mètre de long et pesant plus de 5 kilos lui ayant traversé accidentellement la joue et le crâne. L'homme, qui avait un trou dans la tête et une grande partie du cerveau détruite, a survécu miraculeusement à l'accident (il est mort douze ans plus tard).

Mais, selon son médecin, sa personnalité avait changé du tout au tout après sa blessure, au point qu'« il n'était plus Gage ». Lui qui avait toujours travaillé dur, qui était loyal en amitié et qui ne disait pas de grossièretés était devenu, après son accident, paresseux, querelleur et grossier.

Outre le caractère fascinant de cette survie quasi miraculeuse après une terrible blessure au cerveau, ce qui était arrivé à Gage a permis de déduire que le cerveau joue un rôle dans la personnalité d'un individu. Le médecin de Gage en a conclu plus précisément que le lobe frontal, très atteint chez son patient, était la zone responsable de la prise de décision rationnelle et de l'émotion.

Le livre qui a changé la face du monde

Le cas de Phineas Gage a permis une meilleure compréhension du cerveau humain. À la même époque, à des milliers de kilomètres de là, le naturaliste anglais Charles Darwin accomplissait son voyage autour du monde qui devait bouleverser notre compréhension des origines du cerveau.

En route pour les îles Galápagos, au large de la côte ouest de l'Amérique du Sud, il a observé un nombre inhabituel d'espèces animales, qu'il n'avait jamais vues auparavant.

Il s'est demandé comment ces animaux avaient pu arriver jusqu'à des îles si éloignées et comment ils avaient développé leurs caractéristiques si singulières. Il a aussi rencontré des animaux communs aux différentes îles, mais qui présentaient pourtant quelques différences. Les pinsons, par exemple, étaient de taille et de couleurs semblables, mais leurs becs pouvaient être de formes variées, ce qui a conduit Darwin à penser qu'ils avaient peut-être un ancêtre commun.

Les conclusions qu'il a tirées de ces observations sur la transmission possible de caractères sont un élément clé de sa théorie de l'évolution. Il a publié ses recherches en 1859 dans son livre *Sur l'origine des espèces*, dont le premier tirage a été épuisé dès le premier jour de sa parution.

Dans le contexte de compréhension du cerveau, la théorie de Darwin a conduit à l'idée que le cerveau lui-même évolue à partir de plusieurs espèces. Différents composants de cet organe ont évolué et se sont spécialisés pour permettre aux animaux de s'adapter à leur environnement. Les oiseaux de proie, par exemple, ont besoin d'une vue aiguë pour voir le sol de haut, si bien que les parties du cerveau en lien avec la vue sont, chez eux, beaucoup plus développées que chez d'autres espèces. De même, le cortex, partie la plus reliée à la pensée, est beaucoup plus développé chez l'homme à cause de ses processus de pensée sophistiqués.

La première opération du cerveau

Tandis que Darwin, ses disciples et ses détracteurs débattaient sur la question de savoir d'où nous venons, d'autres restaient rivés sur le cerveau humain arrivé au dernier stade de son évolution. Au milieu des années 1870, l'Écossais William Macewen (1848-1924), qui avait travaillé auprès de Lister, a pratiqué la première chirurgie du cerveau. Auparavant, les chirurgiens n'avaient fait que de la « chirurgie du crâne », sans opérer le cerveau lui-même.

Fait peu surprenant, l'idée d'une chirurgie du cerveau a rencontré de nombreuses résistances. Macewen a fait sa première opération sur le cerveau d'un patient décédé. Il avait diagnostiqué un abcès cérébral et proposé de l'enlever chirurgicalement mais la famille s'était opposée à l'intervention. Ayant obtenu l'accord après la mort du patient, il a trouvé l'abcès et l'a retiré. En 1879, Macewen a pu procéder sur un patient vivant et évacuer un hématome sous-dural (accumulation de sang à la surface du cerveau). Plus tard, il a publié un ouvrage de chirurgie qui a servi de référence pendant une décennie et dans lequel il prétendait avoir guéri d'infection intracraniale 63 patients sur 74.

La connaissance du cerveau, une longue histoire — Chapitre 3

Zone interdite

En 1885, l'Allemand Paul Ehrlich (1854-1915) découvre que, lorsqu'un colorant bleu est injecté dans le sang, tous les tissus du corps deviennent bleus, sauf le cerveau et la moelle épinière. Ehrlich n'a pas pris pas toute la mesure de cette découverte, mais des scientifiques ont établi plus tard qu'il existe un mécanisme qui empêche que les composés du sang ne pénètrent dans le cerveau. La trouvaille d'Erhlich anticipait la découverte de ce qu'on appelle maintenant la barrière sang-cerveau, ou barrière hémato-encéphalique.

Le fantasme d'une personne qui aurait le pouvoir de voir à travers les murs (la vision aux rayons X de Superman) a son origine dans l'une des dernières découvertes du XXe siècle, les rayons X. En 1895, le physicien allemand William Roentgen, au cours d'une série d'expériences, passe la main devant un faisceau de rayons provenant d'un tube cathodique, et s'aperçoit alors qu'il peut voir ses os. Voici ce qui s'était passé : les ondes électromagnétiques produisent des images noires quand elles sont réfléchies par des corps de faible densité, tandis que les parties du corps, comme les os, d'une plus grande densité, produisent des images blanches. Imaginez l'excitation de Roentgen... Personne n'avait jamais pu voir des os à travers les muscles ni même pensé que c'était possible d'y parvenir ! Comme il ne savait pas comment expliquer ce phénomène, il lui donna le nom de rayons X.

Il reçut le prix Nobel de physique en 1901, mais il s'enfuit furtivement de Suède pour éviter d'avoir à faire une allocution. Contrairement à ce que vous pourriez croire, il n'a pas du tout fait fortune avec sa découverte et il est mort dans la pauvreté.

Comme beaucoup d'autres inventions, les rayons X n'ont pas été découverts, à l'origine, pour comprendre le cerveau ou le soigner, mais ils se sont avérés un outil extraordinaire dès le début pour diagnostiquer des blessures à la tête impliquant des fractures du crâne. On ne peut pas s'en servir, en revanche, pour examiner le cerveau lui-même, dont la densité n'est pas assez grande pour qu'il puisse être vu aux rayons X. Cependant, ces derniers ont préfiguré les techniques de scanner les plus perfectionnées dont nous disposons aujourd'hui.

> **Gagnez des points de Q.I.**
>
> L'exemple de Macewen a éveillé chez les chirurgiens et les neurologues du monde entier un immense intérêt et partout on a essayé de l'imiter, mais beaucoup de malades mouraient... En France, on on a renoncé presque aussitôt. Seul le chirurgien Antony Chipault a eu l'intuition de l'importance de cette discipline, qu'il a contribué à développer entre 1890 et 1905. Son *Traité de chirurgie opératoire du système nerveux* reste un témoignage éclatant des débuts de la neurochirurgie.

Folle fin de siècle

Nous avons survolé pas loin de trois siècles d'avancées médicales en quelques pages. À la fin du XIXe siècle, l'étude des caractéristiques physiques du cerveau est complétée significativement par l'étude des maladies mentales.

En 1885, le neuropsychiatre français Gilles de la Tourette (1857-1904) décrit plusieurs troubles du mouvement et laisse son nom à une affection qui se caractérise par des tics et souvent un dysfonctionnement du langage (en particulier, profération d'insultes). Ironie de l'histoire, il a été gravement blessé à la tête par un coup de feu tiré par une de ses anciennes patiente qui l'accusait de l'avoir hypnotisée contre son gré et de l'avoir rendue folle.

L'étude de la maladie physique et celle de la maladie mentale ont progressé de manière parallèle quand, en 1887, le psychiatre russe Sergueï Korsakof (1854-1900) a décrit les symptômes caractéristiques de l'alcoolisme. Cette année-là a également été décisive dans l'histoire de la médecine aux États-Unis car c'est en 1887 qu'ont été fondés les National Institutes of Health, l'équivalent de l'INSERM (Institut national de la santé et de la recherche médicale) en France, créé en 1964.

À peu près à la même époque, Sir Francis Galton (1822-1911) introduit l'idée que l'intelligence est un trait héréditaire. Il invente aussi les premiers tests scientifiques pour essayer de mesurer l'intelligence.

Ces tests permettaient d'évaluer la capacité respiratoire, l'aptitude à distinguer les couleurs, les odeurs, les poids, et de déterminer quel est le son le plus aigu et le son le plus grave qu'une personne peut entendre. Galton avait établi son laboratoire à Londres au South Kensington Museum où, pour une somme modique, les visiteurs pouvaient passer ses tests. Quoique beaucoup des traits évalués soient plus tard apparus comme n'ayant que peu – voire rien – à voir avec l'intelligence, les méthodes statistiques développées par Galton et l'idée que l'intelligence peut être mesurée ont été des avancées importantes, qui demeurent valides aujourd'hui.

Mais Galton est allé bien au-delà de la simple description et de la mesure des traits héréditaires et a suggéré qu'il était possible – et même souhaitable – d'améliorer les caractéristiques héréditaires. Par exemple, il voulait maîtriser le nombre de naissances des individus « inaptes » et favoriser la reproduction des personnes ayant une plus grande intelligence. Il appela « eugénisme » l'étude des moyens d'améliorer la race humaine. L'idée qu'il y a des individus « aptes » et des individus « inaptes » a de très graves implications éthiques et a été utilisée entre autres par les nazis, qui se sont appuyés sur l'eugénisme pour fonder une « race de maîtres ». De même, certaines recherches

La connaissance du cerveau, une longue histoire — Chapitre 3

génétiques actuelles visent à ce que l'on qualifie parfois de manipulation des gènes en vue de créer des enfants avec plus de caractères positifs (intelligence, taille, force) et moins de défauts (fragilité immunitaire).

En 1899, le psychiatre allemand Emil Kraepelin (1856-1926) a identifié les pathologies mentales connues aujourd'hui sous les noms de schizophrénie et de psychose maniaco-dépressive. Il a aussi été le premier à développer une classification des maladies mentales. À partir de là, et pour la première fois dans l'histoire, on a accordé à l'étude des troubles mentaux autant d'attention qu'aux maladies somatiques.

Ce qu'il faut retenir

→ Le philosophe René Descartes a introduit la question de la relation entre le corps et l'esprit. Il pensait que c'était deux entités distinctes.

→ L'invention du microscope a permis aux savants de voir pour la première fois les éléments de base qui constituent le corps humain et qui sont décisifs pour comprendre le cerveau.

→ Deux pseudo-sciences ont tenté d'expliquer le comportement : la phrénologie et le mesmérisme. On a prouvé par la suite que la phrénologie est une théorie erronée, tandis que le mesmérisme a conduit à l'usage légitime de l'hypnose pour traiter des maladies.

→ Dans le cerveau, ce sont les neurones qui transmettent les informations aux nerfs moteurs, et l'information des nerfs sensoriels est envoyée au cerveau. Des contacts synaptiques permettent la communication entre les neurones

→ La faculté de parler et de comprendre le langage sont liées à des zones spécifiques du cerveau.

Chapitre 4

La pensée moderne

Dans ce chapitre
....
- → L'influence de la psychanalyse
- → Un foisonnement de découvertes
- → La neurochirurgie s'affirme
- → Électrochocs et autres cures
- → L'imagerie médicale change la donne

Avant le XXe siècle, de nombreux obstacles entravaient la recherche médicale : l'Église et le pouvoir politique ont créé de sérieux ennuis aux théoriciens qui se risquaient à défier les positions des théologiens ; les causes des infections étaient mal connues, ce qui rendait difficile d'opérer sans tuer et ralentissait par conséquent les progrès des techniques chirurgicales ; des restrictions morales et légales concernant la dissection de corps humains plombaient l'étude de l'anatomie ; le sous-développement de la technologie médicale limitait la connaissance que les hommes de science pouvaient avoir de la structure et de la fonction du cerveau. Mais, au cours du XXe siècle, ces obstacles vont être presque entièrement levés, ce qui va favoriser le progrès exponentiel de notre compréhension du cerveau et du traitement des maladies cérébrales.

Sexe, rêves et psychanalyse

Le XXe siècle commence avec une œuvre d'une importance monumentale pour la communauté scientifique : *L'Interprétation des rêves*, de Sigmund Freud (1856-1939), publiée en 1900. Freud débute sa carrière comme neurologue et devient un spécialiste des maladies nerveuses. Il se montre progressivement convaincu que ses patients ne souffrent pas de maladies somatiques mais de conflits psychiques dont ils ne sont pas conscients.

Dans ses premiers travaux, il s'attache à identifier les expériences traumatisantes, pensant y trouver la cause des problèmes de ses patients. Il pratique l'hypnose (souvenez-vous des expériences de notre vieil ami Mesmer au chapitre 3 !) pour induire des souvenirs chez ses patients et tenter de leur faire revivre ces événements afin de les aider à surmonter le traumatisme qu'ils avaient provoqué. Freud a appelé « refoulement » le processus psychique par lequel ces expériences traumatisantes restaient enfouies dans l'inconscient et il l'a décrit comme un mécanisme de défense développé par l'esprit pour tenir hors de la conscience des pensées déplaisantes. Sa méthode est connue sous le nom de « psychanalyse ».

Freud a essayé d'atteindre l'inconscient et de trouver en quoi il pouvait affecter le comportement. Il pensait que les rêves étaient comme une fenêtre sur l'inconscient et qu'on pouvait les analyser pour déterminer les motivations individuelles. Cette analyse l'a amené à penser que le comportement adulte est en partie déterminé par une phase précise de l'enfance qu'il a appelée le **complexe d'Œdipe** (c'est-à-dire l'attachement affectif et physique des enfants pour leur parent de sexe opposé).

Le jargon de la science

Freud a énormément écrit sur le **complexe d'Œdipe**, c'est-à-dire sur l'attirance inconsciente des petits garçons pour leur mère et l'hostilité envers leur père. Mais il pensait que les petites filles ont une attirance similaire à l'égard de leur père, qu'il a appelée **complexe d'Électre**. (Électre était la fille d'Agamemnon et de Clytemnestre. Elle voulait que son frère venge la mort de leur père en assassinant leur mère.) Privée de pénis, la petite fille souhaite s'approprier celui de son père et s'oppose donc à sa mère, qui fait pour elle figure de rivale dans la quête du pénis du père. Cette analyse a donné lieu à de nombreuses critiques depuis que Freud l'a formulée, mais le complexe d'Œdipe continue de marquer les réflexions sur le développement psychologique des enfants.

La pulsion sexuelle joue un rôle important dans la théorie freudienne, qui envisage trois stades de développement de la sexualité infantile : le stade oral, le stade anal et le stade phallique, où nous associons le plaisir à la stimulation d'une certaine partie du corps. Freud soutenait que ce qui se passe au cours de ces trois stades a une influence sur le comportement adulte.

- **Le stade oral.** Pendant la première année, la bouche est le centre du plaisir. Si un bébé reçoit suffisamment de stimulation au niveau de la bouche, il passera au stade suivant.

- **Le stade anal.** De un an à trois ans, les enfants découvrent les fonctions corporelles. On parle souvent de « rétention anale » à propos de personnes très rigides : en fait cela vient de l'idée freudienne selon laquelle une personnes qui reste fixée à ce stade se focalise sur la maîtrise de soi et sur l'hygiène corporelle.

- **Le stade phallique.** De trois à six ans, les enfants commencent à s'intéresser à leurs propres organes sexuels. Ce stade est aussi celui où se manifestent les complexes d'Œdipe et d'Électre.

Un autre élément important de la pensée de Freud est l'idée qu'il y a dans notre esprit une bataille constante entre ce qu'il appelle le Ça (ce qui, en nous, cherche la satisfaction immédiate) et la conscience, qui s'efforce d'apprivoiser ces désirs impérieux (le Surmoi). C'est le Moi qui prend la décision finale en trouvant l'équilibre entre ce que le Surmoi pense et ce que le Ça désire.

Ce bref exposé de la pensée de Freud ne tient pas compte de toutes les subtilités de son analyse, mais un volume complet ne suffirait pas à entrer dans tous les détails de sa théorie. Au fil du temps, ses idées ont subi différentes critiques et beaucoup s'accordent aujourd'hui à penser qu'elles ne peuvent prétendre à une universalité, car elles ne tiennent pas compte de cultures différentes ou s'inscrivent dans un temps bien précis de l'histoire sociale. Cependant, la psychanalyse, avec ses nombreuses évolutions, reste une aide pour de nombreuses personnes.

Prises de tête

Dans la dernière moitié du XIXe siècle, les scientifiques sont devenus plus rigoureux dans leurs recherches sur le cerveau. Ils ont commencé à faire des expériences plus contrôlées, à fournir plus d'informations sur leurs résultats et à porter une plus grande attention aux détails. Au début du XXe siècle, la méthode scientifique prédominait pour l'étude du cerveau et du comportement, au détriment des spéculations métaphysiques et de l'influence de la religion, qui déclinèrent.

Le développement des tests d'intelligence

Nous avons vu au chapitre 3 que Francis Galton avait commencé à développer des mesures de l'intelligence, mais il se concentrait surtout sur les traits physiques et sur les réponses aux stimuli, relativement faciles à observer. En 1904, le psychologue Alfred Binet (1857-1911) est embauché par une commission gouvernementale dont le projet est de créer un système pour repérer les enfants qui auraient besoin de programmes éducatifs spéciaux de rattrapage. Binet réfute la thèse de Galton selon laquelle l'intelligence serait fonction d'une aptitude à distinguer les informations sensorielles et il soutient l'idée que la mémoire, l'imagination et la compréhension sont de meilleurs indices des capacités mentales.

Binet et un médecin du nom de Théodore Simon (1873-1961) ont donc conçu des tests qui permettaient de distinguer les enfants qui apprennent normalement de ceux qui sont plus lents. Ces tests étaient intelligemment pensés, car ils ne se référaient pas à des compétences de type scolaire, de sorte que l'évaluation n'était pas biaisée par le genre ou le degré de scolarisation reçue par l'enfant. L'échelle qu'ils ont imaginée était basée sur une comparaison entre l'« âge mental » mesuré par le test et l'âge réel de l'enfant. Si l'âge mental était inférieur de deux ans ou plus à l'âge réel, Binet estimait que l'enfant était mentalement « retardé ». Mais, dans le même temps, il était tout à fait conscient du mauvais usage qui pouvait être fait de ces tests.

La découverte d'Alzheimer

Professeur de psychologie en Allemagne, Aloïs Alzheimer (1864-1915) a travaillé avec le neurologue Franz Nissl (1860-1919). Ils ont publié ensemble une étude monumentale en six volumes sur le cortex cérébral. En 1907, lors d'un colloque, Alzheimer expose le cas d'une patiente de cinquante et un ans qui présente des symptômes de dépression, d'hallucinations et de démence. Après la mort de sa patiente, il va constater que le nombre de cellules dans son cortex cérébral était anormalement bas.

Voilà comment Alzheimer décrit la pathologie : « La maladie débute insidieusement par une légère fatigue, des maux de tête, des vertiges et des insomnies. Plus tard s'ajoutent une grande irritabilité et des pertes de mémoire. Les patients se plaignent amèrement de leurs symptômes... Les pertes de mémoire s'accentuent plus tard, on constate aussi un obscurcissement de l'esprit, avec des sautes d'humeur soudaines... La maladie conduit à un état de stupeur et à des comportements infantiles. »

Le célèbre psychiatre allemand Emil Kraepelin (dont on a déjà parlé au chapitre 3) a proposé de donner à cette pathologie le nom d'Alzheimer.

Sur la piste des messages chimiques

À l'époque où Golgi et Cajal recevaient le prix Nobel pour leur étude sur le système nerveux, un groupe de chercheurs, auquel appartenaient Joseph Erlanger (1874-1965) et Herbert Gasser (1888-1963), découvre que les impulsions électriques des neurones libèrent des substances chimiques (au niveau des synapses) dont la fonction est d'envoyer un message à d'autres neurones en utilisant les connexions qui les relient. Les scientifiques constatent en outre qu'il ne faut qu'un millième de seconde pour que le neurone se recharge une fois qu'il a « posté » son message.

En 1906, Charles Scott Sherrington (1857-1952) publie *The Integrative Action of the Nervous System* (« L'action intégrative du système nerveux »), ouvrage dans lequel il décrit la synapse et le cortex moteur. Il propose aussi une théorie dite de « la démocratie participative », dont l'idée est que le cerveau code une idée, un mouvement ou une sensation par l'intermédiaire du « vote » de très nombreux neurones.

Rêve de Nobel

En 1921, le dimanche de Pâques, Otto Loewi (1873-1961) se réveille au milieu de la nuit avec l'idée d'une expérience. Il prend quelques notes et se rendort. Le lendemain, impossible de relire ce qu'il avait écrit. Le soir, il se réveille à nouveau à la même heure et se souvient de ce qu'il avait noté la veille. Cette fois, il se rend directement dans son laboratoire et se livre à son expérience. Il découvre que la transmission de l'excitation se fait par voie chimique au niveau des terminaisons nerveuses.

Loewi remporte le prix Nobel en 1936. Mais deux ans plus tard il est arrêté par les nazis car il est juif. Ces derniers saisissent tous ses biens mais l'autorisent à quitter le pays. Il poursuivra dès lors ses recherches aux États-Unis.

Un, deux, trois, test

Alors qu'il travaille dans un hôpital psychiatrique avec des adolescents, Hermann Rorschach (1884-1922) remarque que certains enfants répondent différemment et de façon caractéristique au jeu populaire des taches d'encre. À partir de cette observation, il met au point une série de dix planches : il les montre aux patients et leur demande de décrire ce qu'ils voient dans ces taches. Son hypothèse est que ces images peuvent susciter des pensées subconscientes et donner des indices sur la personnalité du patient. En 1921, les planches de Rorschach sont publiées sous le titre *Psychodiagnostic*.

Dans les années 1950, le Rorschach était le test privilégié en psychologie clinique. Il pouvait être utilisé pour explorer la vie fantasmatique des patients sans leur poser de question directe et, en répétant le test, l'analyste pouvait orienter les progrès du patient.

> **Gagnez des points de Q.I.**
>
> Sauf si vous avez vous-même passé le test de Rorschach, il est peu probable que vous ayez vu les vraies taches d'encre de Rorschach. En effet, elles sont tenues secrètes afin que les réactions des patients restent spontanées. Ces derniers ne sont pas non plus censés savoir comment va se dérouler le test ni comment il est interprété, ce qui fait qu'il est difficile de le truquer. Il n'y a pas de « bonnes » réponses, mais le test serait inutile s'il n'y avait pas certaines réponses prévisibles ; une réponse inhabituelle peut suggérer un problème. Pour certaines taches d'encre, une réponse particulière est interprétée d'une manière précise. Par exemple, le fait de voir un mâle ou une femelle dans une des taches d'encre est censé déterminer une préférence sexuelle.

Le Rorschach est ensuite tombé sous le feu de la critique, qui mettait en question sa fiabilité et sa validité. Pourtant, c'est sans doute le test qui a fait couler le plus d'encre dans le champ de la psychologie et probablement aussi celui qui a été le plus largement administré parmi tous les tests psychologiques.

De drôles de machines

En 1908, Victor Horsley (1857-1916) et Robert Henry Clarke inventent le premier instrument stéréotaxique. Cet engin en métal, sorte d'échafaudage pour la tête, pourrait passer pour un instrument de torture de l'Inquisition, mais il est en fait très utile.

À l'origine, les scientifiques utilisaient cet instrument pour étudier la structure du cerveau des chats et des singes. Il n'a jamais été employé sur des sujets humains avant 1947. De nos jours, les chirurgiens y ont recours pour stabiliser la tête d'un patient pendant une opération ; il comporte aussi des porte-aiguilles qui permettent aux médecins d'insérer avec précision des aiguilles ou des électrodes dans le cerveau. C'est cet instrument qui a permis à Harvey Cushing, le père de la neurochirurgie américaine, de mener ses premières expériences en procédant à la stimulation électrique du cortex sensitif humain.

Et la neurochirurgie fut...

C'est à Harvey Cushing et Walter Dandy que nous devons l'établissement du champ de la neurochirurgie. À une époque où peu de gens possédaient une voiture, où on ne prenait pas encore l'avion, Harvey Cushing (1869-1939) réussit à révolutionner le traitement des lésions du cerveau. Quand Cushing débute, la neurochirurgie n'est souvent pratiquée qu'en tout dernier recours et les suites sont presque toujours fatales, mais il a contribué à rendre cette pratique plus courante et à en faire une méthode de traitement souvent couronnée de succès.

Walter Dandy (1886-1946) a lui aussi été l'un des neurochirurgiens les plus renommés de son vivant dans le monde entier. Dandy, plus qu'aucun autre – sauf peut-être son professeur Harvey Cushing – a fait des opérations neurochirurgicales, écrit des articles et des livres, contribué à étendre la connaissance et les tests diagnostiques et à propager de nouvelles idées pour la neurochirurgie. Il a réussi également à mener à bien des opérations que Cushing lui-même jugeait infaisables, cherchant de nouvelles approches pour réduire les très grands risques liés à la neurochirurgie, qui était alors une pratique toute nouvelle. Les travaux de Cushing et Dandy ont fait beaucoup progresser le traitement des lésions et des maladies du cerveau.

Le père de la neurochirurgie

Revenons plus longuement sur Harvey Cushing. Il a été le premier chirurgien à pratiquer des opérations de tumeurs du cerveau aux États-Unis. De son propre aveu, la plupart de ses premières tentatives ont échoué (pas loin de 90 % de ses patients mouraient...). Pourtant, il est parvenu à introduire de grandes innovations, comme l'usage du tourniquet pour arrêter l'hémorragie du scalp ou l'invention de pinces pour ligaturer les artères.

En 1910, il opère avec succès, d'une tumeur au cerveau, le général Leonard Wood, personnage influent de l'époque, qui va l'aider à asseoir sa réputation de chirurgien. Sa renommée va continuer de grandir, particulièrement quand l'université de Harvard lui demande de travailler à la conception d'un nouvel hôpital. Il devient chirurgien en chef du tout nouveau Peter Bent Brigham Hospital à Boston et produit un nombre impressionnant de recherches d'études cliniques pendant vingt ans, avant de prendre sa retraite en 1932.

L'une des plus importantes contributions de Cushing à l'étude du cerveau a été la création d'un registre des tumeurs du cerveau. Cette étonnante collection rassemble plus de 2 000 études de cas, comprenant des spécimens de cerveaux, 15 000 négatifs et prélèvements histologiques, des milliers de pages de rapports d'hôpital et de notes. Quand il prend sa retraite, Cushing se rend à Yale pour y devenir professeur de neurologie et directeur des études de l'histoire de la médecine. Il a fait don de son œuvre à Yale et a convaincu plusieurs de ses amis à en faire autant, ce qui a permis de constituer la base de ce qui allait devenir l'une des plus grandes bibliothèques historiques médicales du monde.

Quoique ce soit Cushing qui en tire la plus grande gloire, son registre des tumeurs n'aurait pas existé sans l'intelligence et le dévouement de Louise Eisenhardt. Elle a commencé comme assistante éditoriale de Cushing avant de faire des études de médecine dont elle est sortie diplômée avec le plus haut niveau jamais atteint à la grande université de Tufts. Elle a travaillé pour Cushing pendant ses études et a continué après avoir obtenu son diplôme en 1925. Première femme neuropathologiste. Eisenhardt gardait des notes de toutes les interventions de Cushing mais ne le laissait pas les lire, de peur qu'il ne soit tenté d'arranger ses statistiques pour les rendre meilleures. Il a finalement obtenu de lire son journal à soixante-dix ans… Eisenhardt a aussi été le premier éditeur du *Journal of Neurosurgery* (« Journal de neurochirurgie »), poste qu'elle a occupé pendant plus de vingt ans.

Dandy chirurgien

Disciple de Cushing, Walter Dandy a laissé trois contributions significatives à l'histoire médicale : en 1918, il invente la ventriculographie, test pendant lequel de l'air est injecté directement dans les ventricules cérébraux. Ce procédé est suivi d'un examen du cerveau aux rayons X. La technique permet un diagnostic précis des tumeurs cérébrales intracrâniennes. Un an plus tard, il invente la pneumoencéphalographie, qui consiste à injecter de l'air dans les ventricules du cerveau grâce à une ponction spinale. Ces tests ont constitué la base de l'imagerie neurologique pendant cinquante ans. Pour finir, Dandy a démontré la circulation du liquide cérébro-spinal.

> **Faites le 15 !**
>
> Vous vous souvenez de Phineas Gage, l'homme qui, au chapitre 3, s'était pris une barre de métal dans la tête et qui avait survécu ? Étant donné les changements de personnalité qu'on avait remarqués chez lui, on craignait qu'une chirurgie radicale, comme celle que pratiquait Dandy, ne risque de provoquer de sérieux bouleversements du comportement. En fait, l'impact d'une telle intervention s'est avéré minime sur les cas traités.

Un héros de la neurochirurgie française

Vers 1925, la neurochirurgie en France avait un retard de vingt ans sur la neurochirurgie anglaise et américaine. Après la première guerre mondiale, personne ne parlait encore, en France, de neurochirurgie, alors qu'au même moment, outre-Atlantique, Cushing dirigeait depuis plusieurs années déjà son service de Boston. De même, au National Hospital de Londres, Donald Amour et Sir Percy Sargent poursuivaient dans la voie ouverte par Victor Horsley (dont nous avons parlé un peu plus haut).

C'est Clovis Vincent (1879-1947) qui a rattrapé le retard de la France dans ce domaine, en un temps extrêmement court. Il a débuté avec Joseph Babinski (1857-1932) et le chirurgien Thierry de Martel (1876-1940), aristocrate qui a su adapter ses dons d'opérateur aux exigences spécifiques de la chirurgie nerveuse et a, en outre, mis au point une instrumentation qui, cinquante ans plus tard, n'était toujours pas passée de mode. C'est lui aussi qui préconisa – grand progrès pour l'époque – l'anesthésie locale dans les interventions cérébrales. Martel admirait depuis longtemps la révolution de la neurochirurgie aux États-Unis, sous l'impulsion de Cushing. Il s'était rendu plusieurs fois dans ce pays et insistait vivement auprès de Clovis Vincent pour qu'il fasse de même. En 1927, ce dernier part enfin pour l'Amérique et passe cinq semaines à Boston auprès de Cushing, expérience qui l'a marqué à tout jamais. À son retour, il va s'efforcer d'appliquer les méthodes de diagnostic apprises aux États-Unis.

Clovis Vincent connaissait à fond les réactions du système nerveux et obtenait de très bons résultats. En 1933, fait sans précédent dans les annales de l'Assistance publique, la direction d'un service de chirurgie est confiée à un médecin : Vincent dispose enfin de moyens à la hauteur et la jeune spécialité peut désormais prendre tout son essor en France. On constate d'ailleurs que les statistiques françaises s'inversent en quelques années seulement…

La première chaire de neurochirurgie clinique est créée en 1938. Clovis Vincent, dans sa leçon inaugurale, fait un vigoureux éloge de Mac Ewen, de Horsley et surtout de Cushing.

La première équipe de Vincent se disloque en 1939. Cushing meurt la même année, Martel se suicide un an plus tard, le jour de l'entrée des Allemands à Paris : l'époque héroïque de la neurochirurgie française est terminée. Vincent mène à la Pitié-Salpêtrière une activité de résistant et, au péril de sa liberté, refuse systématiquement l'entrée de son service aux occupants. Épuisé physiquement, il meurt en 1947.

Des cures controversées

Aujourd'hui, quand nous pensons au traitement de la maladie mentale, on pense immédiatement à la thérapie et à la médication. Mais ces méthodes sont relativement récentes et on a souvent tendance à juger celles qui étaient mises en œuvre par le passé comme très dures, voire inhumaines. Il faut dire que les médias ont abondamment parlé de la pratique, autrefois courante, de la lobotomie et des électrochocs.

Sans les lobes !

En 1927, le neurologue portugais Egas Moniz met au point l'angiographie cérébrale, pour étudier les artères dans le cerveau, et est le premier à l'utiliser sur des patients. Il est toutefois plus connu pour sa découverte, en 1936, d'un moyen de réduire l'anxiété chez les singes en sectionnant les fibres nerveuses des lobes frontaux du cerveau. L'opération, appelée lobotomie, avait un résultat similaire chez les humains. Le procédé altérait le comportement, réduisant souvent l'intensité des émotions dans des troubles comme l'anxiété, la névrose, la dépression sévère et la psychose maniaco-dépressive. Des angoisses, des pensées ou des hallucinations perturbantes et invalidantes pour le patient persistaient parfois, mais devenaient plus distantes, moins inquiétantes. Malheureusement, le patient pouvait aussi perdre tout intérêt pour son quotidien et se montrer désinhibé dans son comportement sexuel ou social.

En médecine, le remède est parfois pire que le mal. En 1953, un patient qui souffrait de graves crises d'épilepsie fut soigné par l'ablation de la partie médiane du lobe temporal du cerveau et l'opération avait endommagé définitivement sa mémoire. Il se souvenait de ce qui avait eu lieu un peu avant l'intervention chirurgicale, mais avait perdu ensuite toute capacité de mémoire. Ce malheureux patient a trouvé une formule qui décrivait bien sa situation : « Hier n'existe pas. »

Seul résultat positif de cette opération, ses effets négatifs ont été suffisamment rendus publics pour éviter de reproduire la même erreur. Actuellement, on pratique encore couramment des lobectomies partielles et même des hémisphérectomies (ablation de la moitié du cerveau) pour soigner l'épilepsie.

Un traitement de choc

Les électrochocs font souvent penser au personnage interprété par Jack Nicholson dans *Vol au-dessus d'un nid de coucou*, sanglé, des électrodes sur la tête, et recevant un afflux insensé de décharges électriques… Pourtant, à l'origine, le « traitement de choc » n'utilisait pas l'électricité. En 1917 Julius von Wagner-Jauregg (1857-1940), qui s'intéressait au traitement des fous mais aussi à leurs droits, a commencé à faire des expériences par inoculation de tuberculine pour provoquer un accès de fièvre. Il espérait que le « choc » de la fièvre allait guérir la maladie mentale. Sans succès.

Quoique la méthode de Wagner-Jauregg ait échoué, sa recherche a donné d'autres résultats positifs. Il a ainsi pu soigner des patients atteints de paralysie générale (manifestation courante et invalidante de la syphilis tertiaire, auparavant incurable) en leur inoculant le parasite de la malaria. L'apparition de la pénicilline a rendu cette thérapie obsolète. Wagner-Jauregg a reçu néanmoins le prix Nobel pour son travail, ce qui a suscité l'espoir qu'on puisse un jour trouver des remèdes aux maladies mentales.

> **Points de Q.I.**
>
> On estime que quelque 100 000 patients ont été lobotomisés dans le monde entre 1945 et 1954 dont 35 000 aux États-Unis. À la suite de la découverte de Moniz, la lobotomie était couramment employée pour traiter les maladies mentales graves. Puis son utilisation s'est réduit quand les effets négatifs sont apparus dans toute leur gravité et elle est aujourd'hui très rarement pratiquée.

C'est en 1938 que Ugo Cerletti et Lucino Bini ont utilisé pour la première fois les « vrais » électrochocs sur un humain. Ce traitement consiste à envoyer des décharges électriques dans le corps via des électrodes placées sur les tempes. Le choc provoque des convulsions et une perte de conscience. Après le traitement, certains patients souffrent aussi de perte de mémoire, mais généralement pas de manière définitive. L'usage des électrochocs, qui avait de toute façon mauvaise presse, a décliné avec le développement de tranquillisants puissants, même si ce traitement peut être envisagé dans le traitement de certaines formes de dépression ou de schizophrénie graves.

De nouveaux instruments

Le cerveau est un organe si sophistiqué et si délicat qu'il est surprenant que la recherche et la chirurgie aient employé des techniques aussi sommaires que celles que nous avons pu évoquer précédemment. Quand on y pense, presque tout ce qui s'est fait en matière de chirurgie a consisté à creuser un trou dans le crâne – ce que les hommes faisaient déjà il y a des milliers d'années – avec des instruments assez primaires. Certes, il y a eu quelques innovations utiles, comme les instruments stéréotaxiques que nous avons décrits plus haut, mais la plupart des avancées concernaient surtout l'étude du cerveau. Au cours du XXe siècle, particulièrement dans sa dernière partie, de nouvelles technologies ont révolutionné tout autant l'étude du cerveau que le diagnostic et le traitement des problèmes physiques. Les médecins tâtonnent encore parfois, mais de plus en plus d'informations peuvent être rassemblées grâce à des machines capables de prendre différents types d'images de nos organes internes et grâce aux ordinateurs qui sont en mesure d'interpréter ces images.

Remue-méninges

La psychothérapie institutionnelle est un mouvement important qui se théorise en France à partir de 1940 et pendant les années d'occupation. Son point d'origine est la clinique de Saint-Alban, en Lozère, où l'équipe médicale organise l'approvisionnement de l'asile avec le soutien de la population locale et tente d'humaniser ce lieu. Il s'agit de réfléchir, en cette période troublée, aux moyens qui permettraient de transformer les rapports entre les soignants et les aliénés, en ouvrant aussi l'asile sur le monde pour ne pas circonscrire la folie dans des lieux clos. Cette expérience a fait école après la guerre, notamment avec l'ouverture de la clinique de La Borde, près de Blois.

Une première avancée dans ce domaine a été faite en 1929 par le neurologue Hans Berger (1873-1941), qui a réussi a enregistrer les courants électriques dans le cerveau au moyen d'électrodes placés sur le cuir chevelu. Cette technique, plus tard appelée électroencéphalogramme (EEG), était en mesure de détecter les ondes cérébrales sur un patient conscient.

Approfondir le regard

La physique optique se contentait de microscopes optiques qui grossissent par 500 ou par 1000. Si ce grossissement était suffisant pour voir les tout petits détails du corps, les scientifiques savaient qu'il y avait encore plus à voir. En 1931, Ernst Ruska (1906-1988) invente le microscope électronique. Cet instrument utilisant des électrons, avec une longueur d'onde 100 000 fois plus courte que celle des photons (lumière), permettait d'obtenir des images plus détaillées qu'un microscope optique, pour lequel l'agrandissement est limité par la longueur d'onde de la lumière. Avec le microscope électronique, on pouvait obtenir un grossissement par 50 000.

Aujourd'hui, certains microscopes électroniques sont capables de grossir par 300 000. En 1981, Gerd Karl Binnig (né en 1947) et Heinrich Rohrer (né en 1933) ont inventé le microscope à effet tunnel (en anglais *scanning tunneling microscope* ou STM), qui utilise une méthode tout à fait différente pour grossir les échantillons. C'est grâce au STM qu'ont été obtenues les premières images d'atomes individuels sur la surface de matériaux. Pour cette invention, Binnig et Rohrer ont partagé en 1986 le prix Nobel de physique avec Ernst Ruska.

Un cerveau homoncule

Dès 1930, et pendant deux décennies, le neurochirurgien canadien Wilder Penfield (1891-1976) a fait une avancée majeure dans la compréhension de la fonction des différentes parties du cerveau, après avoir obtenu de certains patients l'autorisation de les opérer quand ils étaient éveillés. Penfield utilisait des sondes électriques pour stimuler le cortex du cerveau et demandait à ses patients ce qu'ils ressentaient.

Il a ainsi pu cartographier à partir des réponses de ses patients. Ces cartes ressemblent d'ailleurs plutôt à des petits hommes (*homonculi*) : la taille de la partie du corps représentée est d'autant plus grande que le cortex a un plus grand contrôle sur cette partie. C'est pourquoi l'homoncule a de très grandes mains et de grosses lèvres parce que, comparativement, les parties du cortex impliquées dans le contrôle des mains et de la bouche sont les plus importantes.

La pensée moderne **Chapitre 4**

Représentation simplifiée du cortex sensitif
L'homoncule montre la taille des parties du corps en fonction du contrôle que le cortex a sur elles.

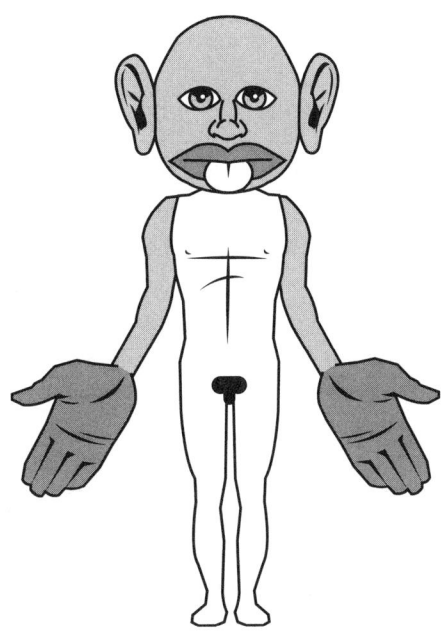

Une boîte à scanner l'homme

1972 est une autre date importante pour l'établissement d'un diagnostic. Godfrey Hounsfield (né en 1919) invente la tomographie axiale assistée par ordinateur, plus connue sous le nom de scanner (CT-scan ou CAT-scan). Dans ce procédé peu agréable mais indolore, le patient met sa tête dans un cylindre, et des clichés du cerveau aux rayons X sont pris sous différents angles. Mais, au lieu de développer les résultats sur une plaque photographique comme pour une radiographie, les images sont recueillies dans l'ordinateur, qui met ensemble toutes les données obtenues aux rayons X pour fournir une image en coupe transversale cent fois plus précise qu'une radiographie ordinaire. Ces images permettent d'identifier des problèmes physiques, comme les tumeurs ou les lésions. Par contre, elles ne donnent aucune information sur le fonctionnement du cerveau.

Deux ans après l'invention du CAT-scan, une nouvelle technologie est apparue, sous le nom très technique de « tomographie par émission de positron » (PET ou PET-scan). Elle est légèrement plus compliquée que le CAT-scan et requiert l'injection de glucose ou d'eau avec un composant radioactif qui s'accumule dans les parties du cerveau en fonction de leur activité. Les éléments radioactifs apparaissent aux images PET et permettent aux médecins et aux chercheurs de voir quelles parties du cerveau sont actives pendant une action spécifique.

Interdit aux claustrophobes

La troisième invention majeure de l'imagerie médicale est l'imagerie par résonance magnétique ou IRM, qui a été utilisée pour la première fois sur des humains en 1977. Ses inventeurs sont Raymond Damadian, Larry Minkoff et Michael Goldsmith.

La première machine IRM a été appelée l'Indomptable, car elle était l'aboutissement de sept ans d'efforts et beaucoup la jugeaient irréalisable. Le prototype de la machine est conservé à la Smithsonian Institution à Washington.

> **Gagnez des points de Q.I.**
>
> Au départ, l'IRM s'appelait RMN (résonance magnétique nucléaire), mais ce nom a été abandonné, car il aurait pu laisser croire aux patients que cette technique avait un rapport avec le nucléaire. Ce qui n'aurait pas manqué d'en inquiéter plus d'un...

L'IRM est un puissant instrument diagnostique. Les détails sont encore plus grands que dans les autres techniques d'imagerie et le médecin peut adapter l'engin à un problème spécifique. L'IRM utilise un aimant géant en forme de tunnel, dans lequel est placé le patient (le champ magnétique créé par cet aimant est 30 000 fois plus puissant que celui de la Terre). Des ondes électromagnétiques provoquent une aimantation des protons dans le corps et les informations recueillies sont enregistrées dans l'ordinateur, ce qui permet la visualisation d'images selon des angles et des directions variés.

L'examen IRM est indolore, mais il peut être désagréable et même provoquer l'anxiété chez les sujets claustrophobes. Le patient qui passe une IRM est allongé sur une table qui coulisse à l'intérieur d'une sorte de cercueil cylindrique. La procédure dure en général entre 20 et 30 minutes et le bruit de la machine est si énorme que le patient doit mettre des boules Quiès, qui atténuent mais n'éliminent pas complètement le martèlement. La bonne nouvelle, c'est que les médecins prescrivent habituellement un léger calmant pour apaiser le patient.

Autre défaut de l'IRM, c'est une technique très coûteuse et qui n'est donc pas disponible dans tous les hôpitaux.

La magnétoencéphalographie (MEG pour faire court) est encore une autre technique d'imagerie, qui mesure le champ magnétique généré par l'activité électrique différentielle du cerveau. Les informations fournies par la MEG diffèrent de celles données par le CAT-scan et par l'IRM. Ces deux dernières donnent des informations structurales et anatomiques tandis que l'imagerie MEG produit des images des fonctions neurologiques pour mesurer l'activité électrique cérébrale en temps réel.

Un antidouleur maison

Au début des années 1970, les chercheurs ont découvert dans le cerveau une substance jusqu'ici inconnue, l'enképhaline. Ils se sont aperçus qu'elle agissait comme la morphine pour apaiser et parfois supprimer la douleur. L'enképhaline inhibe les impulsions électriques qui véhiculent le message douloureux de la cellule nerveuse vers le cerveau.

Dans des situations de stress, le cerveau produit davantage d'enképhaline, ce qui masque parfois des lésions en cours. Par exemple, certains athlètes ne sentent pas la douleur d'une blessure pendant l'effort et ne prennent conscience de leur blessure qu'une fois la compétition terminée, quand leur stress est redescendu. Les scientifiques ont aussi trouvé que certains médicaments pouvaient bloquer la libération d'enképhaline, un blocage qui a pour conséquence d'augmenter la douleur.

Autre découverte chimique importante, certains tissus du corps produisent des **prostaglandines**, qui aident l'organisme à transmettre les signaux de douleur, et donc vous aident à ressentir la douleur. Le pharmacologue britannique John Robert Vane (né en 1927) a démontré en 1971 que l'efficacité de l'aspirine est liée à sa capacité à inhiber la production de certaines prostaglandines.

Des pas de géants en un siècle

Grâce au progrès des microscopes, beaucoup d'avancées se sont faites à un niveau moléculaire. Par ailleurs, les découvertes en génétique ont permis aux chercheurs d'identifier les gènes qui contrôlent des fonctions spécifiques dans le cerveau, ainsi que de nombreuses mutations à l'origine de maladies telles que Parkinson, Huntington et Alzheimer.

La technologie est vraiment la clé de toutes les avancées médicales récentes. IRM, PET, CAT et autres techniques d'imagerie médicale ont contribué à l'étude des cerveaux sains comme des cerveaux malades. Le résultat de ces recherchesa permis d'infirmer de vieilles convictions tenaces, comme l'idée qu'à chaque fonction correspond une aire cérébrale spécifique. Nous savons maintenant qu'une seule et même fonction peut impliquer plusieurs parties du cerveau. Par exemple, le processus de l'information visuelle, que l'on a cru longtemps contrôlé par une seule région du cerveau, dépend en fait de douzaines d'aires cérébrales.

Les scientifiques ont aussi fait un grand pas dans la compréhension de la base génétique du développement du circuit nerveux cérébral. Une autre étude a démontré comment le comportement peut altérer de façon durable les circuits cérébraux. C'est le cas de quelqu'un né sourd qui utilise le langage des signes plutôt que le langage parlé : le centre visuel de son cerveau finit par prendre en charge un certain nombre de fonctions habituellement exécutées par le système auditif.

L'idée d'une transplantation de cerveau reste encore du domaine de la science-fiction ; néanmoins, dans les années 1990, les progrès scientifiques ont permis d'envisager la possibilité de régénérer ou de transplanter des nerfs. Ces recherches sont porteuses d'un très grand espoir pour toute une série de pathologies.

En médecine comme dans la plupart des champs scientifiques, les progrès au XXe siècle ont été exponentiels et révolutionnaires. Dans le cas spécifique de la recherche sur le cerveau, le savoir sur l'anatomie et la physiologie de cet organe, au cours des cent dernières années, est plus important que toutes les connaissances accumulées pendant les six mille ans qui les ont précédées. C'est seulement ces cinquante dernières années que nous avons commencé à comprendre ce que font les différentes parties du cerveau. Pourtant, même si nous sommes entrés dans le siècle du cerveau, beaucoup de questions restent sans réponses et de nouvelles surgissent aussi.

Ce qu'il faut retenir

→ Sigmund Freud a bouleversé la manière dont nous concevons le comportement humain en expliquant nos actions par des conflits psychiques inconscients.

→ Dans les années 1930, les chercheurs ont découvert que les influx nerveux électriques sont transmis par voie chimique.

→ Harvey Cushing et Walter Dandy aux États-Unis, Horsley en Angleterre, Clovis Vincent en France, ont été des neurochirurgiens éminents, opérant des milliers de patients et introduisant d'importantes innovations qui ont fait de la chirurgie un moyen beaucoup plus efficace pour soigner les pathologies cérébrales.

→ Les inventions technologiques ont amélioré les capacités de grossissement des microscopes et la possibilité de réaliser des images du corps par ordinateur a révolutionné l'étude et le traitement du cerveau.

Aux origines du cerveau **Partie 1**

1 – Quel est le pourcentage d'eau dans le cerveau ?
❏ **A** - 30 %
❏ **B** - 50 %
❏ **C** - 80 %

2 – Vers quel âge notre cerveau atteint-il sa taille définitive ?
❏ **A** - 5 ans
❏ **B** - 18 ans
❏ **C** - il grandit tout au long de la vie

3 – Quels spécialistes étudient les interactions entre les composants du système nerveux ?
❏ **A** - les neurologues
❏ **B** - les microbiologistes
❏ **C** - les neurophysiologistes

4 – À quand la chirurgie du cerveau remonte-t-elle ?
❏ **A** - à la préhistoire
❏ **B** - à l'Antiquité
❏ **C** - à la Renaissance

5 – Quel comportement Ivan Pavlov a-t-il mis en évidence ?
❏ **A** - le réflexe conditionné
❏ **B** - le conditionnement opérant
❏ **C** - la récupération spontanée

6 – La célèbre théorie de Charles Darwin a pour objet...
❏ **A** - le langage
❏ **B** - l'évolution
❏ **C** - l'hérédité

7 – Qu'est-ce que Freud s'est attaché à analyser pour atteindre l'inconscient ?
❏ **A** - les réflexes
❏ **B** - le comportement
❏ **C** - les rêves

8 – Sur quoi le test de Rorschach s'appuie-t-il ?
❏ **A** - des sons
❏ **B** - un QCM
❏ **C** - des taches d'encre

9 – Quelle technique d'imagerie permet de mesurer l'activité électrique cérébrale en temps réel ?
❏ **A** - la MEG
❏ **B** - l'IRM
❏ **C** - le CAT-scan

Réponses

1 : C – 2 : A – 3 : C – 4 : A – 5 : A – 6 : B – 7 : C – 8 : C – 9 : A

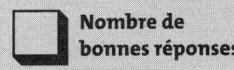

Nombre de bonnes réponses

Si vous avez au moins 7 bonnes réponses, passez au chapitre suivant, sinon... faites quelques révisions !

Partie 2
Principes d'anatomie

Nous vous proposons un rapide aperçu de l'anatomie du cerveau, afin de vous aider à comprendre comment sont constituées les différentes parties et ce qu'elles font. Peut-être que certains passages vous sembleront un peu complexes, mais il est impossible de parler du cerveau sans parler de son anatomie. Nous ne pouvons donc pas faire l'impasse sur un vocabulaire un peu technique mais, si vous restez bien concentré, vous devriez pouvoir suivre sans problème. De toute façon, à la fin de chaque partie, les quiz peuvent vous aider à faire le point sur ce que vous avez compris.

Certaines de ces informations sont un peu techniques (même les étudiants en médecine trouvent cela dur), mais nous sommes sûrs que vous pouvez vous en débrouiller. Certains termes sont étranges ou difficiles à prononcer ; réconfortez-vous en vous disant qu'au moins l'un des deux auteurs a eu le même sentiment. Cela dit, c'est une bonne occasion d'augmenter votre vocabulaire et vous pourrez impressionner vos amis le jour où vous pourrez leur énumérer par exemple tous les nerfs crâniens...

Chapitre 5

Le commandant en chef

Dans ce chapitre

→ La protection du cerveau

→ Un cerveau et deux moitiés

→ Des lobes laborieux

→ Le thermostat du corps

Le cerveau est la partie la plus volumineuse de l'encéphale, puisqu'elle représente 85 % de son poids. Quand vous parlez, quand vous regardez la télévision, quand vous avez chaud ou froid, quand vous courez dans un parc, quand vous écrivez un courrier, quand vous vous souvenez d'un numéro de téléphone, etc., une partie de votre cerveau est impliquée. Le cerveau contrôle même des actions auxquelles vous ne réfléchissez pas, comme frissonner, respirer ou digérer. En bref, il se charge de vous et son développement très élaboré est ce qui nous distingue des autres êtres vivants. Pour comprendre ce chef-d'œuvre d'anatomie, vous devez lire le reste de ce chapitre.

Casque de sécurité et kit de survie

Avant d'entrer au cœur du cerveau, nous devons au moins dédier un ou deux paragraphes à la partie du corps qui protège cet équipement précieux : le crâne. Si vous n'aviez pas un bouclier osseux entourant le tissu cérébral, il serait facilement lésé (n'oubliez pas qu'il se situe à moins de 1,5 cm de vos cheveux).

Rapidement, essayez de vous souvenir combien d'os compte le crâne. Si vous avez répondu vingt-deux, vous n'avez pas oublié vos leçons d'anatomie. Vous obtiendrez des points supplémentaires si vous savez que chaque oreille contient trois os, qui ne comptent pas comme parties du crâne.

Huit os entourent votre cerveau : un os frontal, deux os pariétaux, deux os temporaux, un os occipital, un os sphénoïde et un os ethmoïde. L'ensemble compose la boîte crânienne (les quatorze os de la face sont aussi considérés comme faisant partie du crâne). Les os de la boîte crânienne se rejoignent et dessinent des lignes irrégulières appelées sutures.

Toutefois, le crâne n'est pas la seule protection de notre cerveau. Trois membranes le recouvrent à l'intérieur de la boîte crânienne et absorbent les chocs. Ces membranes sont appelées méninges. La plus externe de ces trois membranes est la dure-mère, rigide et épaisse. Vient ensuite l'arachnoïde, plus fine et qui tire son nom de sa ressemblance avec une toile d'araignée. Enfin, la pie-mère tapisse la surface extérieure du cerveau. Les méninges suivent le contour du cerveau et contiennent des vaisseaux sanguins qui véhiculent le sang vers et depuis sa surface.

Les enveloppes du cerveau

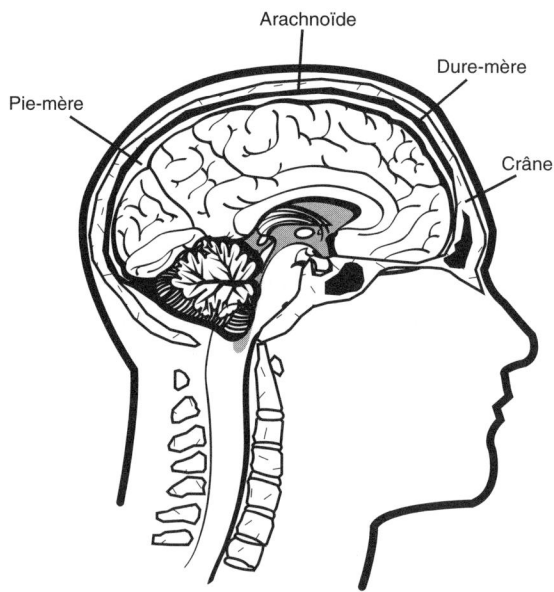

Des trous dans la tête

Le cerveau est également protégé par un liquide transparent, semblable à de l'eau, appelé le liquide cérébro-spinal (LCS), également appelé liquide céphalo-rachidien (LCR), qui constitue une fine couche d'amortissement entre les tissus mous du cerveau et la surface dure et osseuse du crâne. Il agit comme ces petites boules de polystyrène qu'on utilise dans les emballages pour ne pas endommager les marchandises pendant leur transport. La moitié d'une tasse de LCS suffit à isoler votre cerveau. Le liquide lui confère également une certaine flottabilité qui aide à réduire la pression intracrânienne.

Le liquide cérébro-spinal qui circule autour du cerveau est produit dans les quatre trous du cerveau (car vous avez des trous dans la tête), appelés « ventricules ». Curieusement, deux ventricules sont référencés sous le nom de troisième et quatrième ventricules, mais les autres ne sont pas appelés premier et deuxième ventricules. On les appelle ventricules latéraux (droit ou gauche).

Le liquide contenu dans ces ventricules empêche le cerveau de s'effondrer sous son propre poids et aide à délivrer certains nutriments comme les hormones. Il élimine aussi les déchets. Le LCS circule à travers les ventricules autour du cerveau et sort par le quatrième ventricule, une ouverture vers la moelle épinière appelée « foramen de Magendie ». Il est également réabsorbé sur la surface du cerveau par de grandes veines qui véhiculent le liquide vers le cœur.

Les ventricules

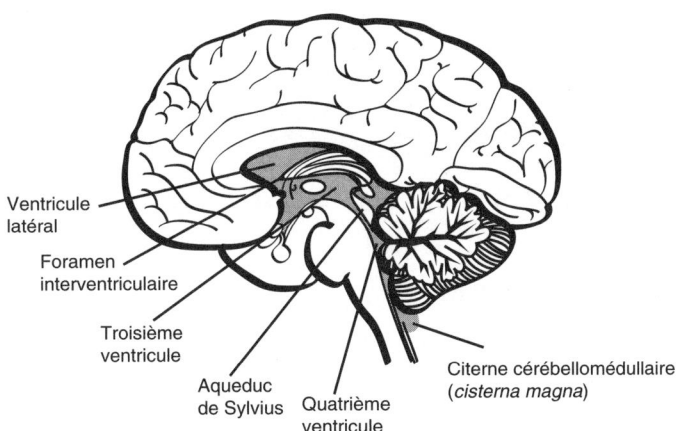

L'examen du LCS est souvent utile dans le diagnostic des maladies du système nerveux central, car sa composition est le reflet de ce qui se passe dans le cerveau. Si vous pouvez mesurer le nombre de globules rouges et blancs, le taux de protéine et de sucre, la composition chimique et la charge bactériologique du LCS, il est plus facile de diagnostiquer une maladie comme la méningite.

Dans certaines maladies, les ventricules peuvent produire un excès de liquide cérébrospinal ou bien une obstruction peut perturber le système ventriculaire. Chacun de ces problèmes peut provoquer une hydrocéphalie, appelée parfois de « l'eau dans le cerveau », une maladie potentiellement fatale qui se caractérise par une déformation du crâne (nous en dirons plus dans la cinquième partie).

Le jargon de la science

Le mot **capillaire** vient du latin *capillus* (cheveu). Les capillaires sont des vaisseaux sanguins microscopiques qui forment un réseau dans tout le corps, reliant les artères aux veines. Ils possèdent une paroi très fine composée d'une seule couche de cellules, au travers desquelles sont distribués les nutriments et collectés les déchets entre le sang et les tissus organiques.

La barrière hémato-encéphalique

Le cerveau possède également une défense connue sous le nom de barrière hémato-encéphalique. Même si le cerveau se donne la priorité dans le système de distribution sanguine et doit recevoir un apport constant de nutriments et d'oxygène pour fonctionner normalement, le flux sanguin doit être régulé afin d'empêcher les grosses molécules d'endommager le si fragile tissu cérébral.

Dans d'autres parties du corps, les molécules peuvent circuler à travers la paroi des **capillaires** par certains espaces. Dans le cerveau, la paroi des capillaires présente des espaces beaucoup plus étroits afin de limiter l'accès aux seules molécules adaptées.

La barrière hémato-encéphalique est un système complexe. Par exemple, le cerveau a besoin de grosses molécules nutritives qui ne passent pas la barrière. Afin de compenser,

Ce que le sang apporte au cerveau	Ce que le sang prend du cerveau
Oxygène	Dioxyde de carbone
Vitamines	Lactate
Hormones	Hormones
Graisses	Ammoniaque
Acides aminés	Hydrates de carbone

le corps produit des enzymes qui rendront possibles de savantes réactions chimiques permettant aux molécules nécessaires de passer.

Qu'est-ce qui pense ?

Si vous prenez un cliché du cerveau, vous y retrouverez probablement la coupe transversale classique qu'on peut voir dans tous les livres d'anatomie (comme celle qui figure ci-dessous). La première chose qui saute aux yeux, c'est la grosse masse de tissus sur le devant, le cortex cérébral. Soyons clairs, les autres parties peuvent être intéressantes, voire (et nous y reviendrons) indispensables à la survie, mais le corps du cerveau, c'est le cortex, là où la plupart des fonctions associées à l'esprit – la mémoire, la pensée créative, l'intelligence – se déroulent.

Matière grise

La surface externe du cerveau est une couche plissée de corps cellulaires connue sous le nom de cortex cérébral, souvent appelé matière grise à cause de sa couleur. Il est composé d'à peu près 50 milliards de cellules nerveuses.

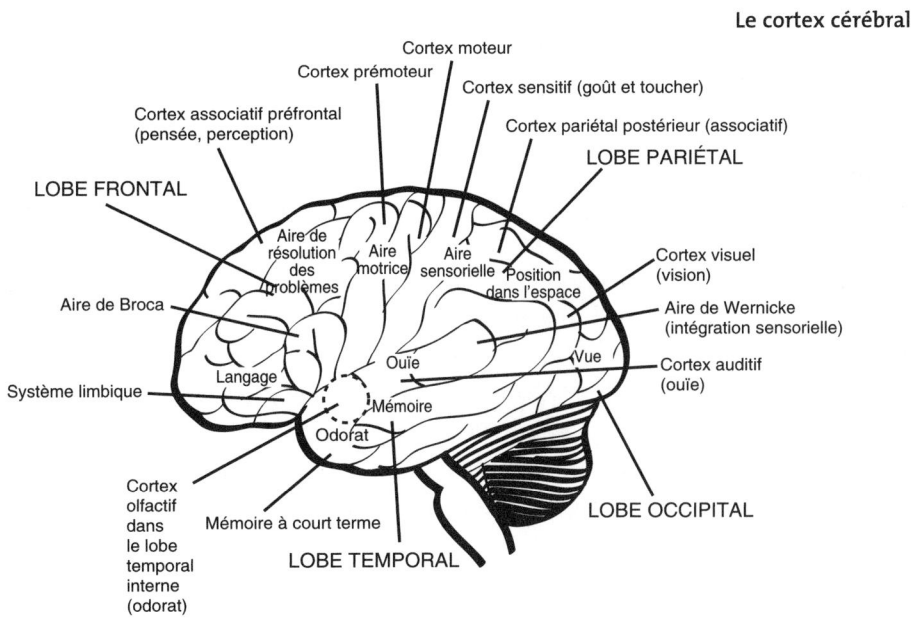

Le cortex cérébral

Le cortex fait 0,4 cm d'épaisseur et sa surface totale est d'environ 1,5 m², soit à peu près la taille d'une table de travail, mais il est plissé de façon à pouvoir être contenu dans le crâne. Les plis, ou circonvolutions, sont séparés par des sillons.

Les fibres nerveuses relient le cortex au cervelet, au tronc cérébral et à la moelle épinière en maintenant solidaires les différentes parties du cortex.

La partie la plus étendue du cortex est le cortex associatif. Chaque lobe du cerveau présente des zones de cortex associatif qui traitent les processus et stockent l'information. Ces zones associatives rendent possible chacune de nos fonctions supérieures, comme la pensée, la parole et la mémoire.

Les noyaux gris centraux

« Asseyez-vous bien droit ! » Le message doit avoir été transmis à votre cerveau instantanément. Au plus profond de l'encéphale, de grosses masses de cellules nerveuses forment les noyaux gris centraux (ou noyaux basaux), et ces structures jouent un rôle important dans le mouvement et le maintien de la posture. À cet instant, cette partie de votre cerveau est occupée à envoyer le message de redresser vos épaules et d'aligner votre colonne vertébrale aux muscles de votre dos. Les maladies qui provoquent une perte du contrôle musculaire et affectent la coordination, comme la maladie de Parkinson ou la chorée d'Huntington, atteignent cette partie du cerveau parmi d'autres.

Un cerveau multiple

Votre cerveau est divisé en deux moitiés par un sillon connu sous le nom de **fissure longitudinale**. Ces moitiés sont nommées (comme c'est original !) « hémisphère cérébral droit » et « hémisphère cérébral gauche ». Elles sont reliées par des faisceaux de fibres nerveuses. Comme beaucoup d'autres sous-parties du cerveau, ces paquets ont un nom : les commissures. Le corps calleux – la connexion principale – est le plus connu. Cette « matière blanche » relie les deux parties du cerveau et leur permet de partager les informations.

Il serait logique que l'hémisphère droit contrôle le côté droit de votre corps et que l'hémisphère gauche contrôle le côté gauche. Mais ce n'est pas du tout ce qui se passe. En effet, chaque hémisphère contrôle le côté opposé du corps. Les cellules nerveuses qui véhiculent les messages se croisent à la base du cerveau.

Pour des raisons inconnues, la partie droite du cerveau est généralement dominante. Comme le cerveau gauche contrôle le côté droit du corps, la plupart des gens ont sensiblement plus de contrôle et de force dans leurs membres inférieurs et supérieurs droits (le degré d'asymétrie augmente avec la répétition des gestes). Ainsi, la population est droitière à 90 %.

Comme nous en parlerons en détail dans les chapitres 9 et 16, les deux moitiés du cerveau ont des rôles différents. Par exemple, le cerveau droit est le siège de la créativité, de la reconnaissance des objets et de la résolution de puzzles, alors que le cerveau gauche contrôle la parole, l'écriture et la pensée logique.

Les hémisphères sont eux-mêmes divisés en quatre régions appelées « lobes ». Ces lobes sont séparés par les fissures latérales et centrales et sont désignés d'après l'os crânien qui les recouvre.

- **Le lobe frontal** est (vous l'aurez deviné) à l'avant du cerveau.

- **Le lobe pariétal** est en gros au milieu du cerveau.

- **Le lobe temporal** se situe dans la partie inférieure du cerveau adjacente aux oreilles.

- **Le lobe occipital** est à l'arrière de la tête.

Chaque lobe est en double, un dans chaque hémisphère, mais la forme et la fonction de chaque lobe ne sont pas les mêmes dans chacun des hémisphères. Par exemple, l'aire associée au langage est localisée dans l'hémisphère droit pour à peu près 95 % de la population des droitiers (et 60 à 70 % des gauchers). Les prochains paragraphes décrivent chacun de ces lobes.

> **Le jargon de la science**
>
> Une fissure est une fente ou un sillon entre deux parties d'un corps. Dans le cerveau, **la fissure longitudinale** est un sillon mince qui sépare l'hémisphère droit de l'hémisphère gauche.

> **Faites le 15 !**
>
> Les chirurgiens traitent parfois l'épilepsie en retirant une partie du cerveau. Pour s'assurer que l'opération ne rendra pas le patient incapable de parler, ils pratiquent une vérification appelée « test de Wada » en injectant un barbiturique dans l'artère carotide, afin de neutraliser une partie du cerveau. Ce test permet de déterminer dans quel hémisphère se situe l'aire du langage pour un patient.

En plein front

Le lobe frontal forme la partie bombée à l'avant du cerveau. L'aire de cette partie du cerveau, appelée « cortex moteur », envoie aux nerfs des impulsions qui contrôlent les mouvements volontaires de tous les muscles. Une des plus importantes zones du lobe frontal est l'aire de Broca, qui est le centre du langage. D'autres zones du lobe frontal interviennent dans la personnalité, le comportement et les sens.

> **Gagnez des points de Q.I.**
>
> De nombreux artistes célèbres, musiciens, écrivains et sculpteurs, en contradiction avec les statistiques, sont gauchers. Léonard de Vinci, Michel-Ange, Picasso, Jimmy Hendrix et Mark Twain étaient gauchers, sans parler de joueurs de tennis célèbres, de John McEnroe à Henri Leconte. Enfin, les bien moins célèbres auteurs de ce livre sont eux aussi gauchers.

Ça se comprend

Les zones du cortex qui composent le cortex sensoriel reçoivent des messages des organes sensoriels aussi bien que des messages tactiles ou calorifiques en provenance de tout le corps. Ces aires sont situées au centre du cortex dans les lobes pariétaux. Par exemple, le cortex somato-sensitif primaire est une large bande située au niveau des lobes pariétaux et qui s'étend d'une oreille à l'autre en passant par le dessus. Il traite spécifiquement les réponses aux stimuli cutanés.

Vous vous souvenez peut-être de l'expérience de Wilder Penfield (au chapitre 4), qui consistait à stimuler le cerveau d'un patient pendant une intervention chirurgicale et à lui demander de décrire ce qu'il avait ressenti. D'après ces descriptions, Penfield a dressé une carte du cerveau et ce drôle de dessin est connu sous le nom d'homoncule sensitif. Ce petit homme montre que, même si vos bras, vos jambes et votre tronc constituent la plus grande partie de votre surface corporelle, ils ne demandent qu'une petite surface corticale pour contrôler les sensations que vous

Aire du cortex	Qu'est-ce qu'elle fait ?
Cortex préfrontal	Résolution de problèmes, émotion, pensée complexe
Cortex moteur primaire	Initiation des mouvements volontaires
Cortex associatif moteur	Coordination des mouvements complexes
Cortex somato-sensitif primaire	Reçoivent les informations tactiles
Aire d'association sensitive	Traitement des informations sensorielles
Aire d'association visuelle	Traitement des informations visuelles complexes
Cortex visuel	Détection des stimuli visuels simples
Aire d'association auditive	Traitement des informations auditives
Cortex auditif	Détection de la qualité du son
Aire de Wernicke	Compréhension du langage
Aire de Broca	Production et articulation du langage

ressentez. À l'opposé, les sensations que vous ressentez sur le visage et les mains impliquent une part significativement plus grande de votre cerveau. Pourquoi ? Eh bien, réfléchissez à quel point votre visage et vos mains sont plus sensibles que le reste de votre corps. La peau dans ces zones présente une densité plus importante de récepteurs, qui collectent les sensations lorsqu'ils sont stimulés.

L'aire sensitive est une autre sous-partie du lobe pariétal, impliquée dans le traitement des informations sensorielles. Par exemple, l'aptitude à déterminer la taille, la forme, le poids et la texture d'un objet est assurée par cette zone.

Le lobe temporal

C'est le centre de collecte et de traitement des informations auditives. Quand une sirène hurle, les ondes auditives entrent dans l'oreille et sont transmises à l'aire auditive primaire, dans le lobe temporal. C'est dans cette partie du cerveau que Wernicke a découvert l'aire impliquée dans la compréhension du langage.

Des yeux derrière la tête

Les informations visuelles transmises depuis l'œil sont d'abord traitées dans le lobe occipital. L'influx de la rétine arrive dans cette partie du cortex. Les images sont divisées de telle sorte que la moitié gauche de l'image est envoyée à l'hémisphère droit et que la moitié droite est envoyée à l'hémisphère gauche. Personne ne sait pourquoi le cerveau fonctionne ainsi, mais, d'une manière ou d'une autre, les deux moitiés sont assemblées de sorte à ne faire plus qu'une. Le traitement de l'information visuelle ne permet pas seulement de voir les objets, mais également de comprendre leur organisation spatiale et de favoriser le mouvement. Par exemple, vous pouvez ainsi voir où vous mettez les pieds quand vous marchez ou courez, ou encore voir où se trouve l'objet que vous désirez saisir.

> **Remue-méninges**
>
> Le rôle de certaines zones du cortex est toujours inconnu. D'autres fonctions du cerveau, comme la personnalité, impliquent le cortex mais, contrairement au langage ou à la vision, le comportement n'est pas régulé par un seul centre. Les parties du cortex qui ne sont pas associées à une fonction particulière sont appelées aires non spécifiques.

Petit, mais précieux

Ce bon vieux cortex peut faire les gros titres grâce à sa taille et à son rôle dans les processus de pensée, mais quelques-unes des plus petites parties du cerveau sont celles qui nous maintiennent en vie. Le thalamus et l'hypothalamus gèrent des fonctions corporelles vitales.

La station relais

Le thalamus est une masse de matière grise en forme d'œuf qui se situe au centre du cerveau, entre les hémisphères. Il est la passerelle vers le cortex cérébral. Toutes les informations sensorielles, excepté le sens olfactif, passent par les nerfs vers le thalamus. Après que le cerveau a interprété l'information, le thalamus relaie les commandes motrices. Le thalamus présente également des récepteurs qui interagissent avec certains médicaments pour soulager la douleur.

Le régulateur

L'hypothalamus, structure qui pèse 5 grammes et a la taille de deux petits pois, est le thermostat du corps. Il contrôle la plupart des fonctions vitales, comme la respiration, le battement cardiaque, la digestion, l'alimentation, l'équilibre hydrique, la température corporelle, la sécrétion d'acide gastrique ou le sommeil, ainsi que certaines fonctions endocrines (qui sécrètent des hormones). Vous pourriez vous dire : « D'accord, ces fonctions sont importantes, mais ce n'est pas ce qu'il y a de plus excitant dans l'existence. » Sauf que la petite boule de nerfs sous le thalamus est également impliquée dans l'émotion et l'activité sexuelle.

L'hypothalamus est aussi influencé par le stress. Ce dernier peut provenir de l'intérieur ou de l'extérieur du corps. Les facteurs externes de stress peuvent être, par exemple, le hurlement d'une radio, une piqûre d'épingle ou la vue d'une balle de tennis qui vous arrive droit dessus. Le stress interne peut être provoqué par des sentiments dépressifs ou de l'anxiété. Quand le stress intervient, l'hypothalamus envoie un message à la glande pituitaire (ou hypophyse), ce qui active la glande surrénale et augmente la production d'adrénaline, qui, à son tour, provoque l'augmentation du rythme cardiaque, la dilatation des pupilles (pour une meilleure vision), la constriction des vaisseaux sanguins cutanés (afin que plus de sang afflue vers les muscles et le cerveau) et, enfin, l'interruption de la digestion.

Si vous voulez être un peu plus technique, tout cela marche parce que la corticolibérine (*corticotropin releasing factor* ou CRF en anglais) produite par l'hypothalamus stimule la glande pituitaire, qui produit de l'adrénocorticotrophine (*adrenocorticotropic hormone* ou ACTH en anglais), laquelle, à son tour, stimule la glande surrénale qui produit l'adrénaline. Vous êtes sûrs que vous ne préférez pas la première explication ?

Comme pour les autres parties du cerveau, les activités de l'hypothalamus se déroulent sans que vous en soyez conscient. L'hypothalamus vous fait transpirer quand il fait chaud pour vous rafraîchir et vous fait frissonner quand il fait froid pour augmenter la production de chaleur. C'est votre hypothalamus qui vous indique si vous avez faim ou soif, qui vous dit si vous avez suffisament bu ou mangé. Cette petite bête régule également vos réactions face à des émotions intenses. Quand vous criez, rougissez ou pleurez, c'est à cause de l'hypothalamus.

Ce qu'il faut retenir

→ Le cerveau est la partie la plus volumineuse et la plus importante de l'encéphale.

→ Le crâne, les méninges, le liquide cérébro-spinal et la barrière hémato-encéphalique servent à protéger le cerveau

→ Le cerveau est composé d'un hémisphère droit et gauche. L'hémisphère droit contrôle le côté gauche du corps et vice-versa. La prédominance de l'hémisphère gauche explique pourquoi la plupart des gens sont droitiers.

→ Chaque hémisphère cérébral est divisé en lobes. Le lobe frontal est le centre du langage, de la personnalité du comportement et des sens. Le lobe temporal contrôle l'ouïe, l'information auditive et la compréhension du langage. Le lobe pariétal est le centre de traitement des informations sensorielles. Le lobe occipital est responsable du traitement de l'information visuelle.

→ Le thalamus et l'hypothalamus sont des composants du cerveau, petits mais essentiels. Le premier relaie les commandes pour le mouvement et la plupart des informations sensorielles. Le second contrôle la plupart des fonctions vitales dont la respiration, le rythme cardiaque et la digestion.

Chapitre 6

Le coordinateur

Dans ce chapitre

→ Percer les mystères du cervelet

→ Garder l'équilibre

→ Le contrôle des fonctions vitales

→ Le siège des émotions

→ Relayer l'information

→ Des histoires de glandes et d'hormones

Le cervelet ressemble à deux mollusques accolés, de la taille d'un poing. Son aspect est peut-être décevant, mais, comme pour le cerveau, des replis dissimulent 85 % de sa masse. Le cervelet est le deuxième composant le plus important de l'encéphale et il représente un peu plus de 10 % de son volume. Cette importance est vite établie si l'on considère que plus de 50 % des neurones du système nerveux central tout entier y sont concentrés.

Les lobes, ce n'est pas que pour les oreilles

Le cervelet se trouve à l'arrière du cerveau, en dessous des lobes occipitaux. Comme le cerveau, le cervelet contient de la matière grise à l'extérieur et de la matière blanche à l'intérieur. Il possède son propre cortex, appelé « cortex cérébelleux ». La partie superfi-

> **Gagnez des points de Q.I.**
>
> L'un des noyaux profond du cervelet se nomme le noyau dentelé. Il constitue un relais essentiel dans l'action du cervelet sur les zones du cortex cérébral impliquées dans le contrôle moteur.

cielle de ce cortex est une fine couche (appelée couche moléculaire) ne comportant que peu de cellules. Sous cette couche se situent les cellules de Purkinje. En dessous s'étend une couche plus dense de cellules appelées « grains du cervelet ».

Les cellules de Purkinje sont les cellules nerveuses les plus complexes et interagissent avec des centaines de milliers d'autres cellules nerveuses, créant ainsi plus de connexions qu'aucune autre cellule du cerveau. Elles envoient leurs axones vers les noyaux profonds du cervelet, pour parfois atteindre le thalamus, le mésencéphale et la moelle épinière. Les faisceaux sensoriels acheminant l'information de l'organisme vers le cervelet aboutissent généralement au niveau des cellules de Purkinje. Les noyaux profonds sont des stations relais pour des impulsions nerveuses spécifiques.

Comme le cerveau, le cervelet est divisé en deux hémisphères. Chaque hémisphère cérébelleux est composé de trois lobes. Le lobe flocculo-nodulaire est une zone qui reçoit, depuis les oreilles, les informations sensorielles nécessaires au maintien de l'équilibre. Le lobe antérieur reçoit, en provenance de la moelle épinière, les informations sur ce que fabrique le reste du corps. Enfin, le lobe postérieur communique avec le cerveau.

> **Le jargon de la science**
>
> **Cervelet** vient du latin *cerebellum*, qui signifie « petit cerveau ». Le mot **vermis**, qui désigne le faisceau de fibres reliant les deux hémisphères du cervelet, vient du latin *vermis* (« ver ») car cet organe ressemble à un ver. Beaucoup de structures anatomiques sont nommées d'après leurs formes, car ceux qui les ont décrits en premier n'avaient aucune idée de leurs fonctions. Le **trou occipital** (*foramen magnum*) est l'ouverture située à la base du crâne et à travers laquelle la moelle épinière sort du crâne et plonge dans la nuque.

Les deux hémisphères du cervelet sont reliés par un faisceau étroit de fibres blanches appelé **vermis**. Le vermis a de tout temps été considéré comme important. Le médecin grec ancien Galien (présenté au chapitre 2) pensait qu'il contrôlait le pneuma (c'est-à-dire l'esprit vital). Cette idée était fausse, comme beaucoup des hypothèses de Galien, mais elle a été admise pendant des siècles. Les scientifiques savent aujourd'hui que le vermis joue le rôle de relais entre le cervelet et la moelle épinière.

Les amygdales cérébelleuses sont une autre partie du cervelet (attention, il ne s'agit pas des amygdales des voies respiratoires qu'on enlève souvent aux petits enfants quand ils accumulent les angines, rhinopharyngites et autres otites). Il existe deux amygdales cérébelleuses, chacune associée à un hémisphère. Elles n'ont pas une grande importance fonctionnelle, mais interviennent dans beaucoup de maladies du cervelet. Dans certains cas, l'hypertrophie des hémisphères cérébelleux (le gonflement du cerveau) va engager les amygdales dans le **trou occipital**. Cet état donne lieu à de nombreux symptômes qui seront décrits aux chapitres 17 et 18.

Marcher droit

Le cervelet a trois fonctions principales : le maintien de l'équilibre, la régulation du tonus musculaire et la coordination des mouvements. Il participe au maintien de l'équilibre grâce à sa relation avec le système vestibulaire, lequel est impliqué dans la coordination et l'équilibre. Tout commence avec l'influx en provenance de l'oreille interne qui voyage le long du nerf vestibulaire jusque dans le cerveau (le nerf vestibulaire est également appelé nerf crânien VIII – les douze nerfs crâniens seront tous présentés au chapitre 8). En même temps qu'il préserve la position normale du corps, au repos comme en mouvement, le cervelet participe aussi à la production du tonus musculaire nécessaire au maintien de cette position.

Même les plus balourds d'entre nous n'ont pas de difficultés à se tenir debout et à marcher sans se casser la figure. Nous n'accordons pas d'attention à ces actions, mais notre cervelet travaille à la vitesse de l'éclair pour assurer notre équilibre.

Le cervelet n'est le siège d'aucune activité consciente, il travaille automatiquement à coordonner un ou plusieurs muscles en mouvement. Souvent comparé à un ordinateur, il traite des informations en provenance des oreilles, des yeux, des muscles et des tendons, et, sans les stocker, il y répond immédiatement de façon à modifier la position des membres.

Comment se déroule ce processus ? L'organisme est doté d'une boucle de rétrocontrôle entre les systèmes musculaires et nerveux. Vous en apprendrez plus sur le rôle des nerfs dans ce rétrocontrôle au prochain chapitre. Pour l'instant, il est important de comprendre que les muscles, les tendons et les articulations disposent de détecteurs spéciaux, appelés « propriocepteurs », qui indiquent quand ces parties du corps s'étirent, se contractent et se penchent. Les messages concernant ce que font ces parties du corps sont envoyés au cervelet, qui n'initie pas le mouvement, mais analyse et ajuste la progression des mouvements.

Le cerveau évalue ce que font les muscles et détermine s'ils agissent en fonction de ses instructions. Il envoie alors de nouveaux ordres au cervelet afin de réaliser tout

> **Gagnez des points de Q.I.**
>
> Les informations arrivent en permanence au cervelet, qui ajuste selon les besoins. Cette activité est similaire à celle du système de guidage d'un missile vers une cible. Par exemple, le système de guidage indiquera au missile, de voler plus haut ou plus bas, en fonction des modifications du terrain. À l'identique, le cervelet indique aux groupes musculaires d'agir en fonction des modifications que le cerveau a déterminées.

ajustement nécessaire. Le cervelet relaie les ordres au système musculaire. Ce processus est quasi instantané et doit être répété pour chaque mouvement des muscles.

Par exemple, quand vous essayez de renvoyer une balle de tennis, le cerveau décide en premier lieu de frapper la balle. Après avoir traité l'information visuelle (la balle arrivant vers vous) et l'information tactile (la raquette que vous tenez), le cerveau, par l'intermédiaire de ses connexions motrices, vous permet de frapper la balle. Le cervelet modifie votre geste afin que vous situiez la raquette à proximité de la balle.

L'activité cérébrale du serveur est plus compliquée. Le cervelet du serveur relaie aux muscles les instructions nécessaires pour déterminer la vitesse, l'effet et la direction de la balle.

Dans le cas du serveur comme du receveur, vous pouvez constater que le cortex moteur et le cervelet doivent fonctionner ensemble pour réaliser les mouvements et les contrôler. À l'inverse, marcher ne nécessite pas d'implication cérébrale. Le cervelet est l'agent principal intervenant pour modifier la marche. Sans l'influence du cervelet, vous ne tiendriez pas debout.

> **Gagnez des points de Q.I.**
>
> Si les lésions du cervelet ont des effets invalidants, il est possible de vivre sans cette partie de l'encéphale. On connaît le cas d'au moins une personne qui a vécu sans cervelet jusqu'à l'âge de soixante-cinq ans, sans présenter de symptômes négatifs. Elle a donc dû compenser l'absence de cervelet avec d'autres parties de son encéphale et avec ses sens.

L'importance du cervelet est mise en évidence par l'observation des problèmes neuromusculaires induits par des maladies ou des lésions le concernant. Celles-ci provoquent des erreurs dans la vitesse, la portée, la force et la direction des mouvements volontaires, de même que des oscillations irrégulières dans le geste. Les personnes présentant des dysfonctionnements cérébelleux souffrent de tremblements, perdent l'équilibre et présentent des troubles de coordination. En bref, vous auriez du mal à toucher le bout de votre nez avec votre doigt sans votre « petit cerveau ».

Pas si moyen que ça !

Le cerveau moyen (ou mésencéphale) se situe entre le cerveau et la partie du tronc cérébral connue sous le nom de pont (ou protubérance annulaire). Il mesure environ 2,5 cm de long et contient beaucoup de relais importants et centres réflexes. Une paire de noyaux, nommés colliculi supérieurs, contrôlent les activités réflexes de l'œil, comme les clignements, l'ouverture et la fermeture de l'iris, la focalisation. Une autre paire de noyaux, appelés « colliculi inférieurs », contrôlent les réflexes auditifs essentiels dans l'ajustement de l'oreille au volume sonore. Des fibres nerveuses originaires des colliculi induisent des mouvements de la tête et de la nuque en réponse aux stimuli visuels et auditifs.

L'aqueduc de Sylvius, un tunnel parcourant le cerveau moyen et contenant du liquide cérébro-spinal, relie le troisième au quatrième ventricule (on vous a déjà présenté ces trous dans le cerveau au chapitre 5). Devant l'aqueduc de Sylvius se situent les pédoncules cérébelleux, qui forment la partie la plus volumineuse du cerveau moyen. Il s'agit de trois bandes de fibres nerveuses qui relient le cervelet au tronc cérébral. Le pédoncule supérieur est relié au cerveau moyen, le pédoncule moyen au pont, le pédoncule inférieur à la moelle. Les informations vers et en provenance de ces structures importantes circulent au travers des pédoncules.

> **Gagnez des points de Q.I.**
>
> La *substancia nigra*, dans le cerveau moyen, est impliquée dans la maladie de Parkinson. Elle produit de la dopamine, une substance qui, entre autres, stimule et contrôle les fonctions motrices.

Dans la partie inférieure du cerveau moyen se trouvent les centres qui relaient la douleur, le toucher et la température. Certaines régions associées au contrôle des mouvements, comme le noyau rouge et la substance noire (*substancia nigra*, dite aussi *locus niger*), se trouvent aussi à cet endroit.

À la base de tout

Nous avons parlé des deux plus grandes parties de l'encéphale, le cerveau et le cervelet, et du rôle vital qu'elles jouent pour l'organisme. Mais, en fin de compte, c'est le tronc cérébral qui contrôle les fonctions vitales, comme la respiration, la fréquence cardiaque ou la pression sanguine. Il s'agit de la zone du cerveau située entre le thalamus et la moelle épinière.

Le renflement du tronc cérébral, semblable à une pomme d'Adam, est appelé le pont. C'est un paquet de matière blanche d'une taille de 2,5 cm, qui forme une partie de la paroi du quatrième ventricule. Il est constitué de grands faisceaux de fibres nerveuses qui relient les deux moitiés du cervelet, ainsi que chaque hémisphère cérébelleux avec l'hémisphère cérébral opposé. Le pont sert de passerelle entre le cortex cérébral et la moelle. La moitié des nerfs crâniens (III, IV, V, VI, VII et VIII) arrivent au cerveau par le pont du tronc cérébral.

À la base du tronc cérébral se situe le bulbe rachidien (en latin *medulla oblongata* ou moelle allongée), qui se situe au niveau de la partie terminale supérieure de la moelle épinière. Le bulbe rachidien régule la respiration, le rythme cardiaque et la pression sanguine. Il porte également le titre moins glorieux de « centre du vomissement ». La grande majorité des fibres sensorielles, en provenance de nombreuses parties du corps, se croisent vers le côté opposé du cerveau au niveau de la moelle épinière, avant d'atteindre le bulbe rachidien. En revanche, 80 à 85 % des fibres motrices se croisent au niveau du bulbe rachidien, en direction de l'organisme. Des ramifications des nerfs crâniens IX, X, XI et XI émergent du tronc cérébral dans la région du bulbe rachidien.

La formation réticulaire est un autre exemple de disproportion entre la taille et l'importance d'une partie du cerveau. Ce morceau de tronc cérébral de la taille du petit doigt filtre 99 % des informations parvenant au cerveau. Il analyse les stimuli afférents, distingue entre ceux qui doivent être transmis au cerveau et ceux qui ne sont pas pertinents (et qui peuvent être ignorés). Sans ce filtre, nous serions submergés d'informations et incapables de nous concentrer, donc incapables d'identifier un danger. La formation réticulaire contrôle également la respiration, les fonctions cardiovasculaires, la digestion, les états de veille et les phases de sommeil.

Ces dernières années, les scientifiques ont découvert qu'elle jouait également un rôle dans certaines fonctions supérieures, en particulier la concentration, l'introspection et le raisonnement logique.

Le jargon de la science

La **réaction fight-or-flight** (se battre ou fuir) est la réponse naturelle de l'organisme au stress : la pression sanguine, le rythme cardiaque et la tension musculaire sont ajustés afin de préparer la confrontation ou la fuite face à une menace.

Le système limbique

Il relie le cortex et le cerveau moyen. De part son lien avec le cortex préfrontal, il est impliqué dans certaines réactions subjectives, en particulier celles concernant la survie, ou **réaction fight-or-flight**, et le désir sexuel. Les chercheurs ont constaté que le fait de stimuler certaines zones du système limbique provoquait chez les patients de la peur, de la colère ou de l'excitation. Cependant, ces réactions sont inconsistantes, c'est-à-dire non reproductible d'une stimulation à une autre. En effet, il a été montré que la stimulation d'une même zone provoque des réponses émotionnelles totalement différentes. Cette inconsistance des réponses aux simulations laisse supposer que ces émotions ne sont pas provoquées par l'activation de zones cérébrales spécifiques.

L'amygdale, ou complexe amygdalien, est un groupe de neurones du cerveau en forme d'amande (d'où son nom) situé dans le lobe temporal. Le complexe amygdalien, qui fait partie des ganglions basaux, est en lien avec le thalamus, l'hypothalamus et la glande pituitaire. Il filtre et interprète les informations sensorielles afférentes et joue aussi un rôle dans l'initiation de réponses émotionnelles, influençant donc le comportement. L'amygdale limbique est responsable de l'activation des muscles qui produisent les expressions du visage et les postures de protection, comme l'accroupissement. Elle stimule également la production d'adrénaline et d'autres hormones qui provoquent la réaction fight-or-flight. Les chercheurs ont constaté qu'après une ablation du complexe amygdalien, on ne pouvait plus reconnaître les expressions de colère comme les cris, les froncements de sourcils et les voix colériques chez autrui.

La partie du système limbique reliée au cerveau moyen établit une passerelle avec la formation réticulaire. Le système limbique est aussi relié à l'hypothalamus et à d'autres parties du cerveau qui régulent des fonctions organiques comme le rythme cardiaque et la digestion. Ce lien nous aide à comprendre comment les émotions peuvent se répercuter sur notre fonctionnement physiologique. Par exemple, lorsque nous sommes anxieux ou effrayés, notre pression sanguine augmente, nous transpirons et nous pouvons développer des ulcères.

Le système limbique agit comme un thermostat qui permettrait le maintien de la constance du milieu intérieur. Son fonctionnement est tellement essentiel et automatique qu'il continue de fonctionner même dans le coma, tant que le tronc cérébral est opérationnel.

Situé au plus profond du système limbique, l'hippocampe stocke et analyse les souvenirs. Il aide à trouver l'information lorsque vous voulez vous souvenir de quelque chose et joue un rôle dans les émotions.

Histoire d'hormones

Les glandes sécrètent des substances qui ont un effet plus ou moins spécifique sur l'organisme. Ces sécrétions chimiques véhiculent des messages par le flux sanguin. Ces messagers chimiques sont appelés hormones. Les glandes sont dispersées dans tout l'organisme, mais celles qui nous intéressent sont celles du cerveau, en particulier celles de la glande pituitaire, plus connue sous le nom d'hypophyse.

L'hypophyse

L'hypophyse, au centre du cerveau, a la taille d'un haricot. Elle est accolée à l'hypothalamus et produit nombre d'hormones importantes comme l'ACTH (*adrenocorticotropic hormone* en anglais), qui joue un rôle dans les réactions d'alerte.

Par le passé, l'hypophyse était considérée comme la glande la plus importante du corps humain, mais nous savons maintenant qu'elle opère sous l'influence de l'hypothalamus, qui la relie au cerveau. L'hypothalamus répond aux besoins organiques, soit par des influx nerveux, soit par induction de l'hypophyse. Celle-ci produit alors des hormones qui circulent vers les organes *via* le flux sanguin.

Comme tant d'autres parties du cerveau, l'hypophyse présente deux lobes : antérieur et postérieur. Chacun libère des hormones différentes qui jouent un rôle sur la croissance et régulent l'activité d'autres glandes.

L'hormone de croissance produite par l'hypophyse influe sur la taille. Si cette hormone est en surproduction, cela peut provoquer un gigantisme chez l'enfant et une acromégalie (du grec ancien *akros*, haut, extrême, et *megalos*, grand de taille) chez l'adulte. L'acromégalie est une maladie qui se caractérise par une croissance exagérée du visage et des extrémités. À l'opposé, si cette hormone est en sous-production, cela provoque le nanisme.

Quelle est la différence entre un joueur de basket de 2,20 m et une personne souffrant d'acromégalie ? Le joueur de basket a un taux d'hormones de croissance légèrement supérieur à la moyenne, alors que le patient atteint d'acromégalie présente un taux d'hormone en augmentation anormale et persistante. Ce phénomène est généralement dû à une tumeur bénigne nommée « adénome pituitaire ».

Remue-méninges

Selon le *Guinness des records*, Robert Pershing Wadlow, l'homme le plus grand du monde, mesurait 2,72 m. Son poids de naissance était plutôt moyen (3,85 kg), mais, à un an, il pesait déjà 28 kg. Il a grandi toute sa vie à un rythme extraordinaire, mesurant 1,83 m à l'âge de huit ans et atteignant presque 2 m à dix ans. À la fin de sa vie, ses pieds mesuraient 47 cm. Les personnes atteintes d'acromégalie ont une espérance de vie moins grande que la moyenne car cette maladie a des répercussions létales sur le fonctionnement cardiaque. Wadlow est mort en 1940 à l'âge de vingt-deux ans.

Les hormones sécrétées par l'antéhypophyse

Hormone	Cible organique principale	Effets principaux
Hormone de croissance	Foie, tissus adipeux	Induit indirectement la croissance et contrôle le métabolisme des protéines, des lipides et des hydrates de carbone
Hormone de stimulation thyroïdienne	Glande thyroïde	Stimule la sécrétion des hormones thyroïdiennes
Adrenocorticotrophine	Glandes surrénales (cortex)	Stimule la sécrétion de glucocorticoïdes
Prolactine	Glande mammaire	Production de lait
Hormone lutéinisante	Ovaires et testicules	Contrôle des fonctions reproductrices
Hormone de stimulation folliculaire	Ovaires et testicules	Contrôle des fonctions reproductrices

Les hormones sécrétées par la post-hypophyse

Hormone	Cible organique principale	Effets principaux
Hormone antidiurétique	Reins	Conservation de l'eau corporelle
Ocytocine	Ovaires et testicules	Stimule la sécrétion de lait et les contractions utérines

Les scientifiques ont appris à extraire et à purifier l'hormone de croissance à partir d'hypophyses de cadavres afin de traiter les enfants présentant des troubles de la croissance. Mais ces hormones de croissance ont provoqué de graves contaminations par le prion, générant des cas mortels de maladie de Creutzfeldt-Jacob (plus de cent jeunes personnes seraient mortes en France de cette maladie après avoir reçu l'hormone de croissance contaminée et quelque huit cents autres sont actuellement traitées). Aujourd'hui, grâce aux techniques génétiques modernes, il est possible de synthétiser des hormones de croissance. Ce traitement désormais est considéré comme sûr, même s'il comporte certains risques, comme tout traitement. Il pose en outre certains problèmes éthiques, l'hormone de croissance pouvant être utilisée pour augmenter des performances athlétiques ou pour grandir artificiellement au-delà de la taille normale.

Un peu plus qu'une pomme de pin

Vous vous souvenez que Descartes pensait que la glande pinéale était le lieu où l'âme contrôlait le corps. Située à la base du cerveau, cette petite structure en forme de pomme de pin (d'où son nom) joue un rôle certes non négligeable, mais pas au sens métaphysique où Descartes l'entendait. La glande pinéale est responsable de l'analyse des informations concernant la clarté ou l'obscurité, nécessaires à l'ajustement de notre horloge biologique. Les fonctions cycliques comme le sommeil, l'éveil, les menstruations et le début de la puberté sont déclenchées par la glande pinéale. Cette glande produit également d'importantes substances, dont la sérotonine, l'histamine et la noradrénaline. De plus, c'est la seule source de mélatonine qui influe probablement sur l'horloge biologique. Le chapitre 11 vous en dira plus à ce sujet.

Ce qu'il faut retenir

→ Le cervelet est la deuxième plus grosse structure de l'encéphale et contient plus de la moitié des neurones du système nerveux central. L'aptitude à maintenir votre équilibre et votre tonus musculaire dépend de votre cervelet.

→ Le cervelet est capable de coordonner automatiquement les mouvements musculaires et de traiter les informations visuelles et auditives.

→ Les messages en provenance des muscles sont analysés par le cervelet, qui délivre des ordres selon les instructions du cerveau.

→ Des glandes produisent des hormones qui sont essentielles pour la croissance, la fonction reproductrice, l'équilibre hydrique et d'autres fonctions organiques vitales.

Chapitre 7

Une autoroute de l'information

Dans ce chapitre

→ Le câblage cérébral

→ Des neurones sur une tête d'épingle

→ Des informations en rafale

→ Entre deux neurones : l'espace

→ Navettes et messagers

→ Une leçon de chimie

Pensez un instant à la manière dont le monde entier communique grâce aux câbles téléphoniques qui traversent les terres et les océans. Sans eux, nous ne pourrions nous parler ainsi à distance. Pareillement, sans un réseau de câbles à l'intérieur de notre organisme, le cerveau ne pourrait pas communiquer avec les autres parties du corps. Ce réseau de câbles est le système nerveux.

Le corps contient 50 000 km de nerfs, qui sont de trois types : sensoriels, moteurs et connecteurs. Les nerfs sensoriels véhiculent les signaux vers le cerveau, en provenance des oreilles, des yeux, du nez et des autres organes sensoriels. Les nerfs moteurs transmettent les messages du cerveau vers les muscles. Les nerfs connecteurs relient les nerfs sensoriels et les nerfs moteurs et permettent de prendre des décisions.

Un organe pour penser en permanence

Le système nerveux a trois fonctions principales : l'orientation, la coordination et la pensée conceptuelle. Ces fonctions se recouvrent et agissent ensemble.

L'orientation concerne les réactions de l'organisme aux changements de l'environnement interne et externe. Les stimuli en provenance de l'environnement externe génèrent des signaux transmis le long des fibres sensorielles vers le cerveau, qui dirige sa réponse vers les muscles ou vers d'autres organes. Par exemple, si vous êtes dehors alors qu'il fait chaud et que vous touchez une chaise en métal, le message « chaud » est transmis au cerveau, qui ordonne aux muscles du bras de retirer la main de la chaise.

Le cerveau coordonne les influx nerveux en provenance de la périphérie de l'organisme en les triant et en les dirigeant au bon endroit. Il s'assure ainsi qu'un message à destination de l'œil n'aboutit pas dans le coude.

La pensée conceptuelle est l'aptitude qu'ont les êtres humains à enregistrer et à stocker l'information pour être en mesure de répondre à des changements de leur environnement. Notre cerveau est capable de créativité, de pensée abstraite, de prévision, d'imagination et de plein d'autres capacités qui nous différencient de l'animal.

L'orientation, la coordination et la pensée conceptuelle sont rendues possibles par les nerfs. Peut-être est-ce la raison pour laquelle le système qui régule les réponses organiques est nommé « système nerveux » et non pas « système cérébral ».

Hérophile, médecin grec du IIIe siècle avant notre ère, a découvert que les nerfs étaient impliqués dans la sensation et le mouvement. Galien, quant à lui, a identifié au Ier siècle le rôle des nerfs dans la coordination. Pourtant, on a longtemps cru que les nerfs étaient creux. Ils étaient la route par laquelle le pneuma (l'esprit), de l'air essentiellement, voyageait à travers le corps.

100 milliards de cellules ne peuvent avoir tort

L'unité de base du système nerveux est le neurone. Le cerveau regroupe 100 milliards de neurones et le reste du corps en contient encore 100 milliards de plus. Cette comparaison indique à quel point le « câblage » est concentré dans notre tête.

Les neurones sont de tailles et de formes diverses. En général, leur corps cellulaire mesure de 4 à 100 microns. Au cas où vous vous poseriez la question, 1 micron équivaut à un millième de millimètre. Ainsi, 30 000 neurones peuvent tenir sur une tête d'épingle. Il existe 50 types différents de neurones dans le cerveau : courts ou longs, gros ou petits...

Une autoroute de l'information **Chapitre 7**

Les neurones possèdent deux propriétés très importantes : l'excitabilité et la conductivité. La première signifie que le neurone peut répondre à un stimulus. La seconde concerne l'aptitude du neurone à propager l'activité électrique générée par le stimulus. Cette activité est nommée « influx nerveux ». Aucune autre cellule de l'organisme ne peut produire d'influx nerveux.

Remue-méninges

Se représenter 100 milliards de neurones n'est pas facile. Pour vous en faire une idée, dites vous que la voie lactée possède le même nombre d'étoiles.

Le corps du neurone, ou *soma*, est semblable à celui des autres cellules, mais il possède certaines caractéristiques particulières. Le corps cellulaire du neurone présente de petits tentacules, les dendrites (du grec *dendron*, « arbre »). L'axone est cette fibre unique, longue et fine, qui s'étend depuis le corps cellulaire. Au microscope, un neurone ressemble un peu à un soleil, avec des rayons qui partent de la surface (les dendrites) et

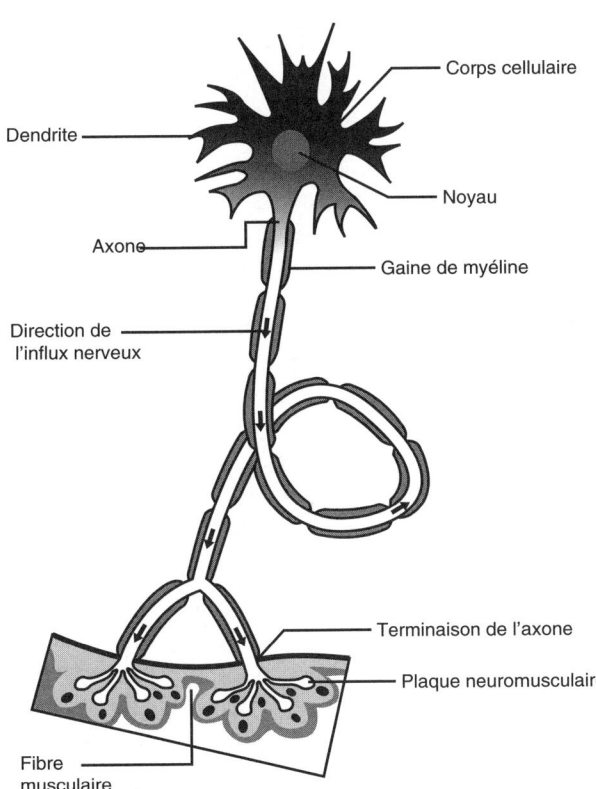

Un neurone
Le neurone a un corps cellulaire principal avec des ramifications appelées dendrites. L'axone s'étend depuis le corps cellulaire et conduit l'influx nerveux.

un câble (l'axone) qui le relie à la planète la plus proche. Les dendrites reçoivent des messages des autres neurones et les transmettent au corps cellulaire, pendant que l'axone véhicule l'influx nerveux du corps cellulaire à d'autres neurones ou à d'autres cellules (par exemple des cellules musculaires). Les faisceaux de fibres nerveuses sont appelés *tractus*.

Comme les lignes téléphoniques, certains neurones possèdent une gaine isolante qui les protège et facilite la conduction de l'influx nerveux. Cette couche souple et graisseuse est appelée myéline. Les neurones dotés de cette couche de myéline sont blancs et inclus dans la substance blanche. On trouve également des axones myélinisés dans les nerfs sensoriels et les nerfs reliés aux muscles squelettiques.

Les nerfs moteurs, appelés parfois nerfs effecteurs, sont reliés aux muscles et aux glandes. Ils sont initialement amyéliniques. Les autres nerfs sont myélinisés et ont leur corps dans la substance grise de la moelle épinière.

Contrairement aux fils téléphoniques, les neurones ne se connectent pas véritablement les uns aux autres. Nous avons vu au chapitre 3 que Golgi croyait que les neurones étaient reliés comme dans une toile d'araignée. Plus tard, Cajal a émis l'hypothèse qu'ils étaient séparés et c'est lui qui avait raison. Chaque neurone est séparé par un petit espace appelé **synapse**. Les influx électriques passent d'un neurone à l'autre à travers ces espaces.

Nous n'avons pas conscience du processus par lequel le cerveau transmet l'information à nos muscles tant il est quasi immédiat. Les impulsions électriques voyagent le long des neurones à une vitesse pouvant atteindre jusqu'à 350 km/h ou 100 m/s. La vitesse dépend du diamètre de l'axone et de la présence ou non d'une gaine de myéline.

L'amplitude des signaux nerveux n'est pas très élevée : 0,10 volt, soit 15 fois moins qu'une pile de lampe de poche. L'amplitude de ces signaux ne détermine pas la force d'une sensation ni celle d'une contraction musculaire. Les influx nerveux sont les mêmes pour la douleur, le froid et les contractions musculaires. L'intensité dépend de la fréquence de l'influx. En général, plus la stimulation est importante, plus les influx nerveux sont nombreux. Pour le dire autrement, si vous

> **Gagnez des points de Q.I.**
>
> Un axone humain peut mesurer plus de 1 m de long. Un axone de girafe peut atteindre 4,5 m depuis sa tête jusqu'à son orteil. Dans les deux cas, le diamètre de ces axones est microscopique.

> **Le jargon de la science**
>
> Le mot **synapse** a été utilisé pour la première fois dans un livre de physiologie publié en 1897 et écrit par Michael Foster et Charles Sherrington. Synapse vient du grec « syn », ensemble et « haptein », toucher, saisir.

Une autoroute de l'information **Chapitre 7**

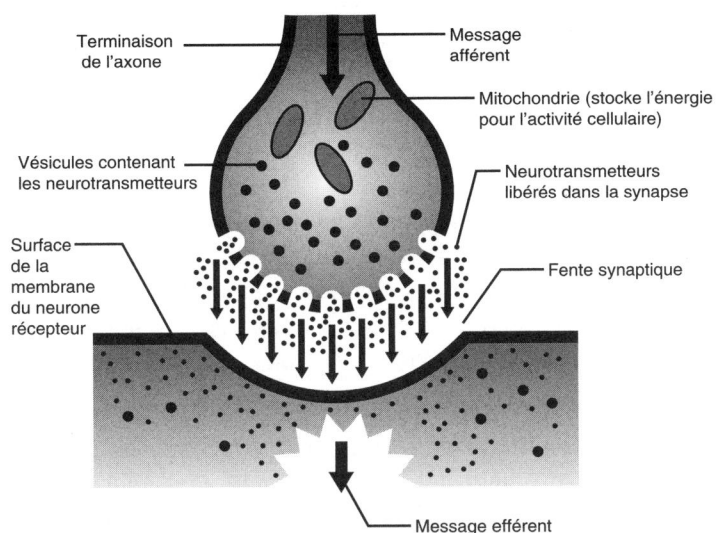

La synapse
La synapse est l'espace entre les neurones. Les neurotransmetteurs sont des substances chimiques qui véhiculent les messages nerveux à travers la synapse vers la surface des autres neurones, où le signal chimique est converti pour reproduire le message d'origine (de nature électrique).

mettez la main sur une plaque chauffante, la sensation de cuisson ne sera pas produite par un seul gros influx nerveux, mais par des influx en rafales.

La circulation des messages

Les messages nerveux sont véhiculés sous la forme de signaux électriques, qui filent le long des axones à la manière d'une flamme sur une traînée de poudre. Arrivés dans la partie terminale des axones, le message nerveux doit trouver le moyen de traverser la synapse. Pour cela, son énergie électrique doit être convertie en énergie chimique.

Nous pourrions vous raconter des histoires à s'arracher les cheveux sur la dépolarisation, les canaux ioniques au sodium et au potassium ou sur d'autres phénomènes qui expliquent le fonctionnement électrique des synapses, mais nous laisserons cela aux auteurs d'un ouvrage consacré à la physique-chimie. Ce qu'il est important de comprendre, c'est que l'organisme dispose de « navettes » qui transportent les messages électriques de neurones en neurones. L'influx électrique atteint le hangar aux navettes, une structure en forme de ballon appelée « vésicule », qui libère une substance chimique : le **neurotransmetteur**. Ce neurotransmetteur est la navette qui embarque le signal à travers la fente synaptique (l'espace entre deux synapses) en un millième de seconde.

Le jargon de la science

Un **neurotransmetteur** est une substance qui transmet l'influx nerveux à travers la synapse.

La dendrite du neurone voisin a un quai, ou récepteur, qui accueille la navette. Chaque navette possède une clé qui lui donne accès à un quai particulier. À ce niveau, le neurotransmetteur se combine avec d'autres substances du neurone récepteur pour produire un nouveau signal électrique.

Synapses à gogo

Un seul neurone peut avoir jusqu'à 100 000 synapses recevant et transmettant des messages au moyen de centaines de milliers de neurotransmetteurs produits par 100 000 neurones voisins. Afin de vous représenter ces nombres, considérez que la forêt amazonienne contient à peu près 100 milliards d'arbres, ce qui est en gros le nombre de neurones dans le cerveau. Pour imaginer le nombre de connexions entre les neurones, pensez aux feuilles de tous ces arbres.

Les chercheurs ont identifié plus de 50 types de neurotransmetteurs. Les plus connus sont l'acétylcholine, la dopamine, la sérotonine et la noradrénaline. Les neurotransmetteurs sont localisés dans des zones spécifiques du cerveau. Par exemple, les neurones qui produisent la dopamine sont situés dans le cerveau moyen.

Les neurotransmetteurs sont divisés en deux classes : excitateurs ou inhibiteurs. Les excitateurs agissent sur les neurones récepteurs et favorisent la transmission du message, alors que les inhibiteurs le bloquent. Ces substances sont produites naturellement par l'organisme, mais peuvent être fournies artificiellement par certains médicaments ou certaines drogues. Par exemple, la caféine agit comme excitant en facilitant le passage synaptique. D'autres substances, comme la morphine, inhibent la transmission de la douleur.

Souvenez-vous que les neurotransmetteurs ont des récepteurs spécifiques. Ces récepteurs sont organisés en familles, de sorte que chaque groupe de récepteurs d'une famille est spécifique à un neurotransmetteur. En étudiant ces relations, les chercheurs peuvent développer des médicaments dirigés spécifiquement vers certains récepteurs afin de traiter différentes maladies.

L'équilibre chimique entre ces différentes substances conditionne le fonctionnement du cerveau. Certains neurotransmetteurs jouent ainsi un rôle dans des comportements déterminés. Par exemple, on considère qu'une carence en sérotonine favorise l'agressivité. Les endorphines sont impliquées dans les sensations de plaisir. Les schizophrènes semblent présenter un déficit en dopamine. La maladie de Parkinson se caractérise également par une diminution significative du taux de dopamine.

L'étude des relations entre les neurotransmetteurs, les phénomènes électriques du cerveau et les comportements constitue le socle des connaissances en psychophysiologie.

Une autoroute de l'information — Chapitre 7

Les neurones en action

Quand un neurone est stimulé, il agit selon le principe du tout ou rien. Soit rien ne se passe, soit commence un sprint électrochimique jusqu'au bout de l'axone. Notez que nous parlons ici d'un message électrochimique. Cela veut dire qu'il est temps de nous livrer à une petite leçon de chimie.

Les ions sont des substances chimiques de l'organisme chargées électriquement. Les ions positifs importants sont le sodium, le potassium et le calcium. D'autres ions, comme le chlore, ont des charges négatives. Vous suivez ? Alors on continue.

Les ions, à l'intérieur et à l'extérieur de la cellule nerveuse, ont une tendance naturelle à s'équilibrer. Cependant, la membrane qui entoure le neurone laisse passer certains ions et en bloque d'autres, ce qui crée un déséquilibre. Quand un neurone est au repos, qu'il n'envoie pas de signal, la concentration des ions sodium et le potassium est plus élevée à l'extérieur du neurone qu'à l'intérieur ; c'est l'inverse pour le chlore. La face interne de la membrane du neurone est alors chargée négativement et la face externe positivement. La différence de charge électrique entre l'intérieur et l'extérieur du neurone est appelée « potentiel de repos ». Ce potentiel est de - 70 millivolts (mV), ce qui veut dire que l'intérieur du neurone est chargé de 70 mV de moins que l'extérieur.

Quand un nerf est stimulé, la perméabilité de la membrane cellulaire change rapidement, provoquant une « dépolarisation ». Un échange ionique se produit alors à travers la membrane. Les ions sodium (chargés positivement) se ruent à l'intérieur du neurone, ce qui charge la cellule positivement. Quand ce changement se produit, le potentiel de repos passe de –70 mV à 0 mV. Quand la dépolarisation avoisine les –55 mV, un influx appelé potentiel d'action se déclenche. Si la dépolarisation n'atteint pas ce seuil de -55 mV, le potentiel d'action n'est pas générée et le signal nerveux n'est pas transmis.

La sortie des ions potassium permet la repolarisation progressive de la membrane du neurone. Ce processus correspond à la « période réfractaire », pendant laquelle le neurone revient à son potentiel de repos.

D'accord, c'était compliqué, mais vous ne pouvez pas échapper à cet exposé. S'il est trop difficile à retenir, notez la page et gardez-la en mémoire quand vous devrez vous y reporter...

Des cellules méconnues

Les neurones font souvent les gros titres des textes sur le cerveau, mais ils sont dépassés en nombre - à 50 contre 1 - par une autre forme de cellule connue sous le nom de névroglie (ou cellule gliale). Les névroglies assurent une série de fonctions pour les neurones, par exemple en les aidant à se réparer après une lésion, en créant une synapse ou en fabriquant de la myéline.

Il existe plusieurs types de cellules gliales et chacune assure une fonction différente. Par exemple, la myéline est produite par les cellules de Schwann dans le système nerveux périphérique, et par les oligodendrocytes, dans le système nerveux central. Les astrocytes, cellules en forme d'étoile, apportent les nutriments aux neurones, les maintiennent en place et éliminent leurs déchets. Les cellules gliales n'ont ni axones ni synapses.

Quel poison !

Pourquoi les animaux venimeux, comme les serpents, les araignées et les scorpions, sont-ils dangereux pour l'homme ? Parce qu'ils possèdent un aiguillon ou des crochets destinés à les protéger des prédateurs ou à tuer une proie et qu'ils injectent par cet outil des neurotoxines qui ont des effets très graves sur le système nerveux. Les neurotoxines bloquent ou activent la libération de substances qui peuvent provoquer la paralysie, l'asphyxie ou un arrêt cardiaque. Il est possible de mourir des effets de ces neurotoxines et certains de ces poisons peuvent tuer en cinq minutes.

Il existe 250 espèces aquatiques venimeuses et on a répertorié quelque 300 espèces de serpents venimeux (sur 3 000 espèces au total). Parmi les animaux les plus dangereux, on compte la rascasse (le poisson le plus venimeux), la pieuvre à anneaux bleus, le tetraodon, la veuve noire, le dendrobate, le scorpion et une série de serpents dont le crotale, le mamba noir et le cobra. Les serpents les plus dangereux sont le taipan, le serpent des mers des mangroves et la vipère de Russel. Le cobra cracheur peut, comme son nom l'indique, projeter une neurotoxine et atteindre un ennemi à trois mètres.

Dans les films, quand quelqu'un se fait mordre par un serpent, il y a toujours une bonne âme prête à sucer le venin. En réalité, c'est inutile, voire dangereux. En effet, le venin a déjà pénétré le système sanguin au moment où on commence à sucer la plaie. Il vaut mieux bander la plaie avec un pansement compressif (pas un garrot). La victime doit rester calme être transportée dans les meilleurs délais à l'hôpital !

Toujours des inconnues

Vous commencez maintenant à en savoir pas mal sur le fonctionnement de nos nerfs et la façon dont le cerveau reçoit et transmet l'information à travers l'organisme. L'analogie du réseau téléphonique soulève une question intéressante : le cerveau dispose-t-il de connexions semblables au réseau GSM ? Peut-être apprendrons-nous dans le futur que beaucoup de connexions dans le cerveau sont inconnues parce qu'elles sont « sans fil ».

Une autoroute de l'information **Chapitre 7**

À dire vrai, nos connaissances sur la question sont encore proches de zéro... Personne ne sait comment les milliards de connexions neuronales produisent la mémoire, nous font accéder à la raison ou créent les émotions. En neurosciences, plus vous en savez, plus vous savez que vous ne savez rien.

Maintenant que vous avez tout compris des composants du cerveau et de son fonctionnement, il est temps d'explorer le comportement humain. Nous en saurons alors un peu plus sur le lien entre le cerveau et la faculté de parler, de ressentir, de penser, d'entendre, de voir, de goûter, de sentir, de bouger, de travailler, etc.

Ce qu'il faut retenir

→ Le cerveau contient 100 milliards de cellules appelées neurones.

→ Les neurones ne sont pas collés ; ils sont séparés par un petit espace connu sous le nom de synapse.

→ Les influx nerveux doivent être convertis d'énergie électrique en énergie chimique pour traverser la synapse.

→ Les neurotransmetteurs sont des substances chimiques libérées par les terminaisons axonales des neurones dans l'espace synaptique. La fixation de ces neurotransmetteurs sur la membrane du neurone qui les réceptionne permet la régénération de l'influx nerveux électrique.

Chapitre 8

Sur les nerfs

Dans ce chapitre

→ Les nerfs crâniens de I à XII

→ Focus sur les yeux

→ Ce qui rend notre visage expressif

→ Le nerf de l'audition

→ Le contrôle moteur

Quand vous souriez, froncez les sourcils, mâchez, goûtez, regardez et écoutez, une douzaine de nerfs spécialisés sont impliqués dans la transmission et le traitement de ces messages. Ce sont les nerfs crâniens. Les douze paires de nerfs crâniens sortent par la base du cerveau. Toutes, sauf les deux premières, sont reliées au tronc cérébral.

Ces nerfs relient le cerveau aux parties de la tête et du cou comme les oreilles, les yeux, le nez, la bouche et le visage.

À quoi ça sert ?

Certains nerfs contrôlent les mouvements musculaires, d'autres relaient l'information depuis les organes sensoriels, d'autres enfin combinent les deux fonctions. Les composantes motrices des nerfs crâniens envoient leurs axones au-delà de la boîte crânienne, afin de contrôler les mouvements musculaires généraux (comme ceux des yeux et du visage) et spécialisés (comme le battement cardiaque). Les composantes sensitives proviennent de l'extérieur du cerveau, précisément de ces amas de cellules appelés « ganglions sensitifs ». Ces ganglions se divisent en branches. Une branche est reliée à un organe sensoriel (comme les récepteurs du goût sur la langue) et transmet des signaux à une seconde branche qui pénètre dans le cerveau. Le tableau ci-contre présente chaque nerf crânien et sa fonction. Le schéma ci-dessous vous aide à les localiser dans le cerveau.

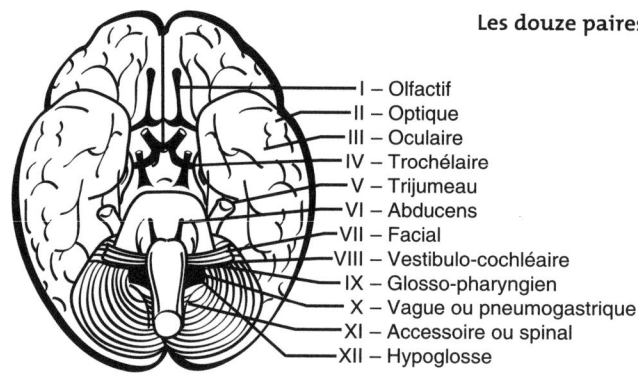

Les douze paires de nerfs crâniens

Number One

Lorsque vous vous arrêtez pour humer le parfum d'une rose ou que vous vous réveillez en sentant l'odeur du café frais, c'est le nerf crânien I qui entre en action. Ce nerf crânien I (les nerfs crâniens sont numérotés en chiffres romains), connu également sous le nom de nerf olfactif, est composé de 20 à 24 neurones. Il relie la partie supérieure de la base du cerveau aux cellules réceptrices de votre nez. Si ce nerf est endommagé, il en résulte une anosmie, c'est-à-dire une perte de l'odorat, qui peut aussi perturber le goût.

Rien que pour vos yeux

Les nerfs crâniens II, III, IV et VI sont tous responsables de la vision. Le deuxième nerf crânien est le nerf optique. Il est long d'environ 50 millimètres et contient plus d'un million de fibres (plus que n'importe quel autre nerf crânien). Il est relié directement au cerveau et lui transmet les informations visuelles.

Les fonctions des nerfs crâniens

Nerf	Rôle
I. Olfactif	Olfaction
II. Optique	Vue
III. Oculomoteur	Innerve les muscles de l'œil et agit sur la taille de la pupille
IV. Trochléaire	Innerve les muscles responsables des mouvements de l'œil
V. Trijumeau	Transmet les sensations en provenance de la face, du nez et de la bouche, intervient dans le réflexe cornéen, innerve les muscles responsables de la mastication.
VI. Abducens	Innerve les muscles de l'œil
VII. Facial	Contrôle les muscles de la face, des oreilles et du pharynx, innerve quatre des six glandes salivaires, et transmet les sensations depuis la langue.
VIII. Vestibulo-cochléaire	Audition et équilibre
IX. Glosso-pharyngien	Transmet les sensations depuis certaines parties de la langue, contrôle certains muscles impliqués dans la déglutition, innerve le pharynx.
X. Vague ou pneumogastrique	Contrôle le rythme cardiaque, les muscles respiratoires, certaines fonctions hépatiques et rénales.
XI. Accessoire ou spinal	Contrôle les muscles du cou
XII. Hypoglosse	Contrôle les muscles de la langue

Gagnez des points de Q.I.

Pour vous souvenir du nom des douze paires de nerfs crâniens, apprenez cette phrase par cœur : OLivia OPTe pour l'OCéan c'est TROp TRIste d'Aller FAire des Visites Gavantes quand les VAGUES Apportent l'HYPnose. Les majuscules représentent chacun des nerfs crâniens dans l'ordre.

Les nerfs optiques en provenance de chaque œil se croisent au niveau du **chiasma optique**. À ce niveau les fibres des moitiés nasales de chaque rétine se croisent vers l'hémisphère opposé, alors que les fibres temporales (vers vos oreilles) de la rétine se projettent vers l'hémisphère du même côté.

Les fibres qui se prolongent du chiasma optique au **corps géniculé** latéral du thalamus sont appelées bandelettes optiques et transmettent les informations des deux yeux. Si une bandelette optique est endommagée d'un côté, cela peut provoquer une cécité partielle dans les deux yeux. La **radiation optique** désigne le faisceau de fibres nerveuses qui relie le corps géniculé latéral du thalamus au cortex visuel.

> **Le jargon de la science**
>
> Le **chiasma optique** est la partie du cerveau où les deux nerfs optiques se croisent et il permet le traitement croisé de l'information visuelle captée par les deux rétines. Le **corps géniculé** du thalamus, appelé parfois aussi corps genouillé, est la partie du cerveau qui traite l'information visuelle. La **radiation optique** est un faisceau de fibres nerveuses qui relie le corps géniculé du thalamus au cortex.

Réflexe !

Quand vous entendez le mot « réflexe », vous pensez sans doute au médecin qui percute votre genou avec un petit marteau pour s'assurer de sa mobilité. Mais vous n'avez peut-être encore jamais réalisé que vos yeux ont des réactions similaires, appelées « réflexes optiques ». Ils sont au nombre de quatre : le réflexe photomoteur, le réflexe de fixation monoculaire, le réflexe de protection et le réflexe d'accommodation.

- **Le réflexe photomoteur** consiste en une constriction de la pupille, en réaction au changement de luminosité, grâce à l'action de plusieurs nerfs dont le nerf optique.

- **Le réflexe de fixation monoculaire** n'implique pas seulement le nerf optique, mais aussi les nerfs crâniens III, IV et VI. Il permet aux yeux d'aligner les images quand vous réalisez des tâches telles que suivre les lignes d'un texte en lisant.

- **Le réflexe de protection** se produit par exemple quand on projette quelque chose vers votre œil. En général, vous clignez des yeux immédiatement. Si le stimulus est assez puissant, il se peut également que vous éleviez les mains devant votre visage.

- **Le réflexe d'accommodation** entre en jeu lorsque vous essayez de focaliser votre regard sur un objet proche. Une série d'actions est alors déclenchée : l'épaississement du cristallin, la convergence des globes oculaires afin d'aligner l'objet avec la rétine de chaque œil et le rétrécissement des pupilles afin d'ajuster la quantité de lumière.

Caméra cassée

Une lésion du nerf optique peut provoquer la cécité. On utilise une série de tests afin de vérifier le bon fonctionnement du nerf optique. Les plus connus sont le test de Snellen et le test d'Ishihara. Vous ne connaissez pas ? Pourtant vous les avez tous subis. Le test de Snellen se présente sous la forme d'un tableau avec un grand « E » en haut et il sert à évaluer l'acuité visuelle. Le test d'Ishihara représente une série d'images circulaires composées de points de différentes couleurs, qui aident à apprécier la perception de certaines couleurs. Si vous voyez le bon chiffre apparaître, votre vision est normale. Sinon, vous êtes daltonien.

Rouler des yeux

Le nerf oculomoteur (III) contrôle la rotation du globe oculaire vers le haut, le bas et l'intérieur, la constriction de la pupille et l'élévation de la paupière supérieure. Le nerf trochléaire (IV), le plus petit des nerfs crâniens, innerve le muscle qui permet la rotation des yeux vers le bas et l'extérieur. Le nerf abducens (VI) innerve également un muscle qui permet la rotation de l'œil vers l'extérieur.

Une lésion des nerfs crâniens (III, IV et VI) qui contrôlent le mouvement des yeux peut provoquer un dédoublement de la vision. Une lésion du nerf oculomoteur engendre une rotation de l'œil vers le bas et légèrement en dehors de l'orbite ou un affaissement des paupières. Le diabète atteint le nerf oculomoteur, si bien que l'œil sort de son orbite et que les pupilles se dilatent. Quand le nerf trochléaire est endommagé, l'œil ne peut plus tourner. Une lésion du nerf abducens provoque un strabisme.

Pour évaluer le bon fonctionnement de ces nerfs, le praticien fait bouger un doigt de haut en bas et de droite à gauche et demande à son patient d'en suivre le bout avec ses yeux. Si la personne peut le faire sans difficulté, c'est que ces nerfs fonctionnent normalement. (N'est-ce pas un examen que vous avez déjà subi chez le médecin ?)

> **Gagnez des points de Q.I.**
>
> Dans les films américains, quand des policiers effectuent un contrôle routier, ils peuvent rechercher des signes de nystagmus chez le conducteur (une oscillation rapide et involontaire des deux yeux lorsqu'on regarde au loin à droite ou à gauche). Ce signe est généralement associé à l'ataxie, c'est-à-dire l'impossibilité de marcher le long d'une ligne droite. Ce sont là des signes d'ébriété.

Un visage expressif

Comment sourire, froncer le front, pincer les lèvres ou hausser les sourcils ? Ces mouvements sont possibles grâce au nerf crânien VII. Pendant longtemps, les scientifiques ont pensé que ce

> **Faites le 15 !**
>
> La maladie de Bell est un trouble neurologique qui se caractérise par la paralysie d'une moitié du visage. Elle atteint généralement la paupière, le front et les muscles des lèvres. L'origine de cette maladie est mal connue, mais les chercheurs pensent qu'il s'agit d'une atteinte virale du nerf facial. Ce trouble atteint environ 10 000 Français chaque année. 80 % des patients guérissent en trois mois avec ou sans traitement (stéroïdes) mais, dans certains cas, seule une ablation d'une partie de l'os du canal facial, par lequel passe le nerf facial, peut procurer une récupération des fonctions motrices et sensitives avant que la paralysie totale n'intervienne.

nerf contrôlait aussi les muscles permettant la mastication. Charles Bell a démontré, au début du XIXe siècle, la disjonction des fonctions motrices et sensitives des nerfs. Il a aussi prouvé que le nerf trijumeau (V) était le nerf responsable de la mastication.

Le nerf trijumeau, le plus grand des nerfs crâniens, se divise en trois branches et innerve des récepteurs sensoriels localisés au niveau du visage (front, joues et sinus notamment). La branche ophtalmique de ce nerf transmet des informations sensorielles depuis certaines parties de l'œil, l'arcade sourcilière et l'intérieur du nez. Elle contient également des fibres responsables du réflexe cornéen (clignement de l'œil en réponse à un contact avec la cornée). Cette branche nerveuse se divise elle-même en ramifications plus petites dont les fonctions sont encore plus spécifiques. Par exemple, la branche frontale est reliée à la peau de la paupière supérieure et du front. La branche maxillaire transmet les sensations perçues par la paupière inférieure, l'aile du nez, la lèvre supérieure, la mâchoire supérieure et les dents. Enfin, la branche mandibulaire du nerf trijumeau innerve les muscles responsables de la mastication. Cette branche est également responsable de la sensibilité de la mâchoire inférieure, des dents, de la joue et des deux tiers de la langue.

Le nerf facial (VII) contrôle les expressions du visage et régule les mouvements impliqués dans la parole et la mastication. Si vous pouvez vous adresser des grimaces dans un miroir, c'est que votre nerf facial fonctionne comme il faut.

Ce nerf transmet les sensations des deux tiers de la langue au cerveau et participe également au contrôle de quatre des six glandes salivaires et à celui des muscles du pharynx. Pour tester facilement la fonction sensitive du nerf facial, goûtez du bout de la langue quelque chose de sucré ou de salé. Le nerf facial contrôle aussi le muscle le plus petit du corps humain, le muscle de l'étrier, petit os situé dans l'oreille interne.

Attention aux oreilles

Comment peut-on appeler « nerf facial » un nerf crânien et donner le nom de « nerf vestibulo-cochléaire » au suivant ? C'est un mot compliqué, mais il se scinde en deux parties qui nous aident à le comprendre. Comme vous vous en souvenez sûrement, le système vestibulaire régule l'équilibre et la coordination. Donc, la partie vestibulaire du nerf crânien VIII transmet au cerveau les informations relatives à l'équilibre et à la position dans l'espace. Il en est de même pour les mouvements de la tête et du cou. La partie cochléaire – ou auditive – du nerf est impliquée dans l'audition.

Pour mieux comprendre ce qu'on appelle le réflexe vestibulaire, considérez ce qui se passe quand vous êtes assis en voiture et que vous regardez par la vitre. Le paysage glisse rapidement derrière vous, mais vous pouvez encore le voir quelque temps, car votre œil compense en bougeant dans le sens opposé. Souvenez-vous aussi du test consistant à suivre des yeux le bout d'un doigt. Essayez une variante : si l'examinateur maintient son doigt en place et que vous bougez la tête, vos yeux bougeront à l'opposé. Ce réflexe est similaire au réflexe des « yeux de poupées », qui a pour origine le tronc cérébral est responsable : il consiste en un mouvement des yeux opposé à la direction du mouvement de la tête induite par l'examinateur.

Une lésion de la partie vestibulaire du nerf VIII peut provoquer des troubles de la motilité oculaire, des nausées et des vertiges. Si le nerf cochléaire est endommagé, une surdité ou des acouphènes (sifflements dans l'oreille) peuvent survenir.

Déglutissez et inhalez

Certains nerfs crâniens coopèrent pour assurer certaines fonctions. Par exemple les nerfs IX, X et XI régulent les muscles impliqués dans l'ingurgitation et les mouvements du diaphragme lors de la respiration. Ces trois nerfs crâniens assurent également les fonctions décrites aux paragraphes suivants.

Gagnez des points de Q.I.

La partie de l'oreille interne responsable de l'audition est appelée cochlée, d'où dérive le mot « cochléaire ». Ce nom nous vient du mot latin signifiant « escargot », car elle est enroulée comme la coquille de ce gastéropode.

Faites le 15 !

Le mal des transports est provoqué par une stimulation excessive et prolongée du système vestibulaire. On ne sait pas pourquoi certaines personnes y sont plus sujettes que d'autres. Même ceux qui se croient à l'abri peuvent avoir le mal des transports s'ils sont suffisamment stimulés (demandez aux astronautes !).

> **Gagnez des points de Q.I.**
>
> Pendant qu'il regardait un match en mangeant des bretzels, George W. Bush a fait un malaise. Plus tard, il en a plaisanté en disant qu'il aurait dû écouter sa mère quand elle lui disait de mâcher avant d'avaler. Mais cet incident en lui-même n'avait rien de drôle, car le président américain aurait pu être victime d'un malaise vagal : chute du rythme cardiaque due à une stimulation du nerf vagal, comprimé par le bretzel qui ne passait pas. Cela peut arriver aussi en cas de peur violente, de perception d'odeurs déplaisantes ou face à un spectacle impressionnant, comme la vue du sang (c'est pourquoi certaines personnes s'évanouissent devant une blessure).

Les nerfs de l'oreille, de la langue et de la gorge

Le nerf glosso-pharyngien (IX), qui émerge du bulbe rachidien juste au-dessus du nerf vague (X), contrôle certains muscles responsables de la déglutition. Il innerve également la glande salivaire parotidienne et transmet les sensations du tiers arrière de la langue et celles du fond de la bouche et du pharynx.

Vous pouvez tester la composante sensorielle du nerf IX de la même façon que vous avez fait pour le nerf facial, mais en goûtant un aliment sucré ou salé avec l'arrière de la langue. Le nerf IX présente une branche qui innerve une région de l'artère carotide au milieu du cou appelée le sinus carotidien. Celui-ci lui transmet au bulbe rachidien, *via* le nerf X, les informations permettant le contrôle de la tension artérielle.

Viva Las Vagus

Le nerf vague (du latin *vagus*) porte ce nom car il innerve une grande variété d'organes, des intestins aux tympans. Ce nerf X déploie des ramifications vers l'arbre bronchique (les tubes qui transportent l'air dans les différentes parties des poumons), des fibres inhibitrices vers le cœur pour en ralentir le rythme et des fibres motrices vers le larynx, l'œsophage, l'estomac, l'intestin grêle et le canal de cholédoque. Il envoie également des fibres sécrétoires vers l'estomac et le pancréas.

La stimulation du nerf vague provoque les phénomènes suivants :
- ralentissement du rythme cardiaque ;
- contraction des muscles lisses bronchiques (qui sont en partie responsables de la respiration) ;

- stimulation des glandes de la muqueuse bronchique (ce qui tapisse les bronches et s'enflamme lors d'une bronchite) ;
- renforcement du péristaltisme (processus qui fait progresser le bol alimentaire dans le tractus gastro-intestinal) ;
- relâchement des sphincters pylorique (le muscle entre l'estomac et l'intestin grêle) et iléo-colique (le muscle entre l'intestin grêle et le gros intestin) ;
- stimulation des sécrétions gastriques et pancréatiques.

Les branches sensitives du nerf vague transmettent des stimuli depuis le cœur, les bronches, l'œsophage, l'estomac, l'intestin grêle et le côlon ascendant. *Last but not least*, une stimulation du nerf vague peut provoquer la nausée. En effet, il s'appelle aussi nerf vomitif.

Une lésion d'un nerf vague provoque des difficultés pour déglutir et parler. Si les deux sont endommagés, vous êtes mal partis, car cet état peut mener à une dangereuse paralysie des muscles de la gorge, donc à l'asphyxie.

Le bon accessoire

Étant donné toutes les parties vitales du cerveau, on pourrait penser que le nerf nommé accessoire (XI) n'a pas trop d'importance. Jugez-en par vous-même : ce nerf crânien contrôle les muscles du cou.

Tirez la langue !

Le nerf hypoglosse (XII) contrôle les muscles de la langue. Pour vérifier si le vôtre fonctionne, tirez la langue et remuez-la. Mais peut-être préférerez-vous faire ce test à l'abri des regards…

Ce qu'il faut retenir

→ Le cerveau est relié aux parties vitales de l'organisme par douze paires de nerfs crâniens qui véhiculent à la fois des informations sensitives et motrices (à l'exception des nerfs I et II qui ne véhiculent que des informations sensitives).

→ Quatre nerfs crâniens vous permettent de voir : le nerf optique (II) est le plus directement impliqué dans la vision ; les nerfs oculo-moteur (III), trochléaire (IV) et abducens (VI) sont responsables des mouvements oculaires.

→ Le nerf trijumeau (V) envoie des informations sensorielles de votre visage à votre cerveau pendant que le nerf facial (VII) contrôle les mouvements du visage, comme les sourires.

→ La déglutition et la respiration font intervenir trois nerfs crâniens : le nerf glosso-pharyngien (IX), le nerf vague (X), et le nerf accessoire (XI). Ces nerfs ont également d'autres fonctions.

→ Le dernier des douze nerfs crâniens est le nerf hypoglosse, qui contrôle les muscles de la langue.

Principes d'anatomie **Partie 2**

1 – Comment s'appellent les membranes qui protègent le cerveau à l'intérieur du crâne ?
❏ **A** - les membranes plasmiques
❏ **B** - les méninges
❏ **C** - les muqueuses

2 – Combien le cerveau compte-t-il de lobes ?
❏ **A** - 2
❏ **B** - 4
❏ **C** - 6

3 – Quelle partie du cerveau régule les fonctions vitales ?
❏ **A** - l'hypothalamus
❏ **B** - le thalamus
❏ **C** - le cortex cérébral

4 – L'une des principales fonctions du cervelet est…
❏ **A** - le contrôle de la pression sanguine
❏ **B** - le maintien de l'équilibre
❏ **C** - la régulation du tonus musculaire

5 – Quel système relie le cortex au cerveau moyen ?
❏ **A** - le système limbique
❏ **B** - le système endocrinien
❏ **C** - le système lymphatique

6 – L'hypophyse est…
❏ **A** - une membrane
❏ **B** - une glande
❏ **C** - un ganglion

7 – Comment appelle-t-on l'espace qui sépare les neurones entre eux ?
❏ **A** - la myéline
❏ **B** - la dendrite
❏ **C** - la synapse

8 – La dopamine et la noradrénaline sont des…
❏ **A** - neurotransmetteurs
❏ **B** - hormones
❏ **C** - cellules nerveuses

9 – Quel nerf crânien est impliqué dans la vision ?
❏ **A** - le nerf optique
❏ **B** - le nerf trochléaire
❏ **C** - le nerf oculomoteur

10 – Quels muscles le nerf hypoglosse contrôle-t-il ?
❏ **A** - les muscles du cou
❏ **B** - les muscles de la langue
❏ **C** - les muscles des oreilles

Réponses

1 : B - 2 : B - 3 : A - 4 : B et C - 5 : A - 6 : B - 7 : C - 8 : A - 9 : A, B et C - 10 : B

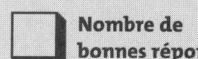
Nombre de bonnes réponses

Si vous avez au moins 6 bonnes réponses, passez au chapitre suivant, sinon… faites quelques révisions !

Partie 3
L'ordinateur humain

Comme nous avons confiance en vous, nous sommes persuadés que vous avez survécu aux rigueurs de notre longue leçon d'anatomie et que vous vous sentez désormais prêts à découvrir comment les différentes parties du cerveau travaillent ensemble pour nous aider à vivre. Cette troisième partie explore les processus de la pensée, la faculté de parler, les sens, les réactions volontaires et involontaires, ainsi que nos besoins élémentaires. Assez excitant, n'est-ce pas ?

Chapitre 9

Et maintenant, parlez !

Dans ce chapitre

- → Aux origines de la parole
- → Le langage des bébés
- → Parler sa langue
- → Penser d'abord

Notre aptitude à communiquer nos pensées, nos sentiments et nos idées à travers le langage est un des traits qui nous distingue des animaux. Notre capacité à apprendre des mots pour les assembler et traduire des idées, notre manière de stocker les informations verbales, tout cela est enraciné dans notre cerveau.

Presque tout ce que nous savons sur les fonctions cérébrales est le résultat d'expériences sur des animaux. Mais le langage est une faculté proprement humaine et les recherches sur les animaux ne nous éclairent pas beaucoup dans ce domaine... Par contre, les expériences menées par Penfield (dont nous avons parlé au chapitre 4), au cours desquelles on stimulait le cerveau d'un patient en état de veille pour tester les effets sur le langage, ont été décisives pour comprendre quelles aires du cerveau étaient impliquées dans le langage. Ce chapitre offre une vue d'ensemble sur ce que nous savons de l'acte de parler.

L'inconnue des origines

Personne ne connaît l'origine du langage, même s'il existe beaucoup de spéculations sur le sujet. *La Bible* dit que le premier homme, Adam, a donné un nom à tous les animaux et, selon la *Genèse* (11,1), « toute la terre avait une seule langue et les mêmes mots ».

Tout changea avec la tour de Babel. Selon la Bible, Dieu se fâcha quand les hommes essayèrent de construire une tour qui atteindrait le ciel. Il redoutait que les hommes, pleins d'orgueil, ne se prennent pour des dieux et, pour les empêcher de mener à terme leur projet, il multiplia les langues afin que les hommes ne puissent plus se comprendre entre eux. Il en résulta une grande confusion. Les hommes abandonnèrent leur construction et se dispersèrent sur toute la surface de la terre pour y construire des cités dont les habitants ne parlaient pas la même langue que ceux de la ville voisine.

> **Remue-méninges**
>
> Même si nous reconnaissons les mots comme si c'étaient des sons simples formant un tout, le cerveau traite chaque mot comme plusieurs unités sonores. Ces unités sonores, éléments de construction du langage, s'appellent les phonèmes et on peut les combiner pour créer des milliers de mots. En français, les 26 lettres de l'alphabet, prises seules ou combinées, forment 35 phonèmes.

Beaucoup de gens réfutent cependant cette idée que le langage aurait une origine divine. Beaucoup d'autres théories ont été échafaudées. Le philologue et orientaliste allemand Max Mueller (1823-1900), qui a enseigné durant des années à Oxford d'abord la grammaire comparée, puis la mythologie comparée, a joué un rôle très important pour la vulgarisation de la science du langage. Il s'attarde en particulier sur quatre hypothèses, auxquelles il accorde en fait peu de crédit, si on en juge par les surnoms qu'il leur donne : la théorie ding-dong, la théorie oua-oua (*bow-wow* en anglais, langue employée par Mueller dans ses écrits), la théorie bah-bah (*pooh-pooh*) et la théorie oh-hisse (*yo-heave-ho*). La première est évoquée à l'origine par le philosophe Platon : c'est la thèse d'une connexion entre les mots et les choses auxquelles ils renvoient. La deuxième soutient quant à elle que les mots reposent sur des sons qui imitent leur objet. La troisième théorie fait quant à elle l'hypothèse que la parole articulée vient des sons involontaires produits par les hommes quand ils ont commencé à éprouver des émotions. La quatrième, pour finir, soutient qu'il existe un lien entre les sons et l'effort collectif pour communiquer.

Quelle que soit l'origine du langage, la faculté de communiquer est un processus complexe qui met en jeu de nombreuses aires du cerveau. Les adultes tiennent souvent pour acquise la faculté de parler, mais toute la difficulté de l'affaire devient évidente quand vous avez des enfants. Vous êtes alors aux premières loges pour voir les évolutions du langage, du premier « areuh » à la découverte de « anticonstitutionnellement » en passant par « maman » et « je veux ! ».

Un autre moyen de se faire une idée de la complexité du langage est d'écouter un synthétiseur ou tout instrument conçu par l'homme pour parler. Même si la qualité d'imitation s'est grandement améliorée au fil du temps, la plupart de ces machines ont encore bien du mal à restituer la voix humaine et n'arrivent pas à la cheville de l'ordinateur HAL dans *2001 : l'odyssée de l'espace*.

Le langage des bébés

Les parents ont une légère tendance à paniquer si leur petit génie ne commence pas à réciter du Victor Hugo dès l'âge d'un an... Plus raisonnablement, il faut savoir que, sauf exceptions particulières, tous les enfants apprennent à parler et cela vient en temps et en heure. Pour la plupart des activités liées au langage, il n'est pas possible d'établir un agenda arrêté à l'avance. C'est pourquoi les jeunes parents qui lisent des livres sur l'éducation des enfants s'inquiètent parfois sans raison quand leur rejeton ne cadre pas tout à fait aux grilles qui leur sont présentées.

Habituellement, les enfants passent par plusieurs stades de développement du langage. Le premier son que font les bébés est caractéristique : c'est un cri indifférencié, généralement une réponse réflexe à un stimulus. Quand le bébé pleure, les parents, désarçonnés, se regardent et se demandent ce qui le perturbe. Ils n'ont pas les moyens de savoir précisément ce qui ne va pas, s'il a faim, s'il est constipé, s'il a mal ou s'il est fatigué. Imaginez seulement combien l'enfant peut être frustré. Il se demande sans doute pourquoi personne ne comprend qu'il a froid et qu'il aurait besoin qu'on ajuste sa couverture. Au bout d'un mois environ, le bébé continue de pleurer mais les parents parviennent plus souvent à en deviner la raison. Ils sentent que le bébé a faim, ou soif, ou mal, ou qu'il est fatigué, et savent mieux comment répondre à ses pleurs.

Areu ! Areu !

Le bébé, peu à peu, passe des pleurs à l'expérimentation d'autres sons. Vers la fin du deuxième mois, il commence à babiller. Les parents, croyant que c'est un langage que leur bébé comprend, se mettent eux aussi à babiller.

Les personnes qui étudient la **linguistique** ont découvert que le babillage est un processus d'apprentissage important, qu'on pourrait comparer au fait d'accorder un instrument de musique. Le bébé

Le jargon de la science

La **linguistique** est l'étude scientifique du langage. La neurolinguistique est une branche de cette discipline qui examine plus précisément comment le langage est traité et représenté dans le cerveau.

entend les bruits qu'il produit et les associe aux mouvements physiques nécessaires pour les faire. Il est intéressant de constater que les enfants sourds de naissance commencent à babiller, mais arrêtent assez vite, faute de pouvoir s'entendre eux-mêmes.

Vers le neuvième ou dixième mois, les enfants commencent à imiter les bruits que les autres font. Ce mimétisme est un préalable à la parole et c'est un phénomène plus complexe qu'il n'y paraît. Pensez à une mère et un père qui disent à leur bébé quelque chose d'aussi simple que « Papa ». Cela ne sonnera pas de la même manière quand c'est le père ou quand c'est la mère qui le dit. Le simple fait que le bébé puisse apprendre à reconnaître et à reproduire un motif est déjà remarquable.

Les parents, inconsciemment, ne parlent pas à leur bébé comme ils parlent d'habitude. Leur voix se fait plus aiguë, environ une octave au-dessus de leur voix normale, et ils ont un débit plus lent. Ces signaux spécifiques que nous transmettons aux bébés s'accorderaient à leurs besoins pour développer les connexions neuronales nécessaires au langage.

De 12 à 18 mois, l'enfant commence à apprendre des mots et de petites phrases. De 18 à 24 mois, il apprend des mots qui lui permettent de décrire. À partir de 24 mois, il commence à faire des phrases et, avant que vous ne l'ayez vu venir, voilà qu'il bavarde sans arrêt (au point que vous vous prenez à regretter le temps où il ne parlait pas encore...). Si l'enfant ne parle toujours pas vers 3 ans, c'est qu'il peut y avoir un problème. Il convient alors de consulter un médecin pour savoir s'il n'y a pas un problème physique, mais il se peut aussi que l'enfant ait simplement besoin de plus de temps pour se développer.

C comme « chat »

La reconnaissance des mots est une autre question importante dans le développement du langage, mais qui reste encore inexpliquée. Un mot aussi simple que « chat » peut être prononcé de différentes manières et ne rendra pas le même son s'il est dit par quelqu'un qui a un accent ou une voix haut perchée. Pourtant, quelle que soit la prononciation, l'enfant finit par apprendre le mot « chat » et par le relier à l'image d'un félin ou d'un animal.

Le processus de « nomination » devient de plus en plus complexe au fil du temps. Cela commence par l'association d'un mot avec un objet, puis il faut apprendre la relation entre des mots et des concepts abstraits. Par exemple, le mot « chat » n'est plus seulement l'image d'un chat dans un livre, mais un animal doté de certaines caractéristiques, qui a une fourrure et des moustaches, qui ronronne et qui boit du lait.

Le cerveau doit alors interpréter le contexte du langage. Par exemple, si on vous demande d'épeler le mot « chat », il faut savoir de quoi il est question dans le contexte.

Sinon, vous pouvez tout à fait épeler « chas » (comme le chas d'une aiguille). De même, vous ne pouvez pas savoir ce que le mot « droit » veut dire si vous n'entendez que le début d'une phrase commençant par « le droit... ». La phrase peut en fait continuer de plusieurs façons : « le droit chemin... », « le droit canon... », « le [pied] droit est plus fort que le gauche », etc. On aimerait pouvoir vous expliquer comment le cerveau arrive à faire la distinction entre tous ces droits, mais personne n'y est parvenu à ce jour.

C'est du chinois !

Nous parlons parce que notre corps a les structures nécessaires à la production de sons (entre autres les cordes vocales) et parce que notre cerveau comprend les principes grammaticaux du langage. Ce qui est particulièrement remarquable, c'est le fait que les enfants ne sont pas préconditionnés pour parler un langage en particulier ; ils peuvent apprendre n'importe quelle langue parlée autour d'eux.

> **Gagnez des points de Q.I.**
>
> Une étude réalisée à partir de scanners du cerveau d'enfants de 3 à 15 ans a montré que les différentes parties du cerveau ne se développent pas au même rythme, alors que les chercheurs s'attendaient à découvrir que toutes les aires du cerveau grandissent en même temps. Une des conséquences qu'on a pu tirer de cette trouvaille est que le meilleur âge pour apprendre une seconde langue est entre 6 et 13 ans, parce que c'est une période pendant laquelle les parties du cerveau qui ont rapport au langage se développent rapidement.

Le processus physique de la parole implique la coordination des muscles qui permettent d'articuler. Les nerfs qui partent de la partie basse du lobe frontal gauche passent à travers le corps calleux et entrent dans l'hémisphère droit. Les signaux passent aussi par le pont et le bulbe rachidien et sont transmis aux nerfs crâniens qui contrôlent les lèvres, la langue, le voile du palais et le larynx. D'autres nerfs stimulent le diaphragme (muscle respiratoire principal).

Quand l'air est exhalé des poumons et qu'il passe entre les cordes vocales, cela produit des sons qui sont amplifiés par la bouche. La langue, les dents, le palais et les lèvres modulent l'air qui passe et produisent des sons variés.

Au cours de l'apprentissage de leur langue maternelle, les enfants adoptent la prononciation de leur professeur. Par exemple, la plupart des enfants peuvent dire le mot « riz » en prononçant le « r » correctement. Tandis que les enfants japonais, eux, apprennent à parler sans faire la distinction entre un « r » et un « l » ; ils grandissent en prononçant « riz » comme « lit » et, quand ils apprennent le français plus tard, il est possible qu'ils n'arrivent jamais à prononcer les « r » comme nous le faisons.

Retour sur Broca et Wernicke

Revenons un instant sur un point que nous avons déjà évoqué au chapitre 3. Le centre cérébral du langage, connu sous le nom d'aire de Broca, est situé dans l'hémisphère gauche chez les droitiers et vice-versa chez les gauchers. En fait, ce n'est pas tout à fait ça. Le langage est contrôlé par l'hémisphère gauche chez 97 % des gens. Les enfants, toutefois, semblent utiliser les deux hémisphères au début du développement du langage, avant que l'un des deux côtés – en général le gauche – ne prenne le dessus.

Il arrive qu'un enfant dont l'hémisphère gauche est endommagé puisse continuer de parler parce que l'hémisphère droit prend le relais. Cette possibilité d'adaptation devient cependant moins fréquente après l'âge de 10 ans. Le plus souvent, en cas de lésion de l'aire de Broca, la personne ne peut plus ni parler ni écrire. Une lésion de l'aire de Wernicke va entraîner pour sa part une perte de la capacité à comprendre le langage écrit ou parlé.

L'aire de Broca est active dans le contrôle des parties du corps qui nous permettent de parler *via* des centres intermédiaires situés dans le thalamus, à travers lequel transitent les messages vers ou en provenance des nerfs crâniens impliqués dans la formation des sons et des mots.

Les nerfs crâniens contrôlent aussi les muscles de la bouche, du pharynx et du larynx. Les fibres nerveuses qui relient les oreilles et le cerveau sont également décisives ; elles transmettent des influx nerveux générés par le son au lobe temporal du cerveau, où ils sont analysés, stockés en mémoire et traduits en langage reconnaissable. Ces signaux permettent aussi au cerveau de contrôler le volume, la hauteur et le contenu de la parole.

Gagnez des points de Q.I.

Pourquoi le langage est-il principalement contrôlé par un seul hémisphère du cerveau ? Beaucoup d'hypothèses ont été faites à ce sujet. Par exemple, certains avancent que cette configuration du cerveau est plus efficace : l'information se trouve transmise sur de petites distances, avec moins de connexions. Une autre hypothèse énonce que cette structure est plus efficace parce qu'elle permet une distinction entre l'hémisphère du cerveau qui traite le langage et celle qui contrôle les muscles servant à parler. Ces hypothèses sont intéressantes, mais aucune n'a été prouvée à ce jour.

Langage et lecture

Vous n'êtes pas conscients du vaste réseau neural qui bombarde votre cerveau d'informations, tandis que le cervelet dirige le mouvement de vos yeux et que des messages venus des yeux transitent par le nerf optique jusqu'au cortex où est interprétée l'information de la page que vous avez sous vos yeux.

L'aire occipitale traite toutes les informations visuelles, comme les mots, les lettres et les images, tandis que le lobe frontal cherche dans votre mémoire ce que ces images signifient pour vous et comment elles sont liées à votre stock de connaissances existant. L'aire de la parole est active également, même si vous n'êtes pas en train de parler.

Les chercheurs ont découvert que notre aptitude à lire est liée à notre capacité à comprendre le langage parlé et à traduire une page de texte en discours. Dans les pays développés, la plupart des enfants apprennent à lire, mais une part non négligeable d'enfants ont des difficultés dans cet apprentissage et la non-maîtrise de l'écrit aura des répercussions importantes sur leur avenir.

> **Remue-méninges**
>
> Les chercheurs ont découvert que le CE2 est un moment déterminant pour l'acquisition et la maîtrise des techniques fondamentales de la lecture. Trois enfants sur quatre ayant encore des difficultés à lire à ce niveau seront par la suite de piètres lecteurs à l'âge adulte.

À l'aide !

La lecture dépend de la communication entre les centres visuels du cerveau et les aires du langage. Quand une lésion cérébrale déconnecte ces différentes aires, il en résulte des troubles du langage.

En France, on estime que 15 à 20 % de la population a des problèmes de lecture. Beaucoup de troubles de la lecture ont été identifiés. Les quatre définitions qui suivent sont données par l'Association internationale de dyslexie (AID).

- **La dyslexie** est un trouble du langage caractérisé par le fait que la personne a des difficultés à identifier les mots. Le langage oral et écrit en sont affectés.

- **La dyscalculie** est un trouble de l'apprentissage qui génère de grandes difficultés à résoudre des problèmes arithmétiques et à assimiler les concepts mathématiques.

- **La dysgraphie** est une déficience qui se manifeste par une difficulté à former les lettres ou à écrire dans un espace délimité.

- **Les troubles du traitement visuel et auditif** provoquent des difficultés à comprendre le langage malgré une vision et une audition correctes.

La dyslexie est le plus connu de ces troubles. On l'associe souvent à la tendance qu'ont certaines personnes à mélanger les lettres ou à voir des mots à l'envers. En fait, presque tout le monde a des problèmes d'inversion de lettres au moment de l'apprentissage de l'écriture. Il convient d'y porter attention s'ils persistent au-delà de ce stade.

Audition et langage

Quand un enfant entend mal, cela compromet son aptitude à parler. Il tentera d'imiter le son qu'il entend, mais qui lui parvient déformé ou assourdi. Si les structures nerveuses de l'audition sont intactes, une personne peut entendre sa propre voix à travers les os du crâne, mais pas celle des autres. Cette forme de défaut d'audition conduit souvent les personnes qui en sont affectées à parler tout bas. Pour celles qui souffrent d'une lésion nerveuse, c'est l'inverse : elles ne s'entendent pas elles-mêmes mieux qu'elles n'entendent les autres autour et compensent en parlant très fort.

Les personnes totalement sourdes ne peuvent généralement pas apprendre à parler par elles-mêmes. Il existe des écoles spéciales et des thérapeutes qui leur montrent comment produire correctement les sons. Cette pratique est controversée dans la communauté des sourds, où quelques activistes soutiennent que le langage des signes est une forme de communication tout aussi légitime.

La prévalence de ces troubles du langage touche 5 % des enfants en France et les caractéristiques de ces troubles sont très diverses, allant des problèmes de hauteur ou de volume de la voix aux difficultés d'acquisition du langage en passant par des problèmes de bégaiement ou de balbutiement. Ces défaillances peuvent être causées par une lésion cérébrale, une maladie ou des troubles psychologiques.

La maladie de Parkinson, par exemple, ou la paralysie cérébrale affectent l'aptitude du cerveau à contrôler les muscles requis pour la parole. Les personnes souffrant de ces pathologies ont souvent du mal à parler clairement ; leur voix tremble ou elle est difficile à comprendre.

L'aphasie est un trouble du langage spécifiquement lié au cerveau. C'est l'état dans lequel se trouve une personne qui a des difficultés à exprimer ses pensées et à comprendre le langage des autres. Cette pathologie résulte d'une lésion du cerveau. Pour dépister une aphasie, on demande aux patients de réaliser un certain nombre de tâches habituellement faciles :

- parler de façon fluide à un rythme normal et sans faire d'erreur de grammaire ;
- répéter précisément des sons, des mots et des phrases ;
- comprendre la langue parlée et suivre des instructions orales ;

- nommer systématiquement des objets communs présentés visuellement, verbalement ou par le toucher ;
- lire à haute voix avec précision et compréhension ;
- dire des mots que quelqu'un a épelés à haute voix ;
- écrire lisiblement et correctement.

Le médecin peut, en fonction des résultats des tests, déterminer si le patient souffre d'aphasie et quelle partie du cerveau est touchée. Par exemple, si le patient parle d'une manière normale et fluide, mais qu'il utilise des mots incorrects ou qui n'existent pas, s'il répète des mots de façon anormale, s'il a des difficultés à comprendre la langue parlée, s'il écrit avec beaucoup d'inexactitudes et d'erreurs, et ne donne pas les bons noms des mots épelés, il est possible que le patient souffre d'un problème lié à l'aire de Wernicke. D'autres résultats pourront conduire à conclure que la lésion se trouve dans la région occipitale, l'aire de Broca, ou dans un autre centre du cerveau en relation avec le langage.

Malheureusement, dans la plupart des cas, les lésions ne peuvent pas être guéries. Toutefois, l'orthophonie permet des améliorations significatives et, dans de nombreux cas, un retour à une parole normale.

Ce qu'il faut retenir

→ Personne ne connaît l'origine du langage, mais vous avez le choix entre l'explication biblique et toute une série de théories scientifiques.

→ Votre cerveau apprend à reconnaître les mots, les règles de grammaire et les concepts. Les jeunes enfants ont une faculté particulière à apprendre des langues étrangères.

→ Pour la plupart des gens, le centre du langage se trouve dans l'hémisphère gauche du cerveau, mais s'il y a une lésion, l'hémisphère droit peut parfois assurer ce rôle.

→ En France, on estime autour de 10 % la proportion de personnes (entre 18 et 65 ans) ayant des difficultés de lecture. Environ 5 % des Français souffrent de troubles du langage.

Chapitre 10

Sens dessus dessous !

Dans ce chapitre

→ Un appareil photo dans la tête

→ Écouter attentivement

→ Des arômes dans tous les sens

→ Une question de goût

→ Se sentir touché

Quand vous étiez enfant, vous avez appris que nous avons cinq sens : la vue, l'ouïe, le goût, l'odorat et le toucher. Plus tard, vous avez peut-être entendu parler d'un « sixième sens », indépendant des cinq autres. Certains scientifiques avancent aujourd'hui que nous pourrions en fait avoir une vingtaine de sens, dont certains incluent des aptitudes très spécifiques à détecter la gravité, l'électricité et la lumière ultra-violette. Mais comme ce domaine est encore plein d'inconnues et d'incertitudes, nous nous limiterons dans ce chapitre à étudier les cinq sens classiques dont on vous a rebattu les oreilles depuis votre enfance.

Vue de l'esprit

Les yeux sont des petites sphères contenant une gelée transparente qui les maintient bien rondes. Chaque globe oculaire a un diamètre de 2,5 cm, une masse d'environ 7 grammes et un volume de 6,5 cm^3.

Le blanc de l'œil, c'est la sclérotique, qui est une enveloppe de protection. Six petits muscles striés assurent le mouvement du globe oculaire, droit devant, en haut, en bas, sur les côtés.

L'œil est recouvert par la cornée, une membrane solide et transparente. Ce qui donne sa couleur à l'œil (bleu, vert, gris ou marron), c'est la présence de pigments de mélanine dans l'iris (arc-en-ciel en grec). La pupille est ce trou noir au centre de l'iris qui permet à la lumière d'entrer dans l'œil.

L'œil humain est souvent comparé à un appareil photo parce que les fonctions de leurs composants sont les mêmes. La pupille, comme le diaphragme de l'appareil photo, contrôle l'intensité de la lumière qui pénètre dans l'œil : grande ouverture quand la lumière est faible, petite ouverture quand la lumière est vive. Le cristallin de l'œil, comme un objectif, fait la mise au point et focalise la lumière sur la rétine. Quand une personne regarde des objets éloignés, les muscles autour du cristallin se relâchent, de sorte que ce dernier rétrécit. Les muscles se contractent et le cristallin s'agrandit quand la personne regarde des objets proches. Le fond de l'œil est tapissé de cellules photosensibles qui changent quand elles sont exposées à la lumière, comme la pellicule photo. Cette couche de cellules s'appelle la rétine.

Une vie haute en couleurs

La rétine dispose de deux types de cellules photosensibles : les cônes et les bâtonnets. Les cônes fonctionnent mieux si la lumière est vive ; ils aident à voir la clarté et la couleur du stimulus. Les 7 millions de cônes sont sensibles aux trois couleurs : le rouge, le bleu et le vert.

L'œil humain
La lumière entre dans la cornée et traverse la pupille, qui en contrôle l'intensité.
Le cristallin focalise la lumière sur la rétine.

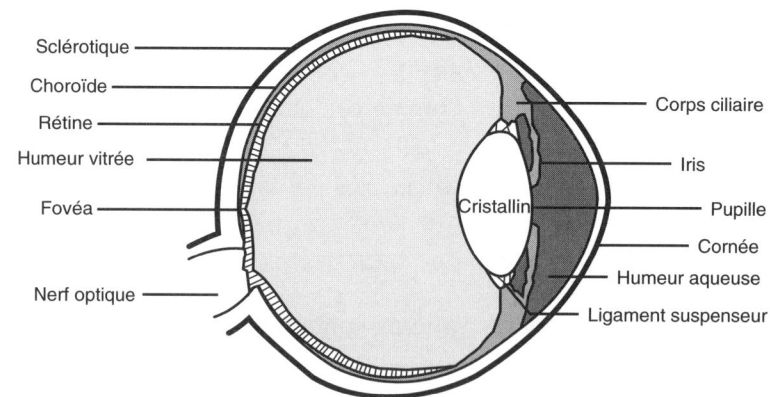

> **Faites le 15 !**
>
> Pour un conducteur au volant de sa voiture, l'angle mort est cette partie qui n'est pas recouverte par son champ de vision, derrière ou sur le côté. On pourrait dire aussi que c'est un point aveugle. Chaque œil a un point aveugle, zone circulaire de la rétine par où entre le nerf optique et dépourvue de bâtonnets et de cônes. Cette zone n'est pas sensible à la lumière et c'est pour cela qu'on dit qu'elle est « aveugle ». Ces points aveugles, normalement, ne gênent pas la vue, car chaque œil compense le point aveugle de l'autre.

> **Faites le 15 !**
>
> Quand une tumeur de la glande pituitaire grossit au point de comprimer le chiasme optique, cela a pour effet d'empêcher de voir les zones périphériques du champ de vision. Par exemple, une personne qui a ce problème conduit facilement au milieu d'une rue à sens unique mais ne peut pas voir pas les voitures garées sur les deux côtés.

Plus nombreux que les cônes (125 millions), les bâtonnets ont une très grande sensibilité à la lumière. Les bâtonnets et les cônes convertissent la lumière en signaux nerveux transmis au cerveau.

Chassé-croisé

L'image qui se forme sur la rétine est inversée : cela s'explique par la manière dont les deux lentilles de l'œil (la cornée et le cristallin) font converger les rayons lumineux qui entrent dans l'œil. L'information visuelle voyage par le nerf optique jusqu'au chiasme optique. À ce niveau, les fibres de la rétine nasale de chaque œil vont bifurquer vers la moitié opposée du cerveau. Les fibres de la rétine temporale (côté oreille) ne bifurquent pas. Le principal centre de traitement des informations transmises par ces fibres est le centre visuel du cortex, dans le lobe occipital.

De là, des signaux plus spécifiques sont transférés dans d'autres régions du cerveau. Les savants ont longtemps cru que les objets envoient des codes visuels qui s'impriment sur la rétine et que le cortex visuel décode le message et le traduit en une image complète. Plus tard, au cours du XXe siècle, de nouvelles recherches ont montré que les impulsions neuronales venant des yeux sont décomposées en plusieurs éléments. Ainsi, le message relatif à la couleur des objets va vers une certaine aire, les signaux sur les lignes horizontales sont dirigés vers une autre zone et les transmissions relatives à la position de la tête dans l'espace sont traitées dans une troisième aire. Pendant ce temps, les signaux associés à la perception et à la reconnaissance des objets vont vers les centres supérieurs du cortex, où ils sont analysés et comparés avec les souvenirs emmagasinés. Le cerveau rectifie aussi l'orientation de l'image et la remet à l'endroit.

Partie de chasse

Pour avoir une idée du fonctionnement du système visuel, imaginez que vous êtes en train de chasser dans les bois et que vous voyez un animal qui bouge dans les buissons. Grâce aux nerfs crâniens, vos yeux se concentrent et se fixent sur l'endroit où cela bouge. Les nerfs transmettent aussi les messages du cerveau qui ordonne à vos muscles de bouger la tête pour suivre le mouvement des buissons. Le cerveau calcule la taille et la vitesse de l'animal et compare les images qui lui arrivent par les yeux avec les souvenirs de formes, de couleurs et de mouvements similaires. La possibilité que l'animal soit un ours stimule les ganglions de la base, le cervelet et le cortex moteur pour augmenter le niveau de vigilance du corps. Ordre est donné au cœur de battre plus vite, aux poumons d'inspirer plus d'oxygène. Quand l'animal sort des buissons et que le cerveau reconnaît l'image d'un cerf inoffensif, les muscles reçoivent le message de se relâcher.

Deux yeux valent mieux qu'un

Les humains ont deux yeux qui bougent ensemble (au contraire, les yeux d'un caméléon peuvent bouger séparément, ce qui fait qu'il peut voir dans deux directions simultanément). Cette vision binoculaire a plus d'avantages qu'une vision monoculaire. Car deux yeux permettent d'avoir un plus grand panorama qu'un seul œil, avec un champ visuel de 200 degrés environ. Le champ visuel commun à l'œil droit et à l'œil gauche est un peu plus restreint (140 degrés) et c'est leur chevauchement qui définit notre vision en 3-D. Le champ visuel nous aide à juger des distances avec précision.

Dans le brouillard

Tout le monde a passé au moins une fois le test de Snellen, qui consite à lire des lignes de lettres, d'abord très grosses, puis de plus en plus petites. Une note sur 10 est donnée à l'issue du test. Mais savez-vous ce que cette note signifie réellement ? La graduation de l'acuité visuelle s'écrit sous forme de fraction. Le nombre supérieur de la fraction désigne la distance à laquelle la lecture des plus grosses lettres est possible pour une personne ayant une acuité visuelle normale et le nombre inférieur désigne la distance à laquelle la personne examinée réussie à lire cette lettre. On considère que la vision normale s'effectue à 6 mètres et elle est notée 6/6 (ou 10/10 en notation décimale). Une personne avec une acuité de 1/10 doit s'approcher à 6 mètres pour voir une lettre qu'une personne dotée d'une vision normale peut lire à 60 mètres. Une personne avec une acuité visuelle de 20/10 peut voir à 6 mètres une lettre qu'une personne avec une vision normale lira à 3 mètres.

Outre le test de Snellen, vous avez probablement passé le test Ishihara pour le repérage du daltonisme, dans lequel il vous est demandé de reconnaître un chiffre à l'intérieur d'un disque de points colorés. La personne ayant une vision normale peut lire le chiffre à retrouver tandis qu'une personne daltonienne verra un chiffre complètement différent. Un daltonien ne peut pas voir la gamme normale des couleurs et certaines peuvent lui apparaître grises. La forme la plus commune de daltonisme est le daltonisme rouge-vert, qui se caractérise par une difficulté à distinguer les rouges, les verts et les marron. Le daltonisme touche beaucoup plus d'hommes que de femmes, parce que l'anomalie à l'origine du daltonisme concerne les chromosomes sexuels X et Y.

Autant le daltonisme est incurable, autant les lunettes peuvent corriger les problèmes de vision décelés par le test de Snellen ou d'autres tests. Pour avoir une vision nette et claire, les lentilles de chaque œil (cornée et cristallin) doivent focaliser les rayons lumineux sur un point précis de la rétine, la fovéa. Ce point est située dans le prolongement de l'axe optique de l'œil. Quand les lentilles d'un œil ne font pas converger correctement les rayons lumineux sur la rétine, cela produit des images floues.

Gagnez des poinst de Q.I.

LASIK est l'acronyme de « LAser in-Situ Keratomileusis ». C'est une intervention chirurgicale qui consiste à découper avec précision une fine lamelle dans l'épaisseur de la cornée avec un laser spécial, afin de remodeler la courbure de la cornée pour améliorer sa capacité de mise au point. Avant de se décider pour une telle opération, il faut consulter un spécialistes de la chirurgie de l'œil.

Par exemple, des objets lointains paraissent flous à un myope parce que les lentilles de l'œil font converger les rayons lumineux *en avant* de la rétine. L'image qui impressionne la rétine est donc plus étalée et plus floue. Des lunettes à verres concaves permettent la focalisation des rayons lumineux sur la bonne zone de la rétine et rendent ainsi l'image plus claire. Lentilles et lunettes ont longtemps permis de pallier ce défaut de vision, mais il est aujourd'hui possible d'opérer, entre autres grâce à la technique du Lasik (laser).

Même la meilleure vue est susceptible de se détériorer. L'élasticité du cristallin tend à diminuer avec le temps, ce qui rend plus difficile la mise au point. La cornée peut aussi changer de forme et perdre de sa transparence, ce qui donne une image déformée et floue. En France, plus de la moitié des personnes de 65 ans et plus souffrent de cataracte, une opacification du cristallin qui réduit la lumière entrant dans l'œil et la diffuse d'une manière anormale. La vision se trouble et il devient plus difficile de lire, de conduire, de bien voir. Aujourd'hui, l'opération de la cataracte est devenue assez courante et donne en règle générale de très bons résultats.

Voir, c'est croire ?

Parfois le cerveau fait des erreurs. Eh oui ! Il arrive que l'on voie quelque chose et que ce ne soit pas ce que le cerveau nous indique. Levez les yeux vers la lune par une nuit bien claire. Selon sa position dans le ciel, elle paraîtra énorme et si proche qu'on croirait pouvoir la toucher. D'autres fois, c'est une sphère minuscule et lointaine. Pourtant, la lune n'a pas changé de taille. Quand le cerveau interprète la manière dont vous voyez l'image pour la faire coïncider à un motif connu, mais qui ne correspond pas à ce que vous voyez vraiment, c'est une illusion optique.

Vous avez certainement expérimenté de nombreuses illusions d'optique. C'est le cas quand vous tracez deux segments parallèles de longueur égale et que vous ajoutez aux extrémités du premier des flèches ouvrantes et aux extrémités du second des flèches fermantes, alors les deux segments ne semblent plus être de la même longueur.

Il y a aussi beaucoup d'images que vous pouvez voir de différentes manières. Peut-être avez-vous déjà essayé ce tour dans lequel vous devez fixer un objet ou une spirale en rotation, puis regarder un mur tout blanc : vous y voyez encore l'objet ! L'artiste néerlandais Maurits Cornelis Escher (1898-1972) a créé des illusions artistiques très intéressantes, comme des bâtiments impossibles, en utilisant des motifs géométriques répétitifs ou d'autres dessins qui mettent au défi notre capacité à interpréter une image.

Une oreille pour entendre

L'oreille se divise en trois parties : l'oreille externe, l'oreille moyenne et l'oreille interne. La partie externe est la plus visible, mais la moins importante. Ce n'est qu'un petit bout de peau et de cartilage (le pavillon) sur chaque côté de la tête, dont la fonction principale semble surtout de nous rendre ridicules ! L'oreille externe reçoit les ondes sonores et les dirige dans le conduit auditif. Ce dernier, qui mesure 2,5 cm, les achemine à l'intérieur de la tête où elles frappent le fond, c'est-à-dire le tympan (membrane tympanique pour les savants), fin morceau de peau de la taille de l'ongle du petit doigt. Les changements de pression de l'air font vibrer le tympan.

Derrière le tympan, il y a l'oreille moyenne, cavité remplie d'air qui contient les trois plus petits os du corps humain : les osselets ou, plus exactement, le marteau (malleus), l'enclume (incus) et l'étrier (stapes). Le marteau fait environ 5 à 6 mm et tient sur le bout d'un doigt.

La trompe d'Eustache est un conduit qui s'étend de l'oreille moyenne à l'arrière de la gorge. Elle permet à l'air d'entrer et de sortir pour équilibrer la pression entre l'oreille et l'extérieur. Quand la

> **Remue-méninges**
>
> Beaucoup d'animaux entendent mieux que nous, car leur oreille externe est plus performante, bougeant comme une antenne radar pour repérer la direction du son. L'animal qui a l'ouïe la plus fine est la chauve-souris.

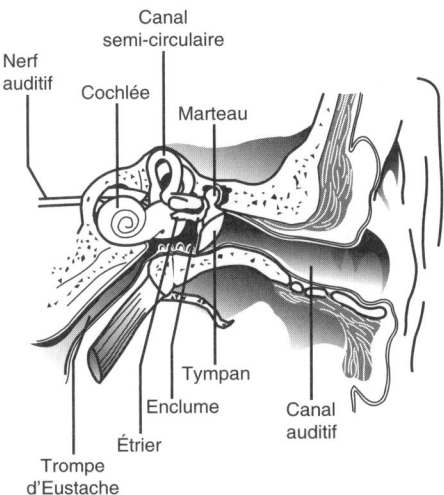

Les différentes parties de l'oreille
La partie visible de l'oreille ne joue pas un rôle important dans l'audition. Les composants principaux qui nous permettent d'entendre sont situés plus profondément à l'intérieur de la tête.

pression est inégale, par exemple lorsque vous vous trouvez dans un avion qui atterrit, le tympan ne vibre pas correctement.

Les vibrations passent le tympan, puis les osselets, zone où elles sont amplifiées 20 ou 30 fois avant d'atteindre l'oreille interne.

L'oreille interne contient un canal enroulé sur lui-même pour former un système tubulaire en colimaçon, ou cochlée. La cochlée est directement impliquée dans l'audition. Ce petit tuyau d'environ 3,5 cm s'enroule plusieurs fois en spirale comme un escargot. À l'intérieur de ses plis se trouve une membrane tapissée de plus de 20 000 cellules sensorielles, les cellules ciliées, chacune comptant entre 50 et 100 cils. Les vibrations sonores produisent des ondulations dans le liquide qui emplit la cochlée, ce qui fait bouger les membranes et rend les touffes ciliaires libres de vibrer. Les cellules ciliées transforment les ondes sonores en signaux nerveux qui sont transmis au cortex auditif dans le cerveau *via* le nerf cochléaire et d'autres nerfs. Cette partie du cerveau comprend 100 millions de neurones.

Chaque cellule ciliée peut émettre jusqu'à 20 000 influx nerveux par seconde, ce qui implique que 400 millions de messages relatifs au son peuvent atteindre le cerveau chaque seconde. En fait, cela ne se passe pas comme ça, car il n'y a que 30 000 fibres nerveuses pour transporter les signaux et chacune ne peut traiter que 1 000 signaux par seconde, soit 30 millions en tout. Du coup, beaucoup d'informations se perdent en route.

De même que pour les informations visuelles en provenance des yeux, la plupart des fibres nerveuses transportant le son passent du côté opposé du cerveau.

À leur arrivée, les messages sont comparés par les deux hémisphères et répertoriés dans le catalogue des sons de la mémoire. En se basant sur cette comparaison, le cerveau donne des instructions au corps pour agir ou décide au contraire de garder l'information en mémoire. Comment se passe ce processus, cela reste un mystère.

Le processus de l'audition est assez remarquable. Pensez à la façon que vous avez de filtrer certains sons. Par exemple, une mère peut dormir dans n'importe quel environnement sonore, mais si son enfant s'agite dans la pièce voisine, elle va se réveiller immédiatement. Son cerveau surveille les sons et, d'une certaine manière, elle peut sélectionner ceux qui sont importants.

La différence de perception d'un même stimulus, selon les personnes, est un autre phénomène auditif intéressant. Par exemple, un des deux auteurs de ce livre, jeune, brillant et extraordinairement beau, a le très bon goût d'aimer le rock tandis que son père, étroit d'esprit, considère que c'est juste un affreux boucan...

De bonnes vibrations

La vibration des molécules produit le son, qui est mesuré en **décibels**. Le murmure le plus doux est d'environ 10 décibels, ce qui est le plus petit son que les humains peuvent entendre. Quand le son atteint 130 décibels, il devient douloureux, mais tout bruit de plus de 90 décibels peut endommager l'audition. Les experts recommandent de mettre des boules Quiès ou toute autre protection quand le bruit excède 85 décibels, ce qui est à peine au-dessus du vacarme du trafic automobile à une heure de pointe... Une directive européenne fixe un seuil de 85 décibels comme niveau sonore maximum au

Niveau des sons courants	
20 dB	Murmure
35 dB	Nuit paisible à la campagne
40 dB	Chez-soi tranquille
70 dB	Conversation ordinaire
90 dB	Trafic important
100 dB	Métro
120 dB	Avion
130 dB	Seuil de la douleur
150 dB	Sirène de bombardement

travail (contre 115 décibels aux États-Unis) et restreint le temps d'exposition à un tel bruit (8 heures).

L'oreille humaine ne peut détecter qu'un champ de fréquences limité, qui se mesure en **hertz**. Elle peut entendre des sons qui vont de 15 à 20 000 hertz, tandis qu'un chien peut entendre des sons qui vont jusqu'à 30 000 hertz. C'est pourquoi le sifflement d'un chien est inaudible pour nous alors qu'il ne l'est pas pour nos animaux de compagnie (les chauves-souris peuvent entendre des sons qui vont jusqu'à 100 000 hertz). La prochaine fois que vous faites les magasins pour acheter du matériel stéréo, gardez cette échelle en tête, au cas où le vendeur voudrait vous faire acquérir un appareil qui empêcherait d'entendre, parce qu'il dépasserait les fréquences que vous pouvez détecter.

> **Le jargon de la science**
>
> L'intensité du son se mesure en **décibels** (dB). La fréquence du son se mesure en **hertz** (Hz), ce qui correspond au nombre de vibrations par seconde.

L'oreille peut entendre 40 000 sons différents. Fait intéressant, détecter si le son vient de la droite ou de la gauche est plus facile que de savoir si le son vient d'en haut ou d'en bas : cela tient à la forme des oreilles, qui sont plus adaptées pour « attraper » les ondes sonores qui viennent des côtés. Les ondes sonores se propagent à une vitesse d'environ 1 200 km/h et le cerveau peut immédiatement déterminer quelle oreille reçoit le son en premier et, à partir de là, juger de la direction du son.

Baissez le volume, s'il vous plaît

L'oreille est un organe très sensible, que les gens maltraitent généralement en écoutant de la musique très fort, en travaillant dans un environnement bruyant ou en tolérant la pollution sonore. Les oreilles sont résistantes, mais une exposition répétée à des sons très forts peut les endommager de manière irréversible.

Quand vous mettez le volume à fond pour écouter Led Zeppelin (et au risque de rendre vos parents fous !), vous détruisez des millions de vos neurones sensibles aux hautes fréquences. Ces pauvres bougres qui restent dans les aéroports sur le tarmac à guider les avions et qui sont constamment bombardés de bruits de décollage ont probablement des problèmes similaires de perte d'audition, même s'ils portent des protections pour les oreilles.

On estime que 5 millions de Français ont des problèmes d'audition et qu'il y a des millions de sujets à risque. En plus de la surdité, beaucoup de personnes sont affectées d'acouphènes (sifflements et bourdonnements dans les oreilles).

La surdité profonde est généralement de deux types : surdité de perception et surdité de transmission. Les personnes qui souffrent d'une surdité de perception ont un défaut physique dans l'oreille interne ou un problème de connexion entre le nerf auditif et le cerveau. Si le problème est congénital ou résulte d'un accident, il y a de fortes probabilités que la surdité est définitive. La surdité peut être partielle ou totale; de même, elle peut être partiellement corrigée par des appareils ou par des mesures plus drastiques, comme l'implant de cochlée.

Quand les vibrations sonores ne peuvent atteindre l'oreille interne, les personnes souffrent d'une surdité de transmission. Dans certains cas, le conduit auditif est bouché ou encombré de cérumen. Il suffit d'enlever le bouchon pour régler le problème. Mais des infections peuvent aussi provoquer des problèmes d'audition, par exemple quand une inflammation dans l'oreille empêche la vibration normale du tympan et des osselets. Ces états peuvent guérir d'eux-mêmes ou être traités par antibiotiques.

Une cause possible d'une perte auditive unilatérale (d'un seul côté) est la présence d'une tumeur sur le nerf acoustique à la base du cerveau (au niveau de l'angle ponto-cérébelleux, si vous voulez tout savoir). Cette tumeur peut être traitée en microchirurgie par une équipe comprenant un neurochirurgien et un neurologue. Ces dernières années, on traitait ces tumeurs grâce au couteau gamma (ou scalpel gamma). C'est une technique non invasive, une thérapie par faisceaux de rayons gamma.

Pour finir, rappelons que l'âge aussi contribue à une déperdition graduelle de l'audition. Donc, si vous avez l'impression de moins bien entendre et que vous n'avez plus trente

Gagnez des points de Q.I.

Les implants cochléaires sont un traitement relativement récent de la surdité profonde pour des individus dont les nerfs auditifs demeurent fonctionnels. Des électrodes sont introduites chirurgicalement dans la cochlée pour stimuler le nerf auditif et sont reliées à un récepteur chirurgicalement placé sous la peau. Un microphone près de l'oreille transmet les signaux sonores à un microprocesseur, qui les traduit en influx électriques envoyés à un transmetteur placé derrière l'oreille, puis au récepteur et aux électrodes cochléaires. Quoique l'implant cochléaire ne puisse pas reproduire la voix humaine, ce procédé améliore sensiblement la perception du son, en particulier chez des enfants et des adultes devenus sourds après avoir appris à parler. Ces implants sont moins efficaces pour des personnes qui étaient sourdes avant d'avoir appris à parler, mais ils peuvent quand même les aider.

ans depuis pas mal de temps déjà, inutile de vous effrayer tout seul avec des idées de tumeurs et autres maladies. Consultez votre médecin en vous disant que les années sont sans doute en train de vous jouer un tour...

Par l'odeur alléché...

Depuis les doux arômes de la fleur à la puanteur des poubelles, le cerveau de quelqu'un qui a un « blair » particulièrement sensible – par exemple un chef cuisinier ou un œnologue – peut interpréter 10 000 odeurs différentes tandis que le commun des mortels doit se contenter de 3 000. Le nez des gens ne varie pas beaucoup en sensibilité ; toute la différence réside dans l'aptitude d'une personne à se concentrer sur les odeurs, à les identifier et à se souvenir de celles qui lui sont familières. Le sens de l'odorat est aussi une capacité d'adaptation nécessaire à la survie. La possibilité de reconnaître une viande avariée par l'odorat, par exemple, nous protège contre des aliments dangereux.

Comment fait exactement la personne qui identifie une odeur ? Une grande partie du processus reste mystérieuse, mais on a pu reconstituer quelques éléments.

Les narines conduisent à une cavité située au-dessus et derrière le palais. Chaque cavité nasale est recouverte d'un petit bout de tissu plus petit que l'ongle et qui contient environ 5 millions de cellules olfactives. Il s'agit de la muqueuse olfactive. De même que celles de la cochlée, ces cellules ont de minuscules cils (6 à 8 chacune), qui détectent les substances chimiques à l'origine de l'odeur.

Comme pour l'audition, les chiens ont un meilleur odorat que les humains (200 millions de cellules réceptrices de l'odorat pour le chien contre 40 millions pour nous). La truffe d'un chien est aussi mieux équipée pour sentir les odeurs, parce qu'elle est en général grande et humide. Les amis des bêtes trouvent cette truffe adorable, mais elle est surtout « odorable », parce qu'elle recueille et absorbe les particules d'odeurs d'une façon beaucoup plus efficace que ne le fait notre petit nez tout sec.

L'information sur les odeurs qui pénètrent dans le nez est instantanément traduite en un signal nerveux, lequel parcourt ensuite environ 2,5 cm pour atteindre l'aire du cerveau qui l'interprète.

On soupçonne – sans en être vraiment sûr – que le sens de l'odorat fonctionne un peu comme l'aptitude

> **Faites le 15 !**
>
> Certaines personnes souffrent de troubles de l'odorat, comme l'anosmie, qui se caractérise par une perte de la sensibilité aux odeurs. Ce trouble est lié à une altération du nerf olfactif, qui peut résulter d'une infection, d'une tumeur ou d'un traumatisme crânien. L'anosmie peut aussi engendrer une perte du goût.

> **Gagnez des points de Q.I.**
>
> De plus en plus de scientifiques pensent qu'il y a plus que quatre saveurs fondamentales. L'*umami* (terme japonais qui signifie « savoureux ») est associé à l'acide glutamique, composant souvent utilisé dans la cuisine chinoise et très présent dans les protéines. Il présente un goût de viande très riche. Les chercheurs se demandent s'il n'y aurait pas aussi un goût de la matière grasse, sur la base que le gras stimule nos papilles.

à distinguer les couleurs. Rappelez-vous que les cellules de la rétine ne peuvent recevoir les ondes lumineuses que de trois couleurs différentes et que c'est la combinaison de ces couleurs qui donne les nuances de l'arc-en-ciel. Les scientifiques ont identifié sept odeurs de base (camphrée, musquée, florale, mentholée, éthérée, piquante et putride) et font l'hypothèse que toute la gamme des odeurs serait la combinaison de ces sept odeurs.

Cette hypothèse signifie qu'il n'y a probablement pas, dans le nez, de récepteur spécifique permettant d'identifier une odeur de rose ou putois. Pourtant, le cerveau est capable de distinguer les deux. Les axones des neurones de la muqueuse olfactive passent à travers des stations relais (appelées bulbes olfactifs). L'information olfactive parvient ensuite au thalamus, qui lui-même est connecté au cortex frontal. À ce niveau, les signaux olfactifs sont comparés à ceux qui sont en mémoire pour la reconnaissance des odeurs. D'autres neurones de la muqueuse olfactive transmettent des informations au système limbique, qui est impliqué dans la motivation, l'émotion et certains types de mémoire. Le fait que l'interprétation de l'odeur soit réalisée précisément par cette partie du cerveau aide à expliquer l'association que font certaines personnes entre des odeurs et des souvenirs ou des sentiments particuliers. Rappelez-vous qu'un certain Marcel Proust a pu écrire des pages et des pages sur l'odeur d'une petite madeleine qui lui fait revivre une scène de son enfance... Et nous y avons gagné un chef-d'œuvre de la littérature !

Les gens peuvent détecter des milliers d'odeurs. Comment se fait-il qu'ils ne se laissent pas submerger par les senteurs de toutes sortes ? La réponse est simple : le cerveau filtre les odeurs comme il filtre les sons. De même qu'on peut s'habituer à un son, de même on se désensibilise à certaines odeurs. Mais il y a des odeurs auxquelles on ne s'habitue jamais.

Miam, miam

Le sens du goût est étroitement lié à l'odorat et on compte quatre goûts fondamentaux : l'amer, le sucré, le salé et l'acide, qui peuvent se combiner pour former plus de 10 000 parfums. Les papilles gustatives sont les petites bosses disposées à la surface de

Sens dessus dessous **Chapitre 10** **135**

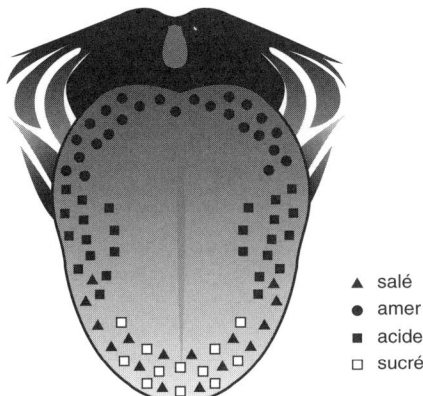

▲ salé
● amer
■ acide
□ sucré

La répartition des papilles gustatives
Les papilles gustatives nous permettent de faire la différence entre les différents aliments. Les quatre sortes de papilles – pour le salé, l'amer, l'acide et le sucré – sont réparties sur toute la langue en zones spécifiques, ce qui fait que toute la langue ne « goûte » pas la même chose.

la langue dans lesquelles sont regroupés les bourgeons du goût. Les cellules sensorielles sont, quant à elles, concentrées dans ces bourgeons du goût.

Les cellules sensibles à un goût particulier ne sont pas réparties uniformément sur toute la langue. Les cellules sensibles au sucré sont concentrées au bout de la langue. Sur les côtés il y a les cellusles sensibles aux substances salées et acides. Encore plus au fond, c'est la zone qui détecte le goût amer. Enfin, toutes les papilles ne sont pas sur la langue. Il y en a aussi dans la gorge, à l'intérieur des joues et sur le palais.

On trouve la répartition des papilles gustatives dans tous les livres sur les sens, mais des recherches plus récentes ont conduit à penser que cette description n'est pas assez précise. Il est possible en fait que chaque cellule d'une papille gustative réponde individuellement à tous les goûts et que la distinction se fasse au moment où le message des récepteurs de la langue arrive au cerveau.

Comme pour les cellules impliquées dans les autres sens, une molécule spécifique paraît associée à un récepteur particulier, un peu comme une clé et sa serrure. Dans le cas du goût, les molécules de nourriture ont la clé d'une papille gustative précise qui, à son tour, produit un signal électrique transmis au système limbique et au cortex cérébral.

Remue-méninges

Presque tout le monde aime le chocolat. Certains scientifiques pensent que cet aliment pourrait déclencher la libération de substances chimiques dans le cerveau qui produisent un sentiment de plaisir. D'autres avancent que les substances chimiques du chocolat imitent les effets de la marijuana en affectant les substances chimiques du cerveau qui provoquent un sentiment d'euphorie. Rien de précis n'a été établi, mais ce sont clairement des recherches... à croquer !

Les centres moteurs du cerveau donnent l'ordre aux muscles de soulever la fourchette jusqu'à la bouche, de mâcher et d'avaler. Ils ordonnent aussi aux glandes de saliver. Le système limbique est le centre du plaisir, c'est lui qui vous donne le sentiment d'aimer ou de détester ce que vous goûtez. Le cortex frontal, ensuite, envoie un message au centre de la parole qui vous fait dire : « C'est délicieux ! » ou « Beurk ! » (comme font presque tous les enfants devant un plat de légumes !).

Comme la vision et l'audition, le sens du goût décline avec l'âge. On dispose de 10 000 papilles gustatives au début de notre vie. À 60 ans, on en a moins de 7 000, ce qui explique que les personnes âgées ont un sens gustatif plus limité et ont tendance à aimer les plats épicés.

Comme c'est touchant !

Le sens du toucher est en fait le regroupement de plusieurs sens : la faculté de détecter le froid, la chaleur, la douleur et la pression. Si vous comparez l'étendue des aires du cerveau dévolues à chacun des sens, vous verrez que le centre du toucher est significativement plus grand que les zones réservées à l'odorat et au goût.

La peau est le plus grand organe sensoriel au regard de sa surface et de sa masse : chez l'adulte, environ 2 m^2 pour 5 kg. Les récepteurs au toucher ne se trouvent pas à la surface de la peau, comme on pourrait le croire, car une couche insensible recouvre tout le corps. La plus grande concentration des récepteurs se trouve dans une deuxième couche plus profonde. Les zones les plus denses en récepteurs, comme le bout des doigts ou les lèvres, sont aussi les plus sensibles. La sensibilité à la douleur varie selon les parties du corps. Par exemple, une très légère pression provoque une douleur dans l'œil, alors qu'il en faut une beaucoup plus forte pour se faire mal à la paume de la main. Quand un des récepteurs est stimulé, il envoie un message au cerveau.

Le toucher est un autre mécanisme de défense du corps. La douleur prévient d'une blessure ou d'un danger. Si nous sentons quelque chose de très chaud, nous apprenons à retirer notre main. Si nous éprouvons une sensation de coupure, nous interrompons le geste commencé. Certaines maladies affectent cette sensation de douleur et des personnes souffrant de la lèpre ne sentent ni la douleur ni la chaleur, ce qui les rend incapables de réaliser s'ils courent le risque de se brûler ou de se blesser.

Des médicaments comme la morphine peuvent aussi atténuer la sensation de la douleur. De plus, il arrive que le cerveau bloque la douleur en libérant des substances chimiques qui s'appellent des endorphines. En condition de stress extrême, comme lors d'une compétition sportive, les athlètes peuvent ignorer la douleur immédiate et ne la ressentir qu'une fois la compétition achevée. Le même phénomène peut se produire dans une guerre, où certains soldats évacuent la douleur pour sauver l'un des leurs...

Le comportement des athlètes et des soldats illustre aussi le fait que les individus perçoivent la douleur de manière différente. Une personne pourra ne prendre qu'un cachet d'aspirine ou un médicament en vente libre quand un autre, pour contrer la même douleur, aura besoin d'antalgiques puissants qu'il ne pourra se procurer que sur ordonnance. C'est particulièrement vrai des personnes souffrant d'affections chroniques, comme le mal de dos.

Les gens ont aussi des réponses différentes à la douleur selon les situations. Imaginons que vous accrochiez un tableau au mur et que vous vous tapez sur le doigt avec un marteau. Ce type d'accident fait très mal et vous aurez le pouce enflé pendant 48 ou 72 heures. Si vous avez une réunion de famille qui vous ennuie le lendemain, votre douleur sera un bon prétexte pour annuler. Mais si votre meilleur ami vous offre une place pour le match de l'année au PSG, il y a de grandes chances que vous oubliiez votre mal !

Notons que le cerveau lui-même ne sent rien, parce qu'il n'a aucun récepteur tactile. Les neurochirurgiens peuvent donc pratiquer des opérations du cerveau sur des patients éveillés, ce qui est important quand l'intervention touche des zones aussi décisives que le contrôle de la parole ou du mouvement des bras et des jambes.

Le sixième sens

Le sixième sens n'est pas seulement le titre d'un film à suspens célébrissime. C'est aussi le nom qu'on donne à une sorte de perception séparée des autres sens. Ce n'est peut-être pas davantage qu'une intuition ou, comme d'autres le croient, qu'une perception extrasensorielle.

On range généralement dans cette catégorie la télépathie (transmission de pensée), la voyance (intuition paranormale des objets ou des événements) et la prémonition (prescience de l'avenir). Beaucoup de gens se prétendent doués de tels pouvoirs et trouvent quelque légitimité dans la presse.

Un certain nombre de sceptiques ont promis de récompenser tout personne revendiquant un don paranormal et qui viendrait en faire la démonstration devant un groupe d'experts. Quelques personnes ont relevé le défi, mais, à ce jour, personne n'a été capable de prouver scientifiquement l'existence d'un sixième sens.

Ce qu'il faut retenir

→ Vos yeux ne voient pas. Ils ne font que transmettre des informations visuelles au cerveau qui doit les interpréter en s'appuyant sur ses souvenirs de couleurs, de formes, de position, et d'autres caractéristiques de l'image. Parfois le cerveau se trompe, et il en résulte une illusion optique.

→ L'oreille humaine est très sensible et peut identifier et filtrer des milliers de sons, mais elle s'abîme facilement et tend à se détériorer avec l'âge.

→ L'odorat est interprété en partie par une aire du cerveau associée aux émotions, ce qui pourrait expliquer la connexion que les gens font entre des sentiments et certaines odeurs.

→ Les papilles gustatives, associées avec le sens de l'odorat, nous permettent capables de reconnaître des milliers de goûts différents à partir de la combinaison de seulement quatre (ou peut-être cinq ou six) goûts fondamentaux.

→ Le centre du toucher occupe dans le cerveau une place relativement grande, et il est crucial pour protéger le corps de certaines blessures.

→ Quoique le sixième sens soit génial pour des films d'horreur ou de science-fiction, personne n'a réussi à apporter la preuve crédible de son existence.

Chapitre 11

Les nécessités de la vie

Dans ce chapitre

→ Un petit creux ?

→ C'est si bon de dormir

→ Voyage au bout de la nuit

→ Je ne peux pas m'empêcher de rêver

→ Le sexe, c'est bon

L'histoire et l'anatomie vous passionnent, nous l'avons compris, mais il nous faut maintenant aborder des sujets plus terre à terre et pourtant ô combien réjouissants comme dormir, manger, boire et faire l'amour. Comme vous pourrez le découvrir dans ce chapitre, ce sont avant tout des besoins biologiques qui sont contrôlés par le cerveau.

Mangez, buvez et réjouissez-vous

Les chercheurs ont trouvé que le cerveau comporte des centres qui inhibent et stimulent l'appétit. Curieusement, ces centres se trouvent tous au même endroit : en gros dans l'hypothalamus. Pour être plus précis, c'est l'**hypothalamus ventro-médian** qui jugule notre envie de manger tandis que l'**hypothalamus latéral** nous encourage à nous goinfrer.

Avec toutes nos excuses pour la violation des droits de nos amis les bêtes, tout ce qu'on connaît sur ce sujet nous vient d'expérimentations sur des animaux. Les chercheurs ont découvert qu'une stimulation électrique de l'aire ventro-médiane de l'hypothalamus inhibe l'ingestion d'aliments et que la destruction de cette partie du cerveau provoque chez les rats une faim vorace, aboutissant à l'obésité. De façon similaire, une atteinte à l'hypothalamus latéral entraîne une perte d'appétit et l'animal se laisse mourir de faim ; inversement, la stimulation de cette aire entraîne un appétit décuplé.

Le désir de manger et de continuer de manger peut aussi être influencé par le goût. Nous aimons manger quand on nous sert des bonnes choses. D'un autre côté, le plaisir que nous tirons du seul goût se dissipe au fur et à mesure que nous mangeons, ce qui nous dissuade de manger trop.

> **Le jargon de la science**
>
> L'**hypotalamus antérieur** est la partie de l'hypotalamus située devant. L'**hypotalamus latéral** est la partie située de part et d'autre de la ligne médiane. L'**hypotalamus ventro-médian** est la partie centrale inférieure.

Les recherches montrent que les personnes obèses ont tendance à manger moins souvent, mais des repas plus copieux. On peut en déduire l'hypothèse que l'obésité est lié à un dysfonctionnement de l'hypothalamus.

Normalement, l'équilibre de l'eau dans le corps détermine la soif. En cas de manque, soit nous buvons, soit le cerveau ordonne aux reins de diminuer la perte d'eau dans l'urine en augmentant la réabsorption de l'eau dans le sang. Une stimulation électrique de l'**hypothalamus antérieur** provoque la sensation de soif ; inversement, une lésion arrête cette sensation. L'ablation de l'hypothalamus latéral peut provoquer l'abstinence de toute nourriture et de toute boisson.

Doux sommeil

Quand on ne dort pas, on craque : on devient irritable, on dodeline de la tête au milieu de nos occupations et, au bout d'un certain temps, le manque de sommeil peut provoquer des hallucinations.

Si votre expérience personnelle ne vous convainc pas, envisagez les choses dans une perspective darwinienne. Les hommes et les femmes des cavernes risquaient de se faire manger par des prédateurs pendant leur sommeil, ce qui pourrait donner à penser que dormir est une habitude dangereuse pour l'espèce humaine. Pourtant, de toute évidence, nos ancêtres avaient l'air d'apprécier une bonne nuit de sommeil. Si vous considérez que vous passez un tiers de votre vie à dormir, autant que cela serve à quelque chose !

> **Faites le 15 !**
>
> La privation de sommeil, et en particulier du sommeil paradoxal (REM, pour *Rapid Eye Movement*) ou du sommeil profond, peut entraîner la mort plus rapidement que le manque de nourriture.

Comme pour le fait de s'alimenter et de boire, il existe une partie du cerveau associée à l'état de veille : c'est la formation réticulaire (ou réticulée), structure nerveuse du tronc cérébral. Des études ont montré que la stimulation de cette région peut réveiller un animal et que sa destruction peut le plonger dans le coma.

Nous savons qu'il existe une zone du cerveau qui détermine l'état de veille, mais cela signifie-t-il que nous dormons parce que cette zone se fatigue ou parce qu'une autre zone la met en mode off ? Des recherches récentes suggèrent qu'il existe un centre spécifique du sommeil, mais qu'il est réparti sur plusieurs parties du cerveau, dont le thalamus et la formation réticulaire pontique.

Le rythme circadien

Certaines personnes s'accommodent bien de quelques heures de sommeil par nuit tandis que d'autres ont besoin d'une sieste ou de faire des nuits de 12 heures pour être pleinement opérationnelles. Comme votre mère vous l'a sûrement appris quand vous étiez petit, nous avons presque tous besoin de 8 heures de sommeil. Mais nos besoins

> **Gagnez des points de Q.I.**
>
> Le somnambulisme est un phénomène encore mal expliqué. Il semblerait que les parties du cerveau qui contrôlent le mouvement et la parole demeurent éveillées et envoient des ordres de se lever, de marcher, de parler, et de faire des choses qui donnent l'impression que le somnambule est réveillé. Fait remarquable, le somnambule s'oriente à peu près correctement dans la maison, alors qu'il peut ne pas faire la différence entre une poubelle et les toilettes. Réveiller un somnambule est difficile, voire impossible, et ce n'est d'ailleurs pas une très bonne idée. Le choc soudain du réveil peut provoquer une frayeur et un sentiment de désorientation. Quand la personne ne se réveille pas de son épisode de somnambulisme, elle ne se souvient de rien à son réveil. Le somnambulisme est plus courant chez les enfants que chez les adultes. 30 % des enfants entre 5 et 12 ans ont marché au cours de leur sommeil au moins une fois, mais même ceux à qui cela arrive plus souvent finissent par perdre cette habitude.

en sommeil diminuent généralement au fil des ans. Les bébés ont besoin de dormir 20 heures par jour, contre 10 heures pour un enfant de 6 ans, alors qu'une personne de 65 ans se contentera de 6 heures de sommeil.

Votre cerveau est sur la bonne longueur d'ondes

L'électroencéphalographie (EEG) enregistre l'activité électrique générée par les cellules du cerveau. Des électrodes sont placées sur le cuir chevelu et détectent les ondes électriques, représentées sous la forme d'un tracé (électro-encéphalogramme) sur du papier, comme les détecteurs de mensonge dans les films. Ces ondes électriques cérébrales varient avec les changements dans le corps; par exemple, elles sont lentes si nous sommes conscients et détendus, et rapides si nous sommes stressés. Il y a quatre types d'ondes cérébrales.

• **Les ondes alpha**, d'une fréquence comprise entre 8 et 12 Hz, sont repérables à l'état de veille et pendant les périodes de conscience détendue; elles disparaissent pendant le sommeil profond.

• **Les ondes bêta**, d'une fréquence de 13 à 30 Hz, sont produites par un état d'alerte, une situation de tension.

• **Les ondes delta** apparaissent pendant le sommeil profond quand la fréquence tombe en dessous de 4 Hz.

• **Les ondes thêta** sont émises pendant les moments de somnolence ou de sommeil léger. Leur fréquence est comprise entre 4 et 7 Hz.

Les cycles du sommeil

Si vous regardez quelqu'un dormir, vous contasterez peut-être qu'il se tortille dans son sommeil ou vous l'entendrez marmotter de temps en temps : il est en fait allongé, inconscient. C'est qu'il y a tant à faire dans le sommeil !

Certes, le sommeil apporte du repos au corps, mais le cerveau n'est pas moins actif pendant le sommeil qu'en état de veille. Il continue de donner au corps des instructions pour sa croissance, sa guérison, les apprentissages...

Le sommeil se décompose en cycles de quatre stades qui progressent du sommeil léger au sommeil profond. Un cycle dure entre 60 et 90 minutes et, à la fin de chaque nouveau cycle, la période de rêve dure de plus en plus longtemps.

• **Stade 1.** Le rythme cardiaque diminue et la respiration ralentit, les muscles se relâchent. Il est facile de se réveiller.

• **Stade 2.** L'électro-encéphalogramme laisse voir des pics d'activité, les yeux roulent doucement, et il faut beaucoup de bruit pour réveiller le dormeur.

• **Stade 3.** Ce stade se caractérise par ses ondes delta, longues et lentes. Les battements cardiaques, la respiration, la pression sanguine, la température du corps, tout baisse. Les muscles sont détendus.

• **Stade 4.** Après 20 ou 30 minutes de sommeil, l'électro-encéphalogramme détecte surtout des ondes delta. C'est dans cette phase de sommeil profond qu'il arrive qu'on parle ou qu'on soit somnambule.

Dans le stade 1, le rythme de la respiration et du cœur ralentit, et les ondes du cerveau sont de basse fréquence et irrégulières. La glande pinéale libère une hormone qui s'appelle la mélatonine qui à son tour active la production de la sérotonine, un neurotransmetteur impliqué dans le sommeil.

Après quelques minutes, le deuxième stade commence, et vos yeux bougent beaucoup, mais c'est comme s'ils se mettaient sur off : même si vous aviez les yeux ouverts, vous ne verriez rien. Les ondes cérébrales deviennent plus irrégulières.

Pendant que votre corps continue de se détendre, vous entrez dans le stade 3 et les fonctions du corps ralentissent encore. Les ondes cérébrales deviennent plus régulières, plus longues et plus lentes.

Finalement, au stade 4, vous tombez dans le sommeil profond et l'EEG trace des ondes delta, longues et lentes. Puis le cycle entier se répète, mais à l'envers, du stade 3 au stade 1. C'est seulement à ce moment-là, pendant le stade 1, qu'on se met à rêver.

Ces rêves qui peuplent nos nuits

Depuis la nuit des temps, les hommes sont fascinés par les rêves. Pendant très longtemps, beaucoup de gens pensaient que les rêves étaient des messages des dieux ou de l'au-delà. Les dirigeants prenaient des décisions politiques en fonction de leurs rêves ou de l'interprétation qu'en donnaient leurs conseillers. Dans la *Bible*, le pouvoir de Joseph d'interpréter correctement les rêves du pharaon l'aide à échapper à la prison et à devenir un prince (*Genèse*, 41).

Les rêves éveillés surviennent quand on relâche son attention et qu'on se laisse aller à fantasmer ou à imaginer des choses. Mais les rêves qu'on fait en dormant sont une tout autre histoire.

Ils se produisent à un moment précis du schéma du sommeil, quand l'activité cérébrale est intense avec des ondes de faible amplitude. Au cours de ce stade, les yeux bougent

> **Gagnez des points de Q.I.**
>
> Freud a commencé à étudier les rêves dans les séances avec ses patients bien avant le début des recherches physiologiques, inaugurées dans les années 1950 quand un étudiant diplômé de Chicago découvrit le sommeil REM (sommeil paradoxal) en posant des électrodes sur la tête de son fils.

comme s'ils suivaient un objet ; c'est d'ailleurs pourquoi les Anglo-Saxons appellent le sommeil paradoxal « sommeil REM » (*rapid eye movement*), qu'ils distinguent des autres stades du sommeil NREM (*non rapid eye movement*). Quoique les yeux soient actifs pendant le sommeil paradoxal, le reste du corps est complètement engourdi, contrairement aux autres stades du sommeil, où le dormeur peut s'agiter et se retourner. Une hypothèse est que les muscles sont inactifs pendant le sommeil paradoxal pour nous empêcher d'agir physiquement lors des périodes de rêve.

De même que nous avons besoin de dormir, nous avons besoin de rêver. Si on nous réveille alors que nous n'avons pas notre compte de sommeil paradoxal, nous rattraperons plus tard les rêves que nous n'avons pas pu faire. La première période de sommeil paradoxal est courte (de l'ordre de 10 minutes), puis les périodes s'allongent au cours de la nuit et la dernière peut durer jusqu'à 1 heure. En moyenne, on rêve 2 heures par nuit.

Pourquoi rêvons-nous ? Cette question n'a pas encore trouvé de réponse, quoique certains chercheurs et psychiatres supposent qu'il existe des liens entre les rêves et certaines pathologies mentales. Plus trivialement, les neurologues considèrent les rêves comme de purs processus physiologiques. Le pont sécrète l'acétylcholine, substance chimique qui stimule le cortex, permettant la production de rêves. Une autre partie du tronc cérébral sécrète la noradrénaline qui enclenche le sommeil paradoxal. Certains scientifiques considèrent que les rêves ne sont rien de plus qu'une activité aléatoire des neurones.

> **Remue-méninges**
>
> Pour Freud, les traumatismes et les émotions refoulées sont enterrés dans notre inconscient, mais ils ressortent dans nos rêves. Une grande partie de son travail reposait sur l'hypothèse qu'il est possible de découvrir des sentiments enfouis en essayant de se rappeler des bribes de rêves. Il tenait beaucoup à l'idée que des sentiments sexuels refoulés conduisent à rêver de la réalisation de nos désirs. Dans sa théorie, c'est l'angoisse liée à ces désirs qui fait que certains rêvent tournent au cauchemar.

Personne ne sait exactement ce qui se passe pendant les rêves. Il est possible que le cerveau utilise ce temps pour trier et sélectionner ses souvenirs, en en conservant certains et en en éliminant d'autres.

Les insomnies

Avez-vous des difficultés pour vous endormir ou du mal à vous réveiller tôt ? Est-ce que vous vous réveillez plusieurs fois par nuit ? Si oui, avez-vous du mal à vous rendormir ? Vous sentez-vous fatigué même après avoir dormi ?

Si vous répondez par oui à au moins une de ces questions, c'est que vous souffrez peut-être d'insomnie. Quand cela se produit une seule fois ou que cela reste limité à quelques semaines, il s'agit d'une insomnie à court terme ou occasionnelle. Si le problème revient de temps en temps, l'insomnie est considérée comme intermittente. Quand on ne peut pas trouver le sommeil pendant un mois ou plus, l'insomnie est chronique.

Il y a de nombreuses causes à l'insomnie, depuis la température ambiante jusqu'au stress, en passant par la nourriture ingérée avant le coucher. L'insomnie affecte surtout les sujets de plus de 60 ans, plutôt des femmes, en particulier celles qui ont des antécédents dépressifs.

L'insomnie chronique peut être provoquée par un problème médical physique ou psychique, comme l'asthme, la maladie de Parkinson ou l'arthrite. Elle peut aussi être liée à la prise d'alcool, de caféine ou d'autres substances.

L'insomnie se soigne. Le traitement d'un problème physique ou psychologique sous-jacent peut réduire les difficultés à trouver le sommeil. Parfois, on prescrit des somnifères, mais ils ont des effets secondaires et sont censés n'être utilisés que sur de courtes périodes. Des techniques de relaxation peuvent réduire le stress à l'origine de l'insomnie. Certaines personnes passent trop de temps à essayer de s'endormir et y parviendraient mieux si elles s'occupaient à une activité et si elles réduisaient leur temps de sommeil. Une autre méthode, souvent utilisée avec les jeunes enfants qui souffrent de troubles du sommeil, est de n'utiliser le lit que pour dormir. Cette restriction est supposée conditionner l'esprit, qui associera le lit au sommeil, et à cette seule « activité ».

Faites le 15 !

La paralysie dans le sommeil est un symptôme impressionnant de la narcolepsie, qui survient de façon anormale pendant le sommeil paradoxal : la personne qui y est sujette se trouve soudain incapable de bouger pendant quelques minutes, le plus souvent au moment de s'endormir ou de se réveiller.

Le sommeil des voyageurs du ciel

Les gens qui voyagent beaucoup et loin connaissent bien les troubles du sommeil liés au décalage horaire (*jet-lag*). Ils apparaissent quand vous voyagez sur plusieurs fuseaux horaires. Votre horloge interne est perturbée lorsqu'elle perçoit le jour et la nuit au « mauvais » moment. Fatigue, réveil précoce ou insomnie en sont les symptômes principaux, mais ils peuvent aussi s'accompagner de maux de tête, de constipation, d'irritabilité et/ou d'une réduction des défenses immunitaires. Les symptômes sont souvent plus importants quand vous voyagez vers l'est et persistent pendant un jour ou plus, le temps que vous vous ajustiez à la nouvelle zone horaire.

Il n'est pas nécessaire de prendre l'avion pour souffrir du décalage horaire. Le même problème se pose si vous restez debout toute la nuit, si vous travaillez de nuit ou par alternance sur 24 heures (comme c'est le cas des internes en hôpital).

Personne n'a trouvé la solution miracle pour éviter le décalage horaire et pourtant les suggestions abondent. Une étude scientifique, par exemple, préconise de placer une source lumineuse derrière les genoux duran tle vol pour stimuler un processus chimique qui remet à l'heure votre horloge interne. La vitamine B est aussi testée comme pilule anti-décalage horaire. De plus, de nombreuses personnes sentent que la prise de mélatonine le soir de l'arrivée dans le nouveau fuseau horaire réduit de façon significative, voire élimine les effets indésirables du décalage horaire. Sans compter tous les trucs et astuces que se repassent les habitués : boire beaucoup pendant le vol, ne boire du café que lorsqu'on a besoin d'un petit coup de fouet, ne pas faire d'exercice physique juste avant de se coucher.

Le décalage horaire n'est pas seulement épuisant : il peut aussi avoir de sérieux effets à long terme. Une recherche récente avance l'idée qu'un décalage horaire chronique pourrait être dangereux parce que cela interfère avec les processus de la mémoire et endommage le lobe temporal. Cette étude préoccupe ceux qui voyagent beaucoup, les pilotes et les équipages.

On ne badine pas avec l'amour

Nous vous avons fait attendre jusqu'à la fin du chapitre, mais nous sommes maintenant prêts à parler de sexe. Vous vous en doutez sans doute mais nous allons quand même rappeler une vérité : faire l'amour n'est pas comme manger, boire, ou dormir, car ce n'est pas nécessaire à notre survie. C'est certes une condition *sine qua non* de la survie de l'espèce, mais chacun de nous pourrait vivre toute une vie sans aucune activité sexuelle.

> **Remue-méninges**
>
> Une étude récente suggère que la musique peut être un stimulant aussi puissant que la nourriture ou l'acte sexuel. Les chercheurs se sont penchés sur le cas de musiciens qui disaient combien la musique leur donne des frissons et ils ont découvert chez ces musiciens une activité cérébrale (en particulier dans le cerveau moyen et certaines aires du cortex) comparable au sentiment d'euphorie que peuvent provoquer la nourriture ou les rapports sexuels. Comme tant d'études qui prétendent faire des découvertes sensationnelles, celle-ci se fondait sur un échantillon choisi et très réduit. Cela n'apporte donc pas la preuve intangible d'une relation entre musique et sensation de plaisir. Mais l'idée nous a paru séduisante.

L'hypothalamus stimule les gonades pour qu'elles libèrent des hormones sexuelles. Les gonades, en retour, envoient leurs propres hormones à l'hypothalamus qui déclenche le comportement sexuel. Les chercheurs qui travaillent en laboratoire sur des animaux ont trouvé qu'il est possible de stimuler l'hypothalamus d'un rat et de le mettre dans un état de frénésie sexuelle au point qu'il en oublie de manger et qu'il se laisserait mourir de faim plutôt que de renoncer à l'excitation.

Notre expérience de la sexualité est un pur produit de l'esprit. Les sensations sont transmises des récepteurs des zones érogènes au cerveau. Le cerveau est aussi la source de tous nos souvenirs du plaisir, là où sont élaborés nos fantasmes et là où sont générés nos sentiments pour nos partenaires. Il peut aussi être la source des difficultés sexuelles liées, par exemple, à la crainte de ne pas être à la hauteur, de tomber enceinte, d'attraper une maladie, aux sentiments de pudeur ou de honte.

L'un des aspects les plus controversés de la recherche sur le cerveau concerne l'orientation sexuelle. Dans toutes les cultures, il y a entre 1 et 5 % d'homosexuels hommes et femmes. Certains pensent que l'orientation sexuelle est un choix ou qu'elle résulte de l'éducation ; d'autres préfèrent insister sur une détermination biologique. Cela dit, comme tout ce qui est psychologique peut simultanément être considéré comme biologique, il est peut-être impossible de démêler les causes.

Ce genre de question, c'est comme l'histoire de la poule et de l'œuf. Un chercheur a comparé un certain amas cellulaire de l'hypothalamus prélevé sur des personnes décédées dont on savait qu'elles avaient été homosexuelles avec le même amas prélevé sur des personnes hétérosexuelles. L'amas cellulaire était plus gros chez les hommes hétérosexuels, plus petit chez les femmes et les hommes homosexuels : d'où l'idée que l'orientation sexuelle est déterminée biologiquement. Mais on peut aussi argumenter, comme des psychologues l'ont fait, que c'est le comportement sexuel qui modifie l'anatomie du cerveau, de même que les expériences vécues dans l'enfance transforment les connexions cérébrales. La question reste ouverte.

Ce qu'il faut retenir

→ Le cerveau a des centres qui inhibent ou stimulent l'appétit.

→ Tout le monde a besoin de dormir et le corps a une horloge interne qui vérifie que nous dormons suffisamment.

→ Il y a de nombreuses causes à l'insomnie. L'une des plus communes est le décalage horaire : les recherches récentes montrent qu'on peut le maîtriser. Mais d'autres troubles sont plus profonds : on peut parfois réduire l'insomnie en éliminant les facteurs extérieurs comme le stress ou le bruit, mais il arrive aussi qu'il faille recourir à des médicaments ou à d'autres méthodes thérapeutiques.

→ Les rêves ont une part importante dans le fonctionnement normal du corps. On rêve la nuit à différents intervalles, toujours en période de sommeil paradoxal.

→ Le cerveau stimule la libération d'hormones qui influent sur la pulsion sexuelle. L'origine de l'orientation sexuelle pourrait être liée à des différences biologiques dans le cerveau, mais cette théorie demeure controversée.

Chapitre 12

Le corps en pilotage automatique

Dans ce chapitre

→ Le thermostat du corps

→ Se battre ou s'enfuir

→ Théoriquement parlant

→ C'est du propre

→ La mécanique du sexe

Quand vous mettez en route le thermostat de votre maison, vous savez que la température va se réguler automatiquement et vous ne vous posez peut-être même pas la question de savoir comment ça marche. Notre corps aussi a un thermostat, qui se situe dans l'hypothalamus. Ce dernier régule la température du corps sans que nous en ayons conscience et il prend aussi en charge un grand nombre de processus internes qu'il contrôle, sans que nous en ayons conscience, par ce qu'on appelle le « système nerveux autonome ». Ce système se charge des actions automatiques du corps qui sont hors champ de la conscience. Au contraire, la seconde moitié du système nerveux périphérique, qu'on appelle « système nerveux somatique », est responsable de toutes les parties (principalement les muscles) que nous pouvons contrôler consciemment.

Quelle est l'importance du système nerveux autonome ? Pensez à tout ce que nous avons constamment à l'esprit : le travail, les enfants, les problèmes d'argent, les courses. Maintenant, imaginez combien la vie serait plus difficile encore si nous avions en plus à nous inquiéter de savoir à quelle vitesse bat notre cœur, où en est notre digestion, à quel moment nos pupilles doivent se dilater ? Et comment ferions-nous pour faire tout cela en dormant ? Ce chapitre va vous permettre de découvrir le système nerveux autonome et de comprendre la manière dont le corps prend soin de lui-même.

Un thermostat interne

Quand tous nos paramètres internes sont normaux, nous disons que le corps est en équilibre. Cet état d'équilibre correspond à l'homéostasie, notion introduite par le physiologiste français Claude Bernard au début du xxe siècle. Il s'agit d'un équilibre dynamique dans lequel les conditions du milieu interne peuvent varier, ce qui se produit chaque fois que nous subissons les modifications de la température extérieure, que nous sommes tendus, que nous mangeons, que nous changeons de position.

Dès qu'un changement de notre milieu intérieur survient, le système nerveux autonome, qui fait partie du système nerveux périphérique situé à l'extérieur du cerveau et de la moelle épinière, doit être mis en action afin d'assurer la constance du milieu intérieur. Ce système agit par le biais de nerfs qui stimulent trois principaux types de tissus : les muscles lisses, le muscle cardiaque et les glandes. Les muscles lisses, ce sont ceux que nous avons dans l'estomac, les intestins, la vessie, les yeux, la peau et tout autour des vaisseaux sanguins. Le muscle cardiaque, c'est tout simplement le cœur.

Le système nerveux autonome peut être divisé en deux : le système nerveux sympathique et le système nerveux parasympathique, qui fonctionnent souvent de manière antagoniste (comme le suggère leur nom). D'autre part, on peut aussi isoler le système nerveux entérique, même s'il n'est pas directement en relation avec le cerveau. Il s'agit d'un agrégat de neurones situés dans le tractus gastro-intestinal et qui sert à la digestion. Le système nerveux entérique comprend aussi le pancréas et la vésicule biliaire.

> **Gagnez des points de Q.I**
>
> Les muscles lisses apparaissent lisses quand on les regarde au microscope et sont attachés à des organes internes. Ils sont contrôlés par le système nerveux autonome. Les muscles striés squelettiques, sont, comme leur nom l'indique, attachés aux os et apparaissent striés au microscope. Ils sont contrôlés par le système nerveux somatique.

Le corps en pilotage automatique   Chapitre 12

Les neurones moteurs, ou motoneurones, sont connectés aux fibres musculaires par des synapses. Ils font partie intégrante du système nerveux somatique. Dans ce système, les neurones suivent un trajet ininterrompu entre le muscle et le système nerveux central. Mais, dans le système nerveux autonome, il faut un intermédiaire. Un groupe de neurones se connecte en dehors du système nerveux central avec un autre groupe de neurones, lequel se connecte ensuite aux effecteurs (muscle ou glande). La zone où les deux groupes de neurones se rejoignent s'appelle un ganglion.

Le système nerveux autonome
Systèmes sympathique et parasympathique, qui composent le système nerveau autonome, sont comme des boutons on et off pour toute une variété de fonctions du corps.

Les neurones allant du système nerveux central aux ganglions constituent les neurones préganglionnaires. Les corps cellulaires de ces neurones sont situés dans la substance grise de la moelle épinière ou du tronc cérébral. Les neurones qui relient le ganglion aux effecteurs (muscles ou glande) sont appelés neurones postganglionnaires.

Les systèmes nerveux sympathique et parasympathique ont la même organisation générale. mais, dans le détail, c'est un peu différent. Par exemple, les neurones préganglionnaires du système parasympathique prennent leur origine dans le tronc cérébral et la partie basse de la moelle épinière (la région sacrée). Dans le système sympathique, ils s'enracinent dans les régions thoracique et lombaire de la moelle épinière.

La taille des neurones diffère également dans les deux systèmes. Dans le système sympathique, les neurones préganglionnaires ont des axones courts et les postganglionnaires des axones longs. Dans le système parasympathique, c'est l'inverse.

Disons enfin que les neurones préganglionnaires des deux systèmes libèrent le neurotransmetteur acétylcholine. Les neurones qui libèrent l'acétylcholine sont dits cholinergiques. La différence entre les deux systèmes réside dans les substances chimiques libérées par les neurones postganglionnaires. Tandis que les neurones postganglionnaires du système parasympathique sont cholinergiques, les neurones postganglionnaires du système sympathique sont essentiellement adrénergiques (c'est-à-dire qu'ils libèrent de la noradrénaline) et probablement adrénergiques (c'est-à-dire qu'ils libèrent de l'adrénaline). Les neurones du système sympathique innervant les glandes sudoripares, qui sont cholinergiques, sont des exceptions.

Ces différences entre le sympathique et le parasympathique sont importantes car elles expliquent pourquoi les deux systèmes de nerfs ont des effets différents sur les mêmes organes. Par exemple, la stimulation de l'estomac par le parasympathique augmente le péristaltisme (contractions du muscle qui assure le transit du bol alimentaire) et relâche les sphincters, tandis que les fibres sympathiques produisent l'effet inverse.

Du combustible

On parle, à propos du système nerveux autonome, de réaction fight-or-flight. Cette réaction survient lorsque le corps sent qu'il y a une urgence, par exemple quand un chien à l'air féroce aboie et se rue sur vous d'une façon menaçante. Pendant que votre cerveau réfléchit pour savoir si vous devez rester ou si vous devez vous enfuir à toutes jambes, votre système nerveux sympathique est déjà en pleine action, envoyant de l'énergie pour faire battre le cœur plus vite, augmentant la pression sanguine, ralentissant le processus digestif pour vous permettre d'agir selon ce que vous aurez décidé. En cas d'émotions fortes ou violentes, les fibres des systèmes parasympathiques et sympathiques peuvent être stimulées, ce qui a pour effet involontaire de vider l'intestin et la vessie (autrement dit, vous avez tellement peur que vous en mouillez votre pantalon...).

Le corps se charge aussi automatiquement de répondre à des situations moins urgentes, comme la nécessité de digérer. Autre exemple : la contraction des vaisseaux sanguins pour maintenir une bonne pression sanguine quand nous nous levons le matin, afin que le sang ne se concentre pas dans le bas du corps, ce qui nous ferait nous évanouir. Un dysfonctionnement à ce niveau dans le système nerveux autonome peut produire ce qu'on appelle une « hypotension orthostatique », qui se traduit par une chute rapide de la pression quand on se lève trop vite, éventuellement suivie d'un évanouissement.

Le moindre changement de température extérieure déclenche une réaction en chaîne d'événements automatiques. Une augmentation de la température corporelle, par exemple, est détectée par l'hypothalamus, qui transmet le message aux glandes sudoripares, lesquelles font leur travail pour refroidir le corps. Les vaisseaux sanguins se dilatent pour augmenter l'afflux de sang à la surface du corps, d'où provient la chaleur. Peut-être que vous n'avez pas envie de transpirer, mais vous n'y pouvez pas grand-chose, à part prendre une douche pour vous rafraîchir.

Sous pression

Quand vous pensez à une réaction de type fight-or-flight, la première idée qui vous vient est probablement celle d'une menace physique importante, mais d'autres formes de stress peuvent déclencher le même type de réponse. Le stress peut être d'origine mentale : incapacité à résoudre un problème complexe ou relationnel, anxiété générale, dépression... Il peut aussi être d'origine physiologique : douleur, fatigue, infections chroniques... Enfin, il y a aussi des facteurs environnementaux, comme la pollution, la foule, le bruit, etc.

Quand le corps est confronté au stress, le système sympathique est activé. Les neurones postganglionnaires libèrent essentiellement de la noradrénaline. Sous l'effet de ce neurotransmetteur, le tractus gastro-intestinal ralentit, le rythme cardiaque et la pression sanguine augmentent, les artères coronaires et les tubes respiratoires des poumons (bronches) se dilatent.

Une lésion du système sympathique au niveau du cou provoque une maladie connue sous le syndrome de Horner et qui se caractérise par trois signes cliniques concomitants :

- **la myosis**, qui est une constriction de la pupille par paralysie du muscle dilatateur de la pupille)

- **la ptosis**, qui est un affaissement de la paupière supérieure dû à une dénervation (déconnection de la voie nerveuse) du muscle lisse qui soulève la paupière. Cependant des fibres musculaires squelettiques contrôlant ce mouvement. Ces fibres musculaires sont innervées par le nerf oculomoteur (nerf crânien III);

• **l'anhydrose**, une absence de sudation provoquant des rougeurs et une sécheresse cutanée du côté du visage et du cou dépendant du système sympathique endommagé.

En surchauffe

Si le corps est exposé à trop de stress, il peut flancher. Ce qui explique que tant de problèmes de santé soient associés au stress. On peut distinguer trois étapes : l'alerte, la résistance et l'épuisement.

La réaction physiologique immédiate au stress est la réaction d'alerte. Ce processus met en jeu essentiellement le système sympathique et apparaît dans les secondes qui suivent la stimulation. Ordinairement, le stress se dissipe après cet état d'alerte et le corps revient automatiquement à son état normal.

Si le stress est plus aigu ou plus prolongé, le corps doit travailler plus dur et atteint un état de résistance dans lequel l'hypophyse est stimulée pour libérer une hormone, l'adrénocorticotrophine (ACTH), qui à son tour signale à la glande surrénale de libérer une classe d'hormones de stress connues sous le nom de glucocorticoïdes (hormones qui ont une action sur le métabolisme protidique et glucidique). À la longue, certaines de ces hormones peuvent endommager le corps, par exemple en affectant la production d'insuline (ce qui peut provoquer du diabète) ou la viscosité du sang, et donc la pression sanguine (ce qui augmente le risque d'attaques).

Pour éviter cette phase de résistance, il convient de réduire ou d'éliminer les causes de stress. Le corps peut encore revenir à la normale, mais plus cette phase se prolonge,

Faites le 15 !

Pourquoi les personnes stressées ont-elles tendances à développer des ulcères ? Le stress provoque une augmentation de la production d'histamine dans le corps, et donc une plus grande sécrétion d'acide gastrique pouvant provoquer à terme la formation d'un ulcère. Les ulcères se développent aussi suite à des traitements aux stéroïdes pour des blessures graves à la tête, particulièrement dans des cas de complication avec coma et dans tous les cas de pression intracrânienne accrue (tumeurs du cerveau). Car les stéroïdes utilisés pour contrer la pression augmentent la sécrétion d'acide gastrique.

Le corps en pilotage automatique **Chapitre 12**

> **Gagnez des points de Q.I.**
>
> Le principal neurotransmetteur impliqué dans les systèmes sympathique et parasympathique est l'acétylcholine. Les effets de cet agent chimique dans le système nerveux autonome sont similaires à ceux de la nicotine. C'est pour cela qu'on dit que cette substance est nicotinique.

plus il y a de risques pour la santé. Si le stress dure trop longtemps (et ce « trop longtemps » dépend de chacun), le corps atteint le point d'épuisement. Il ne peut plus résister et la personne risque une dépression sévère, voire une maladie dégénérative.

Soufflez !

Il y a des causes de stress contre lesquelles vous ne pouvez pas grand-chose, comme la pollution, le décès brutal d'un proche, un accident de voiture, etc. Mais il vous est sans doute possible de réduire le stress au quotidien et d'atténuer les effets des facteurs incontrôlables. Quelques suggestions...

- Utilisez des techniques de relaxation, respirez profondément, méditez, voyez les choses de façon positive.
- Faites des promenades de 10 minutes et faites de l'exercice régulièrement.
- Dormez beaucoup.
- S'occuper des autres permet de ne plus se concentrer seulement sur ses propres soucis. Engagez-vous bénévolement dans des associations.
- Pensez à ce qui doit être fait et essayez de travailler plus astucieusement, pas forcément plus dur.
- Amusez-vous, riez, regardez des comédies.
- Détendez-vous en vous accordant du temps libre.
- Trouvez un moyen de vous défouler, par exemple en tapant sur un punching-ball, en jouant avec des boules de relaxation ou en prenant des cours de karaté.
- Évitez cigarettes, café et alcool.
- Faites part de la cause de votre stress à d'autres pour ne pas avoir à y faire face tout seul et éviter de le garder en vous.

Le système parasympathique

Le système parasympathique contrôle en premier lieu les glandes et autres viscères qui travaillent ensemble pour conserver et restaurer l'énergie du corps. Quand vous êtes détendu, par exemple, le système parasympathique fait que le cœur bat plus lentement, que la pression sanguine diminue et que le processus digestif s'amorce.

Chez les individus souffrant d'une maladie de la circulation périphérique (obstruction partielle ou complète d'un ou de plusieurs vaisseaux sanguins dans les jambes), on peut procéder à une sympathectomie lombaire (ablation d'un ganglion sympathique) pour réduire l'influence du système sympathique sur les vaisseaux sanguins. Cette opération permet au système parasympathique de dilater les vaisseaux pour que le sang afflue davantage dans les extrémités.

Maintenant que vous êtes docteur ès-nerfs crâniens (relisez au besoin le chapitre 8 pour vous rafraîchir la mémoire), vous comprendrez mieux pourquoi nous disons que les nerfs crâniens III, VII, IX et X jouent un rôle important dans le système parasympathique. La régulation de l'iris et du cristallin *via* le nerf oculomoteur (III) illustre bien la fonction parasympathique : si une vive lumière brille dans votre champ visuel, les neurones sensitifs envoient un message au mésencéphale (cerveau moyen), qui répond par une commande motrice empruntant les fibres du nerf crânien III. Cette commande motrice entraîne la contraction des muscles de la pupille et donc le rétrécissement de son diamètre, ce qui a pour effet de réduire l'arrivée de lumière dans l'œil.

Autre exemple de la fonction du système parasympathique : la régulation des glandes sécrétoires qui fabriquent la salive dans la bouche, le mucus dans le nez et les larmes dans la cornée de l'œil.

Le tableau ci-contre montre comment les systèmes sympathique et parasympathique agissent dans les différentes parties du corps. Comme vous pourrez le constater, les effets de chacun des systèmes s'opposent généralement.

Les réflexes

Imaginons que vous posez accidentellement la main sur une plaque chauffante allumée. La douleur vous saisit et vous retirez votre main de la source de chaleur. Mais cette réaction n'est pas commandée par le cerveau (il ne vous dit pas : « Ta main est en train de brûler, tu devrais vite la retirer de la plaque... »). Il s'agit tout simplement d'un réflexe, c'est-à-dire d'une réponse immédiate et involontaire, relayée par deux neurones seulement, connectés dans la moelle épinière. L'un est afférent (sensitif) et l'autre efférent (moteur).

Mais comment pouvons-nous savoir ce que nous avons fait pour provoquer le réflexe ? C'est là que le cerveau intervient. Le réflexe implique une impulsion qui rebondit des récepteurs de votre main le long des nerfs jusqu'à votre moelle épinière. Celle-ci transmet le message au cerveau, qui interprète ce qui se passe, identifie la nature de la douleur et l'objet responsable de cette douleur, puis réagit à la décision inconsidérée qui a causé cette douleur.

La situation est légèrement différente lorsque vous marchez sur quelque chose de coupant, par exemple un bout de verre. Instantanément, vous fléchissez le pied, et la

Le corps en pilotage automatique **Chapitre 12**

Le système nerveux autonome

Partie du corps	Stimulus du sympathique	Stimulus du parasympathique
Estomac	Réduction du péristaltisme	Sécrétion du suc gastrique, motilité accrue
Cœur	Accélération du rythme cardiaque, force de contraction accrue	Rythme cardiaque diminué
Muscle des yeux	Dilatation de la pupille	Constriction de la pupille
Poumons	Relâchement des muscles bronchiques	Contraction des muscles bronchiques
Foie	Transformation accrue du glycogène en glucose	
Reins	Baisse de la sécrétion urinaire	Augmentation de la sécrétion urinaire
Vessie	Paroi relâchée, sphincter fermé	Paroi contractée, sphincter relâché, vessie vidée
Intestin grêle	Motilité réduite	Processus de digestion accéléré
Gros intestin	Motilité réduite	Augmentation des sécrétions et de la motilité
Médullosurrénale	Sécrétion de la noradrénaline et de l'adrénaline	
Glandes salivaires	Réduction de la production salivaire	Augmentation de la production salivaire
Bouche et nez	Réduction de la production de mucus	Augmentation de la production de mucus

> **Remue-méninges**
>
> Le test du réflexe rotulien utilisé par les médecins pour vérifier que vos nerfs et vos muscles fonctionnent bien. Le médecin tape juste en dessous de la rotule avec un marteau. Cette action étire le tendon qui déclenche un influx nerveux, lequel voyage le long du nerf sensitif jusqu'à la moelle épinière, qui transmet en retour un message par les nerfs moteurs jusqu'aux muscles de la cuisse ; ces derniers se contractent et le tibia part en avant.

jambe opposée se tend du fait de l'excitation d'un groupe de motoneurones et l'inhibition simultanée d'un autre groupe. Pour le dire plus simplement, votre corps sait intuitivement comment s'ajuster pour garder son équilibre. D'ailleurs, vous n'avez pas besoin de marcher sur un morceau de verre pour voir comment ce réflexe fonctionne. Il suffit que vous leviez un pied pour que l'autre se tende ; sans quoi, vous tomberiez.

Les réflexes sont importants pour toute une série de raisons, notamment parce que c'est un moyen dont dispose le corps pour éviter un danger quand le cerveau est occupé ailleurs. Reprenons l'exemple de la plaque chauffante et imaginons que vous posez la main dessus quand votre cerveau est concentré sur une autre tâche (vous téléphonez ou vous regardez la télévision) : si seul le cerveau était impliqué dans l'action qui vous ferait retirer votre main, il lui faudrait quelques secondes pour commander le geste salvateur et vous seriez brûlé avant d'avoir eu le temps de recevoir l'ordre de réagir...

Ça vous paraît idiot ? Alors rappelez-vous combien de fois vous avez laissé brûler quelque chose sur le feu pendant que votre cerveau était occupé à une autre activité !

Les bébés ont plein de réflexes

En naissant, nous disposons déjà de la plupart de nos réflexes et certains sont spécifiques de l'enfance. Par exemple, si vous touchez la joue d'un bébé, il va ouvrir la bouche et chercher à téter. Autre réflexe, appelé le réflexe de Moro : quand le bébé tombe en arrière ou qu'il a peur, il écarte les bras et relève les jambes. Et n'avez-vous jamais remarqué que lorsque vous tenez un bébé debout en le soutenant sous les bras, il fait des mouvements locomoteurs avec ses jambes même quand il n'est encore qu'un nouveau-né ?

Chez les adultes, l'instinct de protection implique souvent de nombreux réflexes. Si quelqu'un vous jette quelque chose à la tête, vous fermez les yeux, la peau de votre visage se tend, les muscles du cou vous font tourner la tête et vous vous protégez le visage avec vos bras.

Un autre exemple qui vous rappellera peut-être votre enfance : vous avez certainement déjà essayé de faire cligner les yeux de vos copains en leur tapotant le visage ou en frappant dans vos mains juste devant leurs yeux. Quand quelqu'un esquisse un mouvement menaçant devant vos yeux, des influx de la rétine transitent jusqu'au mésencéphale, à la formation réticulaire et au noyau des nerfs faciaux, qui envoient alors un message pour activer les muscles des paupières et les faire se fermer. Le fait de frapper dans ses mains produit une réponse du nerf auditif puis, par une connexion au niveau du mésencéphale, un influx voyage jusqu'aux fibres postganglionnaires et à l'œil, ce qui fait cligner des yeux. Ces réactions sont instantanées.

La propreté : un apprentissage

Les bébés vident leur vessie et leurs intestins de façon réflexe, mais en grandissant ils apprennent à contrôler ce réflexe. Et les parents sont contents quand ils y arrivent !

Mais comment les enfants parviennent-ils à contrôler leur vessie ? Après la naissance, la myélinisation des fibres nerveuses de la vessie se poursuit assez longtemps (de 24 à 36 mois). La capacité de contrôler sa vessie dépend de l'achèvement de cette myélinisation, ainsi que des faisceaux de fibres qui vont du cortex à la région sacrée de la moelle épinière. Mais, pour devenir propre, l'enfant doit aussi apprendre à comprendre ce que ses parents attendent de lui. Les bébés d'un an ne peuvent pas contrôler leur vessie parce que leur système nerveux n'est pas assez mature. Pendant ce processus de maturation, les parents apprennent aux enfants à aller sur le pot, et le sentiment d'inconfort lié au besoin d'aller aux toilettes incite les enfants à se passer de couche, donc à devenir propres.

Peut-être que vous avez envie de lever le nez de ces considérations, mais nous voudrions d'abord vous expliquer rapidement comment vous-même vous vous soulagez en allant aux toilettes. D'abord, la vessie se remplit d'urine, ce qui stimule les récepteurs dans la vessie qui suggèrent au mésencéphale le besoin d'un stimulus qui ferait que la vessie se contracte et que le sphincter s'ouvre. Ce sont les nerfs parasympathiques qui contrôlent la miction (action d'uriner). La proprioception dans la paroi de la vessie réagit à mesure que la vessie se remplit et se distend. Quand suffisamment d'urine s'est accumulé dans la vessie (200 à 300 cm^3), vous êtes prévenus du besoin d'aller aux toilettes.

Parlons sexe

Le sexe, ce n'est pas un réflexe. Pour induire une réponse sexuelle, un effort conscient est nécessaire pour envoyer des messages au cerveau à travers le thalamus jusqu'au système nerveux autonome. Le processus habituel en quatre phases de la réaction sexuelle implique l'activité du cerveau sur plusieurs niveaux. Pour l'activité sexuelle, le parasympathique et le sympathique sont requis.

La première phase, c'est celle de l'excitation. Celle-ci peut venir des différents sens : toucher d'une zone érogène, odeurs agréables, vue du corps du partenaire. Le cerveau commande une hausse de la température du corps et l'afflux du sang dans les organes génitaux. Si l'excitation continue, les rythmes cardiaque et respiratoire s'accélèrent. C'est la seconde phase. Le système nerveux intervient au moment où le corps entre dans la troisième phase.

Chez les hommes, ce sont les neurones parasympathiques qui sont responsables de l'érection. Les neurones sympathiques déclenchent les contractions nécessaires à l'éjaculation, mais c'est l'activité parasympathique qui provoque l'éjaculation elle-même. Chez les femmes, ce sont les neurones parasympathiques qui provoquent les sécrétions vaginales, l'érection du clitoris et le gonflement des petites lèvres.

L'éjaculation et les contractions génitales sont associées à d'intenses sentiments de plaisir, qu'on appelle orgasme. Cette émotion puissante provient d'un transfert des influx nerveux des organes sexuels au cortex, en passant par le thalamus. C'est dans le cortex que se réalise la sensation de plaisir. La dernière phase est la détente après l'orgasme, quand le corps revient à un niveau normal d'activité.

Des maladies affectant les systèmes parasympathique et sympathique peuvent provoquer des dysfonctionnements sexuels. Le diabète, qui affecte les neurones parasympathiques, provoque parfois l'impuissance et l'impossibilité d'éjaculer. Toutes les maladies qui touchent les neurones sympathiques ont aussi tendance à empêcher l'éjaculation.

Toute la réaction sexuelle est médiatisée par l'hypothalamus et le système limbique, deux parties du cerveau très impliquées dans notre vie émotionnelle (nous y reviendrons au chapitre 15). Le rôle du système limbique explique pourquoi les émotions ont un retentissement sur la fonction sexuelle. Elles peuvent par exemple stimuler excessivement le système sympathique, d'où une érection faible et une éjaculation prématurée. Certains types de médicaments, comme les antidépresseurs, les sédatifs, les médicaments contre l'hypertension et les antipsychotiques, provoquent aussi parfois l'impuissance ou une perte partielle ou totale du désir sexuel ou de l'excitation. Des lésions de l'hypothalamus, du système limbique ou d'autres aires du cerveau auront dans certains cas les mêmes effets, tout comme une blessure au cerveau, la consommation excessive d'alcool ou de substances toxiques.

Le corps en pilotage automatique — Chapitre 12

Ce qu'il faut retenir

→ Le corps a son propre thermostat interne pour la régulation des fonctions vitales.

→ Les systèmes sympathique et parasympathique allument et éteignent automatiquement les processus corporels.

→ Les réflexes impliquent des circuits nerveux qui ne nécessitent pas l'intervention du cerveau.

→ Nous pouvons apprendre à contrôler certaines activités autonomes, comme le besoin d'aller aux toilettes.

→ L'activité sexuelle n'est pas un réflexe. Elle implique l'activité du cerveau sur plusieurs niveaux.

Chapitre 13

À vous de choisir

Dans ce chapitre

→ Se tenir debout

→ S'orienter dans le labyrinthe

→ Bouger à toute vitesse

→ Être réglé comme une pendule

→ Penser vite

Dans le précédent chapitre, nous avons surtout évoqué les réflexes et les réactions automatiques de notre corps à certains stimuli. Un certain nombre d'autres activités implique une combinaison de réactions volontaires et involontaires. Comme le montre ce nouveau chapitre, parfois nous devons penser à ce que nous faisons tandis que certaines parties de nos cerveaux prennent d'autres décisions toutes seules.

En équilibre

Frappez dans vos mains. Maintenant, fermez les yeux et frappez à nouveau dans vos mains. Vous avez volontairement décidé de frapper dans vos mains, et, sans même voir ce que vous étiez en train de faire, vous saviez pourtant que vos mains allaient se rejoindre. Pour donner un exemple plus complexe de ce type de processus mental, imaginez une gymnaste : elle prend consciemment la décision de marcher sur la poutre, mais elle ne décide pas si son pied se posera au bon endroit pour lui permettre de se maintenir sur la poutre. La différence réside dans le fait que marcher sur la poutre implique deux parties différentes de l'encéphale. Son cerveau prend la décision et son cervelet se fait l'intermédiaire de l'action. (Vous vous souvenez de l'exemple du tennis au chapitre 6 ?)

> **Le jargon de la science**
>
> Les **propriocepteurs** détectent les stimuli en provenance des muscles et des tendons, et nous aident à orienter nos muscles et nos membres.

L'encéphale rassemble différentes pièces du puzzle du comportement pour en tirer un savoir. Dans le cas de la gymnaste, les récepteurs des muscles, qu'on appelle **propriocepteurs**, détectent l'extension et la contraction des muscles, puis envoient des informations au cerveau, qui les utilise pour déterminer la position de chaque partie du corps.

Si vous y pensez, vous porterez sans doute une plus grande attention aux moments où vous risquez de perdre l'équilibre mais, généralement, on ne se dit pas consciemment qu'il faut déplacer le poids de son corps pour éviter de tomber. C'est de façon automatique que le cerveau calcule le mouvement requis pour se maintenir debout. Cependant, il y a des activités qui requièrent différents niveaux de pensée consciente. Vous n'avez pas besoin de réfléchir à votre équilibre quand vous marchez, mais si vous essayez d'apprendre à skier, vous devez faire un effort conscient (*via* le cervelet) pour garder l'équilibre.

Cinq sens et plus

Vous vous souvenez qu'au chapitre 10 nous avons évoqué le fait que nous disposons de plus de cinq sens ? L'un de ces sens supplémentaires est le labyrinthe osseux (oreille interne), qui sert à garder l'équilibre. Il est aidé par un autre sens, le sens kinesthésique, qui nous permet de sentir la position de nos membres. Tout cela fonctionne aussi grâce aux récepteurs situés dans les ligaments et les articulations.

Pour s'assurer qu'un patient ne souffre pas d'atteinte des récepteurs labyrinthiques, les médecins vérifient qu'il arrive à mettre un pied devant l'autre les yeux fermés. S'il chancelle et tombe, cela indique une lésion. On appelle ça le signe de Romberg (d'après le nom d'un neurologue du XIXe siècle, Morits Romberg).

Passage aveugle

Un aveugle peut devenir un grand pianiste. Comment est-ce possible, sans repères visuels sur le clavier ? C'est kinesthésique, mon cher, tout simplement.

Les articulations, qui tiennent nos os ensemble, contiennent des récepteurs qui se déforment quand nos membres bougent. Ces déformations sont instantanément traduites en influx nerveux, qui parviennent au cerveau et transmettent l'information sur l'angle de nos bras et de nos jambes. L'influx nerveux renseigne aussi sur la vitesse à laquelle nos articulations bougent.

> **Gagnez des points de Q.I.**
>
> Si vous faites du piano, écoutez un morceau de musique que vous ne connaissez pas et essayez de le jouer les yeux fermés. Si vous êtes un musicien accompli et que vous avez une très bonne oreille, vous pourrez rapidement apprendre le morceau sans avoir à regarder le clavier.

L'information kinesthésique est transportée des articulations à la moelle épinière et, par deux voies, (le *funiculus cuneatus* et le *funiculus gacilis*) jusqu'à au bulbe rachidien. De là, le message est envoyé aux structures de la ligne médiane du cervelet, puis jusqu'au thalamus, et enfin à l'aire somatosensitive primaire du cortex.

Alors, comment les aveugles arrivent-ils à jouer du piano ? C'est une combinaison de pratique et d'expérience. Ils entendent les notes et transposent ce qu'ils entendent sur les touches du clavier. Ils n'y arrivent pas toujours au début. Un pianiste peut écouter un enregistrement de la *Sonate au clair de lune*, s'asseoir au piano et taper quelques notes : au début, le son ne sera sans doute pas très bon, puis, quand le pianiste aura appris la relation entre les notes et les touches du clavier, il pourra, après bien des essais et des erreurs, réussir à jouer la sonate. Plus on connaît les notes et le clavier, plus on est capable de jouer un morceau.

Étonnant labyrinthe

Debout, assis, courez… Vous avez sans doute rarement réfléchi à la manière dont vous accomplissez ces mouvements simples. Chacun implique pourtant le labyrinthe osseux, qui vous permet de garder l'équilibre.

Prenons le cas d'un gymnaste, engagé dans des actions plus complexes. Son corps est en mouvement constant : saut périlleux, chute, rétablissement. Le cerveau doit calculer la position du corps à tout moment, mesurant l'accélération, la rotation, donnant l'ordre aux muscles de la jambe de se relâcher dans la chute et de se tendre à l'arrivée, ordonnant aux bras de s'écarter pour rester droits et aux yeux de fixer un point au départ et à l'arrivée. Cela ne vous impressionne pas que le cerveau puisse faire tout cela instantanément, sans qu'on ait à y penser le moins du monde ?

Peut-être vous demandez-vous pourquoi nous parlons d'appareil labyrinthique. La réponse est que la détection des relations entre les mouvements de la tête et les mouvements du corps se fait au niveau du système vestibulaire, dans l'oreille interne, qui

> **Remue-méninges**
>
> L'utricule est une vésicule de l'oreille interne. Elle réagit à la gravité et à l'accélération linéaire horizontale (ce qui bouge en avant et en arrière sous l'effet de la gravité). Pour mieux comprendre ce qu'est l'accélération linéaire, essayez de vous représenter les forces gravitationnelles auxquelles est soumis un avion de combat catapulté du pont d'un porte-avions.

est constituée d'une série de petits os et canaux disposés en labyrinthe.

Le vestibule osseux a fondamentalement deux fonctions : détection de la tête en mouvement dans l'espace, détection de la position de la tête (et du corps) au repos. Mais comment le labyrinthe osseux détecte-t-il le mouvement ?

À l'intérieur du labyrinthe osseux flotte un organe souple et creux de forme comparable : le labyrinthe membraneux. La périlymphe remplit l'espace entre les deux tandis que l'endolymphe remplit l'intérieur du labyrinthe membraneux. On trouve aussi des cellules vestibulaires réceptrices à l'intérieur du labyrinthe membraneux. Ce dernier a deux cavités arrondies, l'utricule et le saccule, et trois canaux semi-circulaires : l'antérieur, l'horizontal et le postérieur. Les mouvements du corps font bouger ces fluides dans les cavités et ces mouvements de fluides génèrent des influx nerveux : chaque canal contient un liquide et des cils sensitifs reliés à des cellules réceptrices qui transmettent les informations au cervelet.

Les influx nerveux de l'oreille interne voyagent à travers la partie vestibulaire du nerf crânien VII jusqu'au bulbe rachidien, qui déclenche une réaction dans l'estomac et provoque une nausée (voyez le paragraphe suivant). Certains influx vont jusqu'au nerf oculomoteur pour réguler les mouvements de l'œil et compenser les mouvements de la tête. D'autres vont à des aires du cerveau relatives à la coordination motrice.

Quand partir fait souffrir...

Le mal des transports est causé par une déconnexion entre ce que l'oreille interne dit au cerveau et ce que les yeux transmettent de ce qui se passe par rapport au sol et à l'espace. Par exemple, si vous êtes dans un wagon de montagnes russes, quand il plonge vers le bas, vos yeux et vos oreilles envoient le message que c'est le corps qui a basculé. Si vous faites quelque chose d'aussi tranquille que de lire dans un bateau qui tangue sur la houle, les yeux restent fixés sur la page, mais les oreilles enregistrent le mouvement du reste du corps, qui suit celui de la mer agitée. C'est la combinaison des deux signaux qui fait que vous avez la tête qui tourne et que vous vous sentez fatigué. Le signal peut même aller jusqu'au nerf vague, qui vous fera vomir. Le mal des transports est la manifestation d'une stimulation excessive du système vestibulaire.

Certaines personnes sont très sensibles au mal des transports, notamment les enfants, qui en souffrent davantage que les adultes. Mais tout le monde est logé à la même enseigne dans l'avion en cas de fortes turbulences : entre un tiers et la moitié des passagers sont susceptibles de ressentir un malaise. La possibilité d'être malade en avion est accrue par la peur et l'anxiété, qui réduisent la résistance aux symptômes.

Mieux vaut prévenir que guérir

Malheureusement, il n'y a pas de moyen sûr de prévenir le mal des transports. Certains médicaments peuvent permettre de maîtriser les symptômes si les mouvements ne sont pas trop forts, mais ils ont parfois des effets secondaires. Si vous souffrez du mal des transports, prenez conseil auprès de votre médecin et lisez bien les notices des médicaments prescrits. Certaines plantes ou autres remèdes sont aussi réputés prévenir le mal des transports ou en tout cas en réduire les effets.

Parallèlement aux approches pharmaceutiques, vous pouvez essayer de trouver une position ou une place qui vous permettra de moins ressentir le mouvement. Le siège avant d'une voiture, l'intérieur d'un bateau ou le devant d'un avion sont plus stables.

Dans la mesure du possible, choisissez un siège dans le sens de la marche. Regardez l'horizon quand vous êtes en bateau et respirez l'air frais. Ne lisez pas ! Il vaut mieux dormir si vous le pouvez. Beaucoup de gens évitent de manger avant de voyager pour ne pas risquer de vomir, mais il est préférable d'avoir pris un repas léger parce que cela contribue à tenir l'estomac. Grignoter des biscuits salés pendant le voyage est aussi une bonne idée.

> **Gagnez des points de Q.I.**
>
> On pense souvent que les astronautes ont une constitution très robuste. Et c'est vrai qu'ils sont capables d'aller dans ces engins centrifuges qui tournent à toute vitesse et qu'ils supportent l'accélération et les secousses d'un lancement de fusée. Pourtant, ils ont souvent le mal de l'espace parce que les conditions d'apesanteur envoient des informations contradictoires aux yeux et aux oreilles.

> **Gagnez des points de Q.I.**
>
> Choisissez un grand navire pour votre prochaine croisière. Plus grand sera le bateau, moins vous risquez d'avoir le mal de mer. La plupart des bateaux de croisière modernes sont équipés de stabilisateurs qui réduisent le mouvement par grosse mer. De la même façon, quand vous prenez l'avion, essayez de trouver un gros avion. Par mauvais temps, un Boeing secoue moins qu'un coucou.

Quand la tête vous tourne

Vous pouvez aussi avoir la tête qui tourne sans avoir le mal des transports. Rappelez-vous, enfant, quand vous tourniez sur vous-même jusqu'à en être étourdi et à tituber. Les fluides de votre oreille interne bougeaient et continuaient de tourner même quand vous vous arrêtiez.

Plusieurs facteurs peuvent provoquer ces sensations de tournis. Les causes les plus courantes sont des problèmes de circulation. Si votre cerveau n'est pas assez irrigué, votre tête vous semble légère (une cessation complète de l'arrivée du sang dans le cerveau provoque une inconscience dans les 8 à 10 secondes et la mort quelques secondes après). Dans d'autres cas, une mauvaise circulation peut être l'effet d'une maladie cardiaque ou de problèmes artériels, comme l'hypertension, l'artériosclérose (durcissement des artères) ou des blocages. La nicotine, la caféine et la théine peuvent freiner la circulation du sang vers le cerveau, de même que certains médicaments. Un excès de sel peut aussi affecter la circulation.

> **Remue-méninges**
>
> Le vertige est une autre espèce de malaise dû au mouvement. Le vertige est la sensation que le monde tourne autour de vous, ou que vous tournez dans l'espace. Le vertige se caractérise souvent par la sensation d'avoir la tête qui tourne, ce qui peut être dû à un problème, comme une infection, de l'oreille interne ; autres symptômes parfois associés : étourdissements, faiblesse, léger mal de tête. Cela dit, ce n'est pas parce que vous avez la tête qui tourne que vous avez le vertige.

Un rhume ou une infection virale ont des risques d'affecter l'oreille interne et de donner des vertiges. Si l'infection est trop grave, l'oreille interne peut être atteinte irrémédiablement, avec pour conséquence une perturbation définitive de l'audition et de l'équilibre. Des maladies neurologiques plus graves et des blessures de l'oreille interne provoquent aussi parfois une déficience grave ou permanente de l'audition et de l'équilibre.

La maladie de Ménière est une affection du système vestibulaire qui se caractérise par une crise de vertige très forte, des nausées, des vomissements, des acouphènes et, éventuellement, une surdité unilatérale (surdité de l'oreille atteinte). Dans les cas les plus graves, on peut procéder à une section de la portion vestibulaire du nerf crânien VII, mais il vaut mieux tester auparavant des moyens moins intrusifs.

Les pyramides

Le cerveau commande divers types de muscles du corps : les muscles squelettiques, les muscles lisses et le muscle cardiaque. Les muscles squelettiques nous permettent de bouger les bras, les jambes, les doigts et d'autres os ; ils sont contrôlés par des neurones qui descendent du cortex à la moelle épinière par les systèmes **extrapyramidal** et **pyramidal**.

Le cervelet gouverne l'équilibre entre les faisceaux extrapyramidaux. Ces neurones surveillent la tension et la position des muscles, et relaient cette information à l'encéphale. Ensuite, le cervelet détermine s'il est nécessaire de modifier les commandes motrices ou de changer la position et le tonus musculaires.

Le cortex joue aussi un rôle décisif dans le tonus musculaire. Des expériences sur des animaux ont montré qu'une section de la moelle épinière provoquait une paralysie : les muscles réflexes continuent de fonctionner, mais l'animal n'a plus aucun contrôle volontaire. Si une partie du tronc cérébral est laissée intacte, les membres deviennent raides et l'animal ne peut plus les plier. Ce résultat indique que les centres cérébraux supérieurs sont impliqués dans le tonus musculaire et empêchent les muscles de devenir rigides.

Le système extrapyramidal empêche aussi que les muscles ne soient trop stimulés. Si le corps n'avait pas ce contrôle, le médecin qui teste vos réflexes en frappant légèrement votre genou se prendrait un coup de pied dans la figure et vos tendons s'abîmeraient sérieusement.

La fréquence des influx nerveux détermine le degré de contraction du muscle. Pour éviter une surchauffe du système, le corps limite la fréquence des influx nerveux transmis par les motoneurones. Comme presque tout ce que nous avons abordé jusqu'ici, ce processus d'auto-protection est complexe. Il faut cependant souligner le rôle des récepteurs sensitifs connus sous le nom d'organes tendineux de Golgi (ce même Golgi qui a découvert les cellules nerveuses). À chaque fois qu'un muscle se contracte, cela distend les organes tendineux de Golgi. S'ils sont distendus au-delà d'un seuil de danger pour le corps, les organes tendineux de Golgi déclenchent un influx ayant pour fonction d'inhiber le nerf qui provoque la contraction musculaire.

Le jargon de la science

Le **système pyramidal** tire son nom de la forme pyramidale des faisceaux nerveux dans l'aire de la moelle que la plupart des faisceaux pyramidaux traversent. Contrairement au système pyramidal, le **système extrapyramidal** n'est pas une entité anatomique, mais un ensemble de voies de transmission des influx nerveux responsables de la motricité involontaire (entre autres les réflexes) et du contrôle de la posture.

Si le système extrapyramidal fonctionne mal, les conséquences peuvent être graves. La maladie de Parkinson est liée à une déficience de ce système, ce qui conduit à une rigidité posturale et à des tremblements incontrôlés.

La carte de Penfield

Les neurones des faisceaux extrapyramidaux sont reliés à de nombreuses aires cérébrales (appelées collectivement les noyaux gris centraux) tandis que les neurones pyramidaux voyagent directement à travers la moelle épinière jusqu'aux motoneurones qui contrôlent les muscles squelettiques.

À travers des expériences de cartographie cérébrale, le neurochirurgien Wilder Penfield, ainsi que d'autres scientifiques, aont pu constater que les aires corticales dédiées aux différents muscles sont organisées systématiquement. Par exemple, l'aire motrice du cortex qui contrôle le pouce est à côté de l'aire qui contrôle l'index. Comme nous l'avons expliqué au chapitre 4, la taille de l'aire corticale responsable d'une fonction particulière est liée au degré de sensibilité de cette partie du corps. (Vous vous souvenez de l'homonculus ?)

> **Remue-méninges**
>
> L'électrocorticographie (relevé peropératoire de l'activité corticale du cerveau) peut déterminer la localisation ou l'origine des troubles convulsifs. Cela permet au chirurgien de repérer la zone à extraire.

Le fait que le cerveau n'ait aucun récepteur de la douleur permet aux neurochirurgiens d'opérer des patients éveillés. Ils peuvent ainsi déterminer les effets de la stimulation ou du sondage d'aires corticales spécifiques, comme celle du langage ou certaines aires motrices. L'état de veille du patient pendant l'opération est très important dans les opérations correctrices de l'épilepsie ou lors de l'exérèse d'une tumeur.

Réflexe ou réaction ?

Quand le système nerveux détecte un stimulus et que le corps réagit automatiquement, la réponse est appelée réflexe. Quand nous avons la possibilité de prendre une décision, la réponse est appelée réaction. La différence entre réflexe et réaction réside dans l'implication du cerveau. Celui-ci n'est pas impliqué dans les réflexes.

Les réactions couvrent un large spectre d'actions. Toutes font intervenir le jugement. Dans certains cas, la réaction peut prendre du temps. Lors d'une partie d'échecs, par exemple, vous étudiez le mouvement de votre adversaire pendant quelque temps avant de jouer, car vous avez besoin d'évaluer mentalement toutes les actions possibles. En d'autres occasions, vous devez réagir en une fraction de seconde.

Imaginez un match de tennis. Le serveur peut frapper la balle à environ 190 km/heure. Le receveur doit identifier que la balle a été frappée, déterminer sa vitesse et sa direction, puis effectuer les mouvements pour l'atteindre et la renvoyer en moins d'une demi-seconde.

La plupart d'entre nous n'ont pas à stopper ou à rattraper à la volée le terrible coup de Steve Dainton (222 km/heure). En revanche nous relevons un défi bien plus dangereux sur l'autoroute. Si vous roulez à 90 km/heure à 50 mètres derrière un camion et que quelque chose tombe de ce camion, vous avez moins de deux secondes pour l'éviter.

À vos crayons !

Vous pensez être rapide ? Avant de chausser vos tennis, vérifiez votre temps de réaction avec un test maison. Demandez à quelqu'un de tenir une règle graduée par son extrémité pour qu'elle soit perpendiculaire au sol et à quelques dizaines de centimètres de celui-ci.

Placez votre pouce et votre index écartés de quelques centimètres au niveau de la graduation des 45 cm. Dites à votre copain de lâcher la règle sans vous prévenir et essayez de l'attraper. Lisez alors sur la règle la graduation à laquelle vous avez saisi la règle. Soustrayez ce chiffre à 45 et vous obtiendrez la hauteur de la chute de la règle avant que vous ne l'ayez saisie. Vous pouvez définir votre temps de réaction à l'aide du tableau suivant.

Distance de la chute	Temps de réaction
5 cm	0,10 seconde
10 cm	0,14 seconde
15 cm	0,18 seconde
20 cm	0,20 seconde
25 cm	0,23 seconde
30 cm	0,25 seconde
35 cm	0,27 seconde
40 cm	0,29 seconde
45 cm	0,31 seconde

Le temps de réaction moyen est de 0,18 à 0,20 seconde, soit une chute de 15 à 20 cm. Un tennisman recevant une balle à 160 km/heure frappée à une distance de 6 mètres doit réagir en 0,15 seconde.

Du physique au mental

C'était une longue histoire bien compliquée, mais nous espérons que vous comprenez bien maintenant la relation entre le cerveau et le geste. Nous avons traité des sens, des comportements volontaires et involontaires, du langage et de nos besoins fondamentaux. Maintenant, il est temps de pénétrer plus profondément dans le cerveau et d'explorer les processus supérieurs que sont la pensée, l'apprentissage, la mémoire et les émotions. Vaste sujet...

Ce qu'il faut retenir

→ Le sens labyrinthique nous aide à garder notre équilibre sans avoir à y penser.

→ Des récepteurs dans nos articulations nous procurent un sens kinesthésique qui nous permet de connaître la position de nos membres.

→ Le mal des transports se déclenche quand les cellules de l'oreille interne indiquent au cerveau que le corps bouge dans un sens et que les yeux lui indiquent qu'ils bougent dans un sens différent.

→ La prise de décision distingue la réaction du réflexe.

L'ordinateur humain **Partie 3**

QCM

1 – Quel nom porte le centre cérébral du langage ?
- A - l'aire de Brodmann
- B - le cortex cingulaire
- C - l'aire de Broca

2 – Les cellules ciliées sont impliquées dans...
- A - la vue
- B - l'audition
- C - le goût

3 – Quel centre sensoriel est le plus étendu ?
- A - le centre de l'odorat
- B - le centre du goût
- C - le centre du toucher

4 – Dans quelle partie du cerveau se trouvent les centres qui inhibent ou stimulent l'appétit ?
- A - l'hypothalamus
- B - le tronc cérébral
- C - le cervelet

5 – Le sommeil paradoxal est caractérisé par...
- A - une activité cérébrale intense
- B - une activité des yeux
- C - une activité cardiaque ralentie

6 – Le système nerveux autonome est composé du système nerveux sympathique et...
- A - du système nerveux antipathique
- B - du système nerveux parasympathique
- C - du système nerveux empathique

7 – Quelle hormone le corps sécrète-t-il en réponse au stress ?
- A - l'adrénaline
- B - la mélatonine
- C - l'ocytocine

8 – À quoi sert le sens labyrinthique (oreille interne) ?
- A - à se repérer dans l'espace
- B - à garder l'équilibre
- C - à évaluer les distances

9 – Une stimulation excessive du système vestibulaire se manifeste par...
- A - le vertige
- B - la claustrophobie
- C - le mal des transports

10 – Qu'est-ce qui distingue la réaction du réflexe ?
- A - elle implique le cerveau
- B - elle est une réponse à un stimulus
- C - elle sollicite les muscles

Réponses

1 : C - 2 : B - 3 : C - 4 : A
5 : A et B - 6 : B - 7 : A - 8 : B
9 : C - 10 : A

Nombre de bonnes réponses

Si vous avez au moins 7 bonnes réponses, passez au chapitre suivant, sinon... faites quelques révisions !

Partie 4

Action !

Dans les chapitres qui précèdent, nous avons traité des sens, des comportements volontaires et involontaires, du langage mais aussi de nos besoins fondamentaux. Si l'exposé était parfois ardu, il vous aura du moins permis de mieux comprendre la relation entre le cerveau et le geste.

Cette nouvelle partie traite des questions les plus difficiles concernant le cerveau : comment nous souvenons-nous des informations ? qu'est-ce qui rend une personne plus intelligente qu'une autre ? d'où viennent nos émotions ? Les questions relatives à la mémoire, aux émotions et à l'intelligence sont parmi les plus complexes dans le domaine des neurosciences. Beaucoup d'aspects traités dans cette partie demeurent d'ailleurs l'objet de vifs débats et de recherches intensives.

Chapitre 14

Le tableau noir de l'esprit

Dans ce chapitre

→ Mémoire explicite et mémoire implicite

→ Mémoire à court et mémoire à long terme

→ Quand il y a surcharge d'informations

→ Les ratés de la mémoire

→ Pourquoi nous oublions

→ Comment booster votre mémoire

Dans l'Antiquité, les Grecs et les Égyptiens pensaient que le siège de l'intelligence était le cœur mais nous savons aujourd'hui que c'est le cerveau. Pourtant, la plupart des gens ignorent comment ce dernier contrôle la pensée. Ils le considèrent comme une éponge qui absorbe les informations ou comme un ordinateur qui les stocke, mais cette représentation est inexacte, comme vous l'aurez constaté en lisant ce livre.

La majeure partie du cerveau ne joue aucun rôle dans les fonctions supérieures (penser, apprendre, se souvenir). En outre, les processus mentaux ne siègent pas dans une aire cérébrale unique. Le cortex est sans doute la partie clé ; le cortex préfrontal joue un rôle spécifique, ainsi que d'autres zones du cerveau, comme l'hippocampe et l'amygdale.

Souvenirs, souvenirs...

En gros, les souvenirs sont des bouts d'informations stockés dans votre cerveau, qui ont pénétré votre conscience et qui peuvent être extraits selon les circonstances. Il peut s'agir d'images (photographies ou textes), d'odeurs, de goûts, de sentiments... Les souvenirs ordonnent notre vie, nous permettent de reconnaître les autres et de communiquer avec eux.

À quoi ressemble un souvenir du point de vue anatomique ? Il n'y a pas de réponse claire. On peut l'imaginer comme un circuit ou un réseau de connexions entre cellules nerveuses. Quand une personne apprend quelque chose, le cerveau crée de nouveaux circuits, maintenus actifs pour que ce nouveau savoir puisse être remobilisé. Un grand nombre de synapses, réparties dans le cerveau, sont nécessaires pour un seul souvenir. Les circuits inutilisés se déconnectent progressivement et l'information est perdue. Voilà comment les gens oublient.

> **Le jargon de la science**
>
> La **mémoire explicite** renvoie à des représentations mentales que nous sollicitons par la conscience alors que la **mémoire implicite** relève d'un processus automatique.

Comme nous l'avons vu aux chapitres précédents, nombre de processus cérébraux se déroulent automatiquement, alors que d'autres impliquent des décisions conscientes. La mémoire peut travailler des deux façons. Quand vous essayez de vous souvenir de quelque chose – une date d'anniversaire ou ce que vous avez mangé au petit-déjeuner, par exemple – et que vous êtes conscient de mobiliser un souvenir, votre cerveau utilise la **mémoire explicite**.

La mémoire inconsciente (certains préfèrent le terme de « non consciente ») est un type de mémoire qu'on appelle **mémoire implicite**. La conduite en voiture est un exemple d'utilisation de la mémoire implicite : vous mettez le contact et réalisez tous les gestes nécessaires à la conduite sans réfléchir à la manière dont vous les effectuez et vous obéissez au Code de la route sans avoir à vous souvenir consciemment de la signification de tel ou tel panneau.

La mémoire est complexe

La mémoire peut être décomposée en différentes catégories. Par exemple, la mémoire déclarative (ou mémoire des faits) concerne les endroits, les dates, les noms, les visages et les événements qui sont initialement stockés dans l'hippocampe (on pense que l'hippocampe, situé dans le système limbique, joue un grand rôle dans le stockage et

> **Gagnez des points de Q.I.**
>
> Les messages subliminaux sont des stimuli incorporés dans un support (film, musique, image) et qui sont conçus pour être enregistrés de manière inconsciente par notre cerveau. Ils exploitent notre mémoire implicite, mais leur efficacité et leur utilisation sont sujettes à débats depuis des années. En 1957, le publicitaire américain James Vicary déclara avoir fait exploser les ventes de Coca-Cola et de pop-corn dans les salles de cinéma du New Jersey en projetant sur les écrans, par flash, les messages « Buvez Coca-Cola » et « Mangez du pop-corn ». Il affirmait que personne ne pouvait voir les images, mais qu'elles étaient enregistrées dans le subconscient des spectateurs. C'était en fait un mensonge (une manière pour Vicary de faire de la pub pour son agence), mais l'histoire a frappé durablement les esprits et beaucoup de gens sont persuadés que les messages subliminaux sont couramment utilisés.

le traitement de l'information, en particulier pour les processus d'apprentissage et de mémorisation). Le cortex préfrontal participe à la contextualisation des faits dans le temps et l'espace. Ces faits sont assez faciles à oublier. Nous avons aussi le souvenir de compétences, comme savoir faire du vélo ou lacer ses chaussures, ce qui implique une autre aire du cerveau. Ces aptitudes sont plus difficiles à oublier que les souvenirs déclaratifs.

La mémoire sensorielle est un autre type de mémoire, de nature encore plus abstraite. C'est la connaissance du monde autour de nous qui nous permet de conserver pendant un temps très court (quelques centaines de millisecondes) l'information sensorielle en provenance de l'environnement (les sons, les images, les odeurs, etc.). Cette information nous atteint la plupart du temps inconsciemment. Il s'agit en quelque sorte d'une empreinte sensorielle évanescente.

Classer les différents types de mémoire selon leurs contenus n'est pas suffisant. On peut décomposer la mémoire selon sa durée. On distingue donc la mémoire à court terme (ou mémoire de travail) et la mémoire à long terme.

La mémoire à court terme

Vous souvenez-vous de ce que vous avez mangé ce matin ? hier ? il y a une semaine ? un mois ? un an ? Vous pensez peut-être que vous souvenir de votre repas de ce midi relève de la mémoire à court terme. Eh bien, non ! La mémoire à court terme correspond

> **Remue-méninges**
>
> Certaines informations sont plus faciles à retenir que d'autres. Par exemple, la plupart des gens retiennent plus facilement les images que les mots. Ainsi, si vous voulez apprendre à un enfant ce qu'est un avion, mieux vaut lui en montrer une image que de lui lire une description.

à une période de 30 secondes. Les mots que vous avez lus dans la dernière phrase sont dans votre mémoire à court terme, les mots en haut de la page l'ont déjà quittée.

La mémoire à court terme ne peut emmagasiner qu'une petite quantité d'information. Elle contient un nombre limité d'informations – à peu près 7 – stockées pendant quelques secondes.

Voici une petite expérience intéressante : ouvrez un annuaire et lisez un numéro de téléphone. Vous pouvez certainement vous en souvenir assez longtemps pour le composer. Mais si vous devez le composer 2 minutes après l'avoir lu, vous l'aurez certainement oublié. Et vous aurez sans doute plus de mal à composer ce numéro à l'étranger car cela supposera de mémoriser plus de sept chiffres.

Vous vous dites sans doute que vous n'avez pas de problème pour retenir votre propre numéro de téléphone plus de 30 secondes ! Mais cela n'est possible que parce que vous l'avez répété et écrit suffisamment de fois pour le transférer de votre mémoire à court terme vers votre mémoire à long terme.

La mémoire de travail

La mémoire de travail est parfois confondue avec la mémoire à court terme. Cependant, certains chercheurs distinguent la mémoire de travail de la mémoire à court terme par son utilisation immédiate. La mémoire de travail est à l'œuvre quand vous retenez une nouvelle information. Elle est également en action lorsque vous utilisez une information mémorisée, par exemple le prénom de votre enseignante de CP dont vous vous rappelez en racontant une histoire sur votre enfance.

Ce concept est sans doute plus familier aux personnes qui utilisent un ordinateur. Supposez que vous écriviez une lettre. Les mots sur l'écran sont dans la mémoire de travail de l'ordinateur (mémoire cache). Si vous sortez du programme sans sauvegarder votre lettre, l'information est perdue. Si vous la sauvegardez, elle est enregistrée sur le disque dur de votre ordinateur, en quelque sorte sa mémoire à long terme. Quand vous rallumez votre ordinateur, la lettre est dans le disque dur. Vous pouvez l'en extraire et la transférer vers la mémoire de travail en ouvrant le document.

La mémoire à long terme

Jusqu'où remonte la mémoire à long terme ? Une vie entière, même si la plupart des gens n'ont pas de souvenirs antérieurs à l'âge de trois ans. Plusieurs facteurs influencent la mémorisation d'un souvenir. La signification d'un événement en est un. Les anniversaires, les concerts, les victoires sportives sont particulièrement mémorables. Mais vous êtes moins susceptibles de vous souvenir d'événements plus anodins. Ainsi, vous pouvez retrouver l'image de votre première rentrée scolaire, mais vous aurez probablement oublié la seconde et les suivantes, si elles n'ont pas été marquées par un fait singulier.

Pour qu'une information soit stockée dans la mémoire à long terme, il faut qu'elle soit encodée. Autrement, elle est supprimée pendant qu'elle est dans la mémoire à court terme.

L'information est « encodée » lorsque les stimuli sont transformés en une forme stockable dans le cerveau. Il existe trois types d'encodage :
• l'encodage acoustique (mémorisation des informations transmises par des sons) ;
• l'encodage visuel (mémorisation d'une image ou d'autres caractéristiques visuelles) ;
• l'encodage sémantique (mémorisation d'une signification).

Plus haut, nous avons comparé la mémoire à long terme à un disque dur d'ordinateur qui permettait de sauvegarder et d'extraire une énorme quantité d'informations. Mais, au chapitre 1, nous avons également dit que le cerveau est bien plus complexe et extraordinaire que n'importe quel ordinateur. Le stockage de l'information est un autre exemple de cette évidence. La capacité d'un ordinateur est de plusieurs centaines de gigaoctet d'informations alors que celle de votre cerveau est presque infinie. Cependant, si certains chercheurs prétendent que le cerveau garde l'information indéfiniment, d'autres avancent qu'elle se détériore au cours du temps.

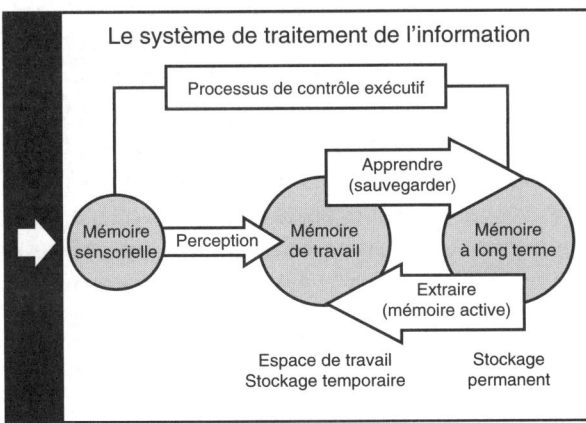

Ce schéma représente la façon dont l'information est traitée dans le cerveau. Elle entre d'abord dans la mémoire sensorielle, puis elle devient partie de la mémoire de travail. Si elle est apprise, l'information peut entrer dans la mémoire à long terme. Elle pourra en être extraite par la suite.

Il existe trois types de mémoire à long terme : la mémoire épisodique, la mémoire sémantique et la mémoire procédurale. La mémoire épisodique comprend les souvenirs des événements vécus ; c'est la mémoire de l'expérience personnelle. La mémoire sémantique porte sur les faits et les connaissances encyclopédiques ; elle fonctionne par concepts objectifs, ce qui la rend plus fiable et plus solide que la mémoire épisodique. La mémoire procédurale porte sur les habiletés motrices, les savoir-faire, les gestes habituels ; c'est grâce à elle qu'on se souvient comment exécuter une séquence de gestes. Elle est très fiable et conserve ses données, même si elles ne sont pas utilisées pendant plusieurs années. Par exemple, si vous n'avez pas conduit pendant plusieurs années, vous retrouverez naturellement les gestes le jour où vous reprendrez le volant. Que vous ne vous sentiez pas très rassuré est un autre problème, mais la procédure est bien gravée dans votre mémoire.

> **Remue-méninges**
>
> Les chercheurs ont longtemps pensé que l'information passait par la mémoire à court terme pour accéder à la mémoire à long terme. Il apparaît aujourd'hui que ces deux types de mémoire sont indépendants.

Ces types de mémoire peuvent être indépendants les uns des autres ou collaborer entre eux. Par exemple, vous pouvez consciemment décomposer les actions nécessaires au laçage de vos chaussures (mémoire sémantique), vous rappeler la première fois que vous l'avez fait tout seul (mémoire épisodique) et les lacer, comme d'habitude, par automatisme (mémoire procédurale).

Mémoire et action

Quand vous marchez dans la rue, votre cerveau analyse les informations qui vous indiquent où se trouve le bord du trottoir, celles qui vous permettent de localiser un trou dans le sol ou un lampadaire et celles qui vous font éviter le cycliste qui fonce sur vous. Vous traitez toutes ces informations en un instant, puis vous les effacez. Ces souvenirs sensoriels sont stockés pendant moins de temps que pour la mémoire à court terme (moins d'une seconde pour un souvenir visuel, dit iconique, et moins de quatre secondes pour un souvenir auditif, dit échoïque). C'est le cerveau qui décide de stocker ou d'effacer cette information. Seules les informations dont nous avons besoin, qui satisfont un intérêt personnel ou sont extraordinaires seront transférées dans la mémoire à long terme.

Une fois que nous avons encodé et stocké les souvenirs, comment les utilisons-nous ? Cela ne nous servirait pas à grand-chose d'emmagasiner tout ça, si on ne pouvait pas les utiliser après ! C'est là que l'extraction des souvenirs intervient. Une fois de plus, ce processus peut être divisé en plusieurs catégories :

- **le rappel** (évocation) est le processus par lequel nous nous souvenons d'une information sans être guidés par une partie de la mémoire. C'est ce processus qui est à l'œuvre dans les exercices à trous (par exemple, quand il faut remplir les blancs laissés dans une phrase);

- **la reconnaissance** (récognition) survient quand il s'agit de remobiliser une information déjà en mémoire, comme dans lors d'un questionnaire à choix multiple;

- **la remémoration** est une reconstruction de plusieurs « pièces de souvenir ». C'est le processus à l'œuvre lors d'une dissertation;

- **la réacquisition** intervient lorsque vous avez des difficultés à vous souvenir de quelque chose que vous avez su par le passé et que vous ne pouvez retrouver que si vous l'apprenez une seconde fois. Par exemple, devant votre photo de classe de 6e, vous pourrez plus facilement mettre un nom sur les visages si vous avez pu relire la liste des élèves.

Lors du processus de remémoration, le cerveau cherche des « modèles » pour assembler des morceaux de mémoires. Plus le modèle est ordonné, plus vous vous souviendrez facilement de l'information. Supposez qu'on dispose devant vous une série de formes géométriques dans un ordre aléatoire. On rassemble alors les formes dans une boîte et l'on vous demande de les sortir une à une et de les replacer dans le même ordre. Pas facile du tout ! En revanche, si on assemble des formes identiques qui construisent un objet bien précis, une maison par exemple, il sera plus facile de recréer ce que vous avez vu.

Les souvenirs sonores sont encore un meilleur exemple. Des sons aléatoires ou discordants sont plus difficiles à retenir qu'une mélodie (pensez à la cinquième de Beethoven !).

L'effet Mozart

En 1993, des chercheurs de l'université de Californie, à Irvine, aux États-Unis, ont pratiqué l'expérience suivante : après avoir fait passer des tests de Q.I. a un ensemble d'étudiants, ils les ont répartis en trois groupes, qui devaient soit rester 10 minutes dans le silence complet, soit écouter pendant 10 minutes une musique de relaxation, soit

Faites le 15 !

L'amusie est un état dans lequel des personnes qui peuvent entendre et comprendre le langage et la plupart des sons ne peuvent reconnaître une mélodie. Cet état n'a rien à voir avec ce que l'on appelle l'oreille musiclae ou le fait de chanter faux. L'amusie est le résultat d'une lésion du lobe temporal.

écouter pendant 10 minutes une sonate de Mozart. Puis on leur a tous fait passer un autre test de Q.I. Le groupe ayant écouté Mozart a obtenu les meilleures notes. Bien que cet effet semble temporaire (environ 10 à 15 minutes), les chercheurs avancent l'idée que la musique améliore la mémoire, car mémoire et musique mobilisent des structures cérébrales en partie commune.

Cet « effet Mozart » a été testé par de nombreux chercheurs en changeant le dispositif avec différents sujets et différents types de musiques et de sons. Les résultats de 1993 n'ont pu être reproduits. Le principe selon lequel le fait d'écouter un certain type de musique améliorerait la mémoire est aujourd'hui considéré comme douteux. Néanmoins, nombreux sont ceux qui pensent que la mémoire et l'intelligence peuvent être améliorées par la musique. Ainsi il y a des parents qui continuent de faire écouter du Mozart à leur enfant, y compris pendant la grossesse, parce qu'ils sont convaincus que cela va aider à son développement.

Remplir les blancs

Nous avons vu au chapitre 10 que le cerveau interprète parfois une image pour la faire correspondre à un motif connu, mais qui ne correspond pas à l'image réelle. Il y a donc une illusion d'optique. Le cerveau peut engager des processus similaires avec d'autres types de souvenirs. Les gens organisent l'information de la manière qui est la plus signifiante pour eux, mais ce système d'organisation ne garantit pas une mémoire exacte.

Une expérience illustre ce phénomène. On distribue à des sujets la liste de mots suivante : aigre, bonbon, doux, amer, bon, goût, dent, couteau, miel, photo, chocolat, cœur, gâteau et tarte. On leur pose ensuite une série de questions sur la présence de certains mots dans la liste. Quand on leur demande si le mot « sucré » y figure, beaucoup de sujets répondent par l'affirmative. Vous pourriez penser que ces personnes ont une mauvaise mémoire, mais ce n'est pas la conclusion des scientifiques. Pour eux, ce résultat démontre que nous apprenons de nouvelles informations en nous référant à des informations existantes.

Faux souvenirs

On ne peut se souvenir précisément de tout. Ainsi, nous oublions certains incidents ou notre souvenir est différent de ce qui s'est réellement produit. Ce sont de faux souvenirs.

Dans la plupart des cas, nous avons conscience de cette imperfection de la mémoire. Même si c'est gênant, c'est sans gravité. Toutefois, dans certains cas graves, des techniques psychothérapeutiques ont été tenues responsables de la formation de faux souvenirs (en particulier sur des événements traumatisants qui se seraient déroulés durant l'enfance).

Comment cela peut-il arriver ? En fait, créer un faux souvenir est plus facile qu'on ne l'imagine. Tout d'abord, la plupart des gens pensent devoir se souvenir du passé et se sentent coupables s'ils n'y arrivent pas. Postuler qu'on doit se souvenir de quelque chose qu'on a oublié pourrait faciliter l'implantation de faux souvenirs. La mémoire peut aussi être influencée par des indices ou de fausses accusations. Par exemple, si quelqu'un affirme de manière péremptoire qu'il vous a vu faire quelque chose dont vous ne vous souvenez pas, il peut réussir à vous convaincre. Parfois même, vous pouvez ensuite commencer à inventer des détails sur cette chose que vous n'avez pourtant pas faite.

Souvent, ces erreurs de la mémoire peuvent être commises en toute innocence. Ce phénomène s'observe lors de témoignage sur des événements anciens. D'anciens prisonniers de guerre qui ne se souviennent pas exactement des faits qui se sont déroulés il y a cinquante ans confirment parfois les souvenirs de camarades, non pas parce qu'ils sont exacts, mais parce qu'ils sont affirmés avec conviction. Et plus un événement est plausible, plus il est susceptible de générer de faux souvenirs.

L'imagerie par résonance magnétique indique que ce sont les mêmes zones du cerveau qui sont activées, quelle que soit la validité du souvenir. Ce fait conduit les chercheurs à supposer que les faux souvenirs sont stockés dans les mêmes aires que les vrais, ce qui peut expliquer pourquoi quelqu'un peut être convaincu de quelque chose qui ne s'est pas produit.

Dessiner un vide

Dans les films, on trouve souvent des personnages qui ont tout oublié. Dans les faits, l'amnésie est le plus souvent partielle et concerne la perte de souvenirs anciens ou au contraire de souvenirs récents. Elle est permanente ou transitoire.

Vous êtes-vous jamais demandé comment un amnésique, dans un film, peut avoir tout oublié alors qu'il parle et vit comme si de rien n'était ? Si vous aviez vraiment perdu la mémoire, vous auriez oublié comment parler, conduire ou faire vos courses. Les amnésiques des films ne perdent pas l'aptitude à communiquer et sont toujours au courant des règles de vie sociale : ils n'oublient jamais de s'habiller pour sortir dans la rue !

L'amnésie peut résulter de troubles psychiatriques ou d'un stress extrême. Ce type d'amnésie, dite amnésie hystérique, peut se déclencher soudainement. Ceux qui en sont affectés se retrouvent dans des endroits inconnus, incapables de se souvenir de leur nom ou d'autres détails concernant leur vie. Les signes annonciateurs sont un sentiment envahissant d'affliction et de honte ou toute autre émotion douloureuse, rendant le sujet incapable de faire face à la réalité. Ce type d'amnésie peut souvent être amélioré par la psychothérapie.

Il est fréquent que l'amnésie soit le résultat d'une blessure au cerveau. Les lésions du système limbique, en particulier, affectent le stockage des souvenirs. Le type d'amnésie dépend de la localisation de la lésion. Une lésion du cortex visuel dans le lobe occipital conduit à une amnésie visuelle, qui se caractérise par une impossibilité à reconnaître les textes imprimés ou les objets. Une blessure au lobe temporal peut produire une amnésie auditive, qui se caractérise par l'incapacité à se souvenir des mots. L'inaptitude à identifier les objets par le toucher, l'amnésie tactile, peut être provoquée par une lésion du cortex situé dans le lobe pariétal. Souvent, lorsque le tissu lésé guérit ou qu'on enlève la tumeur responsable de l'amnésie, celle-ci disparaît.

> ### Gagnez des points de Q.I.
>
> Dans le film *Memento*, de Christopher Nolan, l'acteur Guy Pearce interprète le rôle d'un homme qui, à la suite d'une blessure à la tête, n'a plus de mémoire à court terme (il est incapable de savoir ce qu'il a fait le quart d'heure précédent). Il doit alors tatouer des notes sur sa peau et prendre des photos pour se souvenir de ce qui lui arrive. Ce personnage souffre de ce qu'on appelle une amnésie antérograde, qui correspond à la perte de la mémoire à court terme.

L'alcoolisme est une autre cause d'amnésie. Les personnes dépendantes peuvent subir des « voiles noirs » et être incapables de se souvenir de ce qui leur est arrivé lorsqu'elles étaient sous l'emprise de l'alcool. Des abus répétés et prolongés endommagent les cellules nerveuses et détériorent de façon permanente la mémoire à court terme. La mémoire à long terme peut également être atteinte, mais dans une moindre mesure. Ce type de détérioration est connu sous le nom de syndrome de Korsakoff et consiste en une atteinte dégénérative du thalamus. On pense que c'est une carence en thiamine qui en est responsable.

Dans les films, l'amnésique a tout oublié de sa vie et de son passé, mais n'a pas de problèmes avec les nouveaux souvenirs. Dans la réalité, les personnes atteintes d'amnésie ont plutôt des difficultés à retenir les faits qui surviennent immédiatement après leur blessure (blessure à la tête, accident, lésion du cerveau). On parle alors d'amnésie antérograde. Quant à l'amnésie rétrograde, c'est-à-dire la perte de la mémoire des événements qui ont eu lieu avant une maladie ou une blessure, elle est plus rare et s'accompagne généralement d'une amnésie antérograde.

Après une blessure à la tête, les amnésies à court terme sont fréquentes. Les personnes qui en souffrent oublient souvent, de manière définitive, les événements survenus juste avant la blessure. Les souvenirs les plus proches du moment de la blessure sont les moins susceptibles d'être remémorés.

Un petit tour et puis s'en vont !

Vous n'êtes pas censé vous souvenir de tout. L'oubli est prévu par notre fonctionnement biologique et c'est pour notre bien. Bien sûr, il y a des choses dont vous voudriez vous souvenir pour toujours, comme le nom de toutes les préfectures des départements français, le coucher de soleil sur une plage de Tahiti et le goût de votre première glace au chocolat. Mais il y a aussi les souvenirs déplaisants qu'il vaut mieux oublier, comme la douleur d'une fracture, le deuil d'une personne aimée ou le goût du lait tourné. Une mémoire « parfaite » serait physiquement et émotionnellement écrasante.

Nombre de théories ont été émises pour expliquer l'oubli. L'une d'entre elles avance que les souvenirs s'évanouissent quand ils ne sont pas utilisés. L'analogie la plus commune est celle du sentier forestier qui, lorsqu'il n'est pas fréquenté, s'efface au fur et à mesure qu'il est envahi par la végétation. Une autre théorie considère que nous effaçons les anciens souvenirs parce qu'ils interfèrent avec des informations nouvelles ou que l'acquisition de nouveaux souvenirs inhibe la mémoire d'anciennes informations. Freud a indiqué que les souvenirs n'étaient pas forcément oubliés, mais qu'ils étaient refoulés dans l'inconscient pour nous en protéger.

L'âge joue également un rôle dans l'oubli. Les cellules nerveuses commencent à mourir dès la petite enfance et continuent de disparaître tout au long de la vie. Des recherches récentes suggèrent que la situation ne serait pourtant pas si catastrophique, dans la mesure où les neurones se régénéreraient dans l'hippocampe.

La perte de cellules nerveuses due à l'âge n'est pas la seule raison de la détérioration mentale. La diminution du flux sanguin dans le cerveau serait un autre facteur. Cette altération physiologique n'est pas uniforme. Elle est plus prononcée dans les zones où le cerveau contrôle la concentration, l'état de veille et l'encodage des nouvelles informations.

Dans les cas extrêmes de la maladie d'Alzheimer (qui sera présentée en détail au chapitre 18), les patients vivent dans un état de confusion mentale. La mémoire à court terme et la mémoire à long terme sont atteintes, au point qu'il n'est plus possible de reconnaître ses proches. Dans toutes les pathologies démentielles, les fonctions cognitives sont atteintes et la perte de mémoire est fréquente.

Faites le 15 !

Un traumatisme crânien peut provoquer une perte de mémoire d'intensité moyenne à forte. Cela arrive souvent aux sportifs qui reçoivent des coups à la tête, comme les rugbymen ou les boxeurs, qui peuvent présenter une démence pugilistique si leur tête a subi trop d'assauts violents.

Gonfler sa mémoire

Certaines personnes naissent avec une meilleure mémoire que d'autres. Peut-être connaissez-vous des personnes douées d'une mémoire photographique, c'est-à-dire qui peuvent retenir une information en l'ayant regardée juste une fois. Ce talent ne signifie pas forcément que la personne est particulièrement intelligente. Ainsi, un certain Rajan a pu retenir les 32 000 chiffres qui suivent la virgule du quotient mathématique *pi* (*pi* = le rapport de la circonférence d'un cercle à son diamètre = 3,14116...), sans obtenir par ailleurs des scores très importants aux différents tests d'intelligence.

On ne sait pas pourquoi un si petit nombre de personnes présentent ce don, mais la bonne nouvelle est que nous pouvons tous améliorer les capacités de notre mémoire. La façon la plus simple de retenir une information est de la répéter. Si vous revenez encore et encore sur une même liste ou sur une même tâche, vous augmentez votre chance de l'apprendre. Certains types de répétitions conviennent mieux à certaines personnes qu'à d'autres. Il y en a qui retiennent en écrivant, d'autres en répétant à haute voix. Les bonnes vieilles fiches ou antisèches sont un moyen efficace de retenir des informations qui ne requièrent pas d'analyse.

> **Remue-méninges**
>
> Avez-vous déjà essayé de vous rappeler quelque chose qui restait bloqué sur le bout de votre langue ? Vous n'êtes pas le seul ! Ce phénomène très fréquent a été étudié pendant des années. Il consiste en une rupture du processus d'extraction de la mémoire à long terme juste avant la recognition. Une hypothèse avance que le cerveau appelle une partie d'information qui inhibe l'information correcte. Une autre hypothèse suggère qu'il n'y a pas alors suffisamment d'information pour déterminer ce qui doit être extrait.

Les moyens mnémotechniques sont une autre méthode de retenir une liste d'information. Il s'agit de séries de mots ou d'acronymes que vous pouvez associer aux informations à retenir. Vous souvenez-vous, au chapitre 8, de cette pauvre **OL**ivia (qui) **OPT**e pour l'**OC**éan (parce que) c'est **TRO**p **TRI**ste d'**A**ller **FA**ire des **V**isites **G**avantes quand les **VAGUES A**pportent l'**HYP**nose. Les lettres en gras représentent les premières lettres des douze nerfs crâniens. À moins d'aller en fac de médecine, vous n'aurez pas à les retenir, mais de nombreuses connaissances scolaires sont acquises en utilisant de tels moyens. Vous connaissez sans doute la formule magique pour retenir toutes les conjonctions de coordination du français : « Mais où est donc Ornicar ? » (mai, où, et, donc, or, ni, car). Une approche similaire consiste à inventer une comptine, dont les rimes vous rappellent ce que vous devez retenir.

La **méthode des loci** (lieux) est un autre moyen mnémotechnique efficace. Si vous essayez de

> **Le jargon de la science**
>
> La **méthode des loci** nous vient de la Grèce antique, quand les orateurs grecs l'utilisaient pour retenir leurs discours. On raconte que Simonide de Ceos était à un banquet pour faire un discours. Il sortit un instant et le bâtiment s'écroula, tuant tout le monde à l'intérieur. Simonide put reconnaître les corps, atrocement mutilés, en se remémorant l'endroit où étaient assis les convives durant le banquet.

mémoriser une liste de courses, vous pouvez visualiser vos achats dans différentes parties de la maison. Pensez à une bouteille de lait sur la table de la cuisine, une tranche de pain accrochée au mur, une boîte de sauce tomate dans votre lit... Arrivé au supermarché, reconstruisez le trajet à l'intérieur de la maison. Cela peut paraître stupide, mais c'est efficace ! Plus les associations sont bizarres, mieux cela marche.

Une autre méthode qui marche bien consiste à découper une grande quantité d'informations en unités plus petites. C'est très utile, surtout si vous devez vous souvenir d'une liste de chiffres. Vous le faites sans doute déjà avec votre code de carte bancaire, votre numéro de sécurité sociale ou le code d'entrée de votre immeuble. Les codes que vous utilisez ne sont-ils pas vos dates d'anniversaire, des dates historiques ou d'autres moments importants de votre vie ? Si tel est le cas, pourquoi les avez-vous choisis ? Parce qu'il est facile de s'en souvenir, bien sûr !

Envisageons maintenant le cas où vous devez retenir un chiffre complexe, par exemple un code d'accès à des données confidentielles. Le code est le 3619697GP. Nous proposons de le décomposer de la manière suivante :

> 36 1969 7 GP

Maintenant, voici la clé de cette décomposition : la date du Front populaire en France (1936), l'année où l'homme a marché sur la lune (1969), en juillet (7), et les initiales du président de la république Georges Pompidou (GP). Ensuite, il ne reste plus qu'à associer à ces dates ou code une image plus parlante : par exemple le souvenir de votre grand-père qui est parti pour la première fois en vacances sous le Front populaire, et qui regardait la retransmission télévisée des premiers pas de Neil Armstrong sur la lune en juillet 1969, sous la présidence de Georges Pompidou.

L'hygiène de vie peut également améliorer la

> **Faites le 15 !**
>
> Les experts en sécurité dissuadent d'utiliser des dates et des nombres familiers comme mots de passe. C'est la première chose qu'essayent ceux qui tentent de d'accéder à vos données personnelles. Il est plus indiqué d'utiliser des combinaisons de chiffres et de lettres sans lien avec des événements de votre vie.

mémoire. La fatigue est un ennemi de la mémoire. Faire une nuit blanche à la veille d'un examen peut vous sembler nécessaire, mais le manque de sommeil affaiblira vos performances et vos capacités de concentration.

Le stress, enfin, peut également affecter la mémoire. Certains font de meilleures performances sous pression, mais ce n'est pas le cas de la majorité des gens, qui ont plutôt tendance à perdre tous leurs moyens... Quand vous êtes détendu, il est généralement plus facile de puiser dans votre mémoire.

Mangez malin

Vos parents ne vous ont-ils jamais dit de nourrir votre cerveau ? Car il est vrai que certains aliments renforcent la mémoire.

- Le sucre est important car il apporte du glucose au cerveau. C'est le carburant qui fait fonctionner le cerveau.

- Les aliments protéinés comme la viande, les noix, les œufs, les légumineuses (lentilles, pois cassés) apportent des acides aminés, constituants essentiels du tissu cérébral.

- La vitamine B renforce la mémoire et l'apprentissage.

- La vitamine B1 (thiamine), qu'on trouve dans les flocons d'avoine et les petits pois, est nécessaire au métabolisme du sucre. Elle participe au maintien des fibres nerveuses et aide la mémoire.

- La vitamine B3 (niacine), qu'on trouve dans la dinde et le thon, est importante pour les globules rouges qui transportent l'oxygène au cerveau.

- La vitamine B12, qu'on trouve dans la viande, les œufs et les produits laitiers, est importante pour l'équilibre.

- La vitamine C, qu'on trouve dans les brocolis, les choux-fleurs et les agrumes, renforcent la production de dopamine.

- Le chocolat peut renforcer la production de sérotonine, ce qui a des répercussions positives sur l'humeur.

- La vitamine E, qu'on trouve dans les céréales, les fruits, la volaille, les fruits de mer et le poisson, est bien connue pour ses effets positifs sur la mémoire.

Mais attention, un apport excessif de certains nutriments peut avoir l'effet inverse. Et les aliments peuvent également avoir des effets néfastes en eux-mêmes. Des allergies à certains aliments, comme le café, le lait, le chocolat, le sucre et le blé, contribuent à certains troubles comme la dépression ou l'anxiété.

Pour conclure, rappelons que s'il est facile de stocker des informations dans son cerveau, le plus dur est de les récupérer quand on en a besoin. Pour reprendre l'analogie informatique, pensez aux différentes étapes nécessaires à la récupération d'un fichier dans un disque dur. Vous pouvez effectuer une recherche ou examiner les répertoires. Plus le disque dur est gros, plus il est difficile de trouver un fichier précis. Multipliez ce problème par un facteur exponentiel et vous aurez une idée de combien il est difficile d'extraire un fait isolé de la considérable quantité de connaissances que vous transportez dans votre tête.

Ce qu'il faut retenir

→ Un souvenir est un réseau de connexions entre des cellules nerveuses. Les circuits inutilisés se déconnectent progressivement et l'information est perdue.

→ Une très petite quantité d'informations sont stockées dans la mémoire à court terme, mais les informations doivent être codées pour pouvoir être stockées durablement dans la mémoire à long terme.

→ Se souvenir est un processus qui exige que le cerveau assemble des bouts de mémoire. Plus l'information stockée est ordonnancée, plus on s'en souvient facilement.

→ On peut améliorer les capacités de notre mémoire par des exercices de répétition ou en utilisant des moyens mnémotechniques.

Chapitre 15

Le cerveau sensible

Dans ce chapitre

→ Pleurez-vous parce que vous êtes triste ou êtes-vous triste parce que vous pleurez ?

→ Comment la pensée et les sentiments sont-ils liés ?

→ Que pouvez-vous savoir des émotions de quelqu'un en regardant son visage ?

→ Les émotions sont-elles liées au stress ?

→ Qu'est-ce qui est le mieux : un fort Q.I. ou un fort Q.E. ?

Qu'est-ce que l'amour ? Le bonheur ? La haine ? Ce sont des émotions. Mais que sont les émotions ? Pour le dire simplement, ce sont des sentiments et des sensations. Les émotions ont une composante strictement physiologique mais elles peuvent aussi avoir une dimension cognitive, qui n'est pas facile à repérer, à quantifier, à définir. Une question est de savoir ce qui vient en premier : la réaction du corps ou les pensées que nous appelons émotions ?

Décrire l'émotion est difficile, mais déterminer le rôle du cerveau dans les sentiments et les agissements est encore plus problématique. Et séparer le biologique des influences extérieures est encore plus dur. Ce chapitre va pourtant tenter de relever ce défi.

Les sentiments d'abord ?

Nous éprouvons tous, à un moment ou à un autre, de l'anxiété. Quand nous sommes nerveux ou stressés, nous avons une boule dans l'estomac. Et voilà bien toute la question : est-ce que notre estomac se noue parce que nous sommes anxieux ou bien sommes-nous anxieux parce que notre estomac se noue ?

Pendant des années, l'idée la plus couramment admise était qu'un stimulus provoque une émotion et que l'émotion détermine le comportement. Si vous voyez un gros chien courir vers vous en aboyant, vous avez peur et vous prenez la fuite. À la fin du XIXe siècle, William James a émis l'hypothèse que le stimulus provoque une réponse physique et que la réponse physique provoque une émotion. Pour lui, quand vous voyez le gros chien, le mécanisme fight-or-flight (se battre ou fuir) de votre corps se déclenche et c'est seulement dans un second temps vous avez peur (au lieu d'être d'abord effrayé et de fuir ensuite).

Avec Carl Lange, James a précisé sa théorie en argumentant qu'un stimulus, par exemple le fait de voir un chien approcher, déclenche des influx dans le cortex sensitif. Le cortex sensitif, à son tour, fait un signe au système autonome, qui élève le niveau d'alerte dans le corps. En retour, cette sensibilité accrue envoie des signaux au cerveau qui génèrent une émotion.

Walter Cannon contredit cette théorie dans les années 1920. Il soutient que l'explication de James et de Lange ne prend pas en compte la vitesse à laquelle les émotions sont générées et il considère que les processus d'envoi des messages par le système autonome sont trop longs pour rendre compte de la rapidité des réactions humaines. Il avance aussi comme argument que des personnes dont le système nerveux sympathique est affecté éprouvent encore des émotions. Plus encore, des réactions viscérales sont communes à différentes émotions. Par exemple, vous pouvez avoir un nœud dans le ventre soit parce que vous êtes stressé (par exemple avant de parler en public), soit parce que vous êtes en colère (on vous a dit des paroles blessantes), soit parce que vous êtes triste (un de vos proches vient de mourir).

Cannon et son collègue Philip Bard ont proposé une théorie alternative selon laquelle les émotions ont leur origine dans le thalamus. Cette région du cerveau transmet une partie des messages sensitifs afférents au cortex, qui enregistre la

> **Remue-méninges**
>
> Les stimuli qui provoquent l'émotion peuvent être internes aussi bien qu'externes. Par exemple, quelqu'un vous frappe : c'est une cause externe de colère. Mais si vous êtes malade et que vous avez très mal, ce stimulus interne provoquera aussi de la colère.

crainte, la colère, la joie ou toute autre émotion au niveau conscient, et l'autre partie à l'hypothalamus, qui stimule la réponse physiologique (souvenez-vous que l'hypothalamus contrôle les fonctions autonomes). Pour le dire autrement, Cannon et Bard pensent que nous ressentons nos émotions d'abord dans la tête et qu'ensuite notre corps réagit (par exemple, en contractant les muscles de l'estomac, en transpirant, en faisant battre le cœur plus vite). À l'inverse, James et Lange soutenaient que les sentiments commencent par une réaction physique et qu'ensuite le cerveau traduit l'émotion.

D'autres recherches suggèrent que certaines informations sensitives voyagent jusqu'au thalamus et aux amygdales sans jamais passer par le cortex. Par conséquent, ce genre d'informations n'est pas entièrement traité et évalué, ce qui provoquera une réaction rapide et spontanée. D'autres émotions, cependant, résultent d'un traitement plus complexe de l'information qui va du thalamus au cortex.

Une autre hypothèse est que la réaction viscérale vous dit qu'il est approprié d'éprouver une émotion, sans déterminer laquelle. Selon les psychologues Stanley Schachter et Jerome Singer, des processus d'un niveau supérieur sont alors nécessaires pour identifier l'émotion correspondant à la réaction viscérale. Ainsi, le doberman qui vous poursuit dans la rue et le concurrent que vous essayez de doubler dans un marathon vont stimuler en vous des réactions physiologiques similaires, comme la hausse du rythme cardiaque. Mais l'émotion que vous allez associer à cette réaction physique dépend des circonstances. Le chien terrifiant provoque un sentiment de peur tandis que le concurrent provoque l'émulation. Cette théorie cognitive explique pourquoi différentes émotions ont parfois des réponses viscérales semblables.

Si de nombreux scientifiques pensent que les émotions sont déterminées par des facteurs biologiques, d'autres adoptent une approche complètement différente en suggérant que les facteurs génétiques ne sont pas importants, du moins pas autant que l'expérience et l'apprentissage social. Les théoriciens cognitivistes et constructivistes pensent que les émotions sont étroitement liées aux processus de la pensée. La conscience de soi, par exemple, nous permet d'identifier les émotions que nous éprouvons. Pour la psychologue Magda Arnold et plusieurs de ses confrères, les stimuli sont évalués avant de susciter une émotion.

Pour revenir à l'exemple du chien qui aboie, les théoriciens cognitivistes diraient que vous associez l'image d'un gros chien qui aboie à la notion de danger, et que c'est cette association qui produit la peur. Mais, sauf à entendre par cognition une fourchette d'activités mentales extrêmement large, une telle théorie ne peut pas expliquer l'expression de certaines émotions qui semblent sans lien avec la pensée consciente. Les bébés, par exemple, ont des expressions qui indiquent la colère ou la joie et qu'on ne peut pas associer à la capacité d'évaluer la douleur qui a produit la colère ou l'événement

> **Faites le 15 !**
>
> L'étude des émotions n'est pas simple. L'une des difficultés tient à ce que les scientifiques étudient le comportement extérieur, qui n'est pas forcément le reflet des sentiments intimes éprouvés par la personne. Autre complication : la plupart des recherches sont menées sur des animaux parce qu'il faut détruire des parties du cerveau pour déterminer quelle aire conditionne quelle émotion.
>
> Vu la complexité du cerveau humain, ces études sur des animaux ne reflètent pas bien ce qu'il en est chez l'homme de la relation entre les aires cérébrales et les réactions émotionnelles. L'homme a un prosencéphale (ou cerveau antérieur) beaucoup plus développé que celui de l'animal. Or le prosencéphale a un grand contrôle sur les fonctions du système limbique.

qui a suscité le sourire. De plus, nous agissons parfois sur la base d'émotions qui sont contraires à la prise de décision rationnelle. Ces émotions instinctives comprennent des sentiments qui nous incitent à faire quelque chose (acheter un ticket de loto parce que nous avons l'intuition d'avoir le numéro gagnant) même si notre esprit nous dit qu'il ne faut pas le faire (parce que les chances de remporter le gros lot sont mathématiquement infimes).

L'étude des émotions est donc complexe et sujette à de nombreux débats et controverses. Nous venons de vous en donner un aperçu, mais il y a encore beaucoup d'autres théories que nous n'avons pas mentionnées.

La palette des émotions

Le psychologue Paul Ekman a réduit à six le nombre des émotions premières : joie, dégoût, peur, surprise, colère et tristesse. Les autres sont des variations sur ces émotions, qui se différencient principalement par leur intensité. Par exemple, on dira que la joie inclut l'amour, l'euphorie et l'optimisme.

D'autres spécialistes comptent huit émotions fondamentales et disent que l'expérience est un mélange d'émotions plus ou moins intenses. Par exemple, l'amour est un mélange de joie et de confiance. Si vous combinez la joie et l'anticipation, vous obtenez l'optimisme. Mettez ensemble le dégoût et la colère, vous obtiendrez le mépris, tandis que la colère associée à l'anticipation produit de l'agressivité. Selon cette théorie, l'anticipation peut donc conduire à des émotions très différentes selon les associations envisagées.

Mais le nombre des émotions n'est pas très important pour notre propos, car nous sommes davantage occupés à étudier la production des émotions par le cerveau qu'à en donner une description et une typologie.

Ce que les chercheurs apprennent, c'est que les sentiments de survie les plus primitifs – et les plus instinctifs –, comme la colère, prennent leur origine dans le système limbique et qu'ils sont modérés par la pensée critique traitée par le cortex. C'est peut-être ce qui explique qu'il y ait une relation inverse entre l'activité du cortex et des amygdales (quand le cortex est particulièrement actif, les amygdales sont plutôt ralenties, et vice versa).

Les amygdales semblent aussi jouer un rôle dans la mémoire en s'activant quand l'émotion est impliquée dans le souvenir. Se souvenir de la méthode pour résoudre un problème de géométrie n'a pas de résonance émotionnelle pour la plupart d'entre nous et cette information se trouve encodée dans l'hippocampe. Au contraire, si nous assistons à un événement tragique, par exemple l'attentat du World Trade Center, son souvenir va activer les amygdales reliées à l'hippocampe et ajouter une composante émotionnelle. Notez que cet attentat, en tant que tel, n'est qu'une donnée sensorielle. Mais il y a quelque chose qui teinte cette donnée sensorielle d'un contenu émotionnel et qui fait que nous éprouvions des sentiments à ce propos (peur, chagrin, colère...). C'est aussi ce qui va distinguer ce souvenir des autres.

> **Remue-méninges**
>
> Les personnes souffrant d'un syndrome de stress post-traumatique (SSPT) se plaignent d'un sentiment de désespoir ou d'horreur associé à des symptômes persistants. Ils revivent l'événement traumatisant. Mais, plus que de simples souvenirs, ce sont des flashs. L'angoisse ressentie lors de l'événement peut être de nouveau éprouvée au moment du souvenir. Les cauchemars sont une autre manifestation de ce type de symptôme.

La tête de l'emploi

Notre visage laisse souvent paraître nos émotions. La relation entre les émotions et les expressions du visage implique que les signaux associés à des sentiments particuliers sont envoyés à des muscles faciaux spécifiques, et l'expression renseigne autrui sur ce que nous ressentons. D'ailleurs, les expressions du visage sont universelles. Cela signifie que des peuples de cultures différentes ont des expressions similaires pour les mêmes émotions et que nous savons tous ce que ces expressions traduisent.

Naturellement, cette relation n'est pas parfaitement exacte. Un sourire, par exemple, peut signifier le bonheur ou être simplement un effort pour dissimuler un sentiment contraire. Il vous arrive probablement de sourire à quelqu'un alors même que vous ne vous sentez pas particulièrement porté à la tendresse à son encontre... Dans certains cas, si vous ne connaissez pas le contexte dans lequel se forme une expression du visage, il peut être difficile de savoir quel sentiment elle exprime réellement. Deviner si des larmes sont provoquées par le chagrin ou par la joie exige d'autres éléments d'interprétation.

Nous avons expliqué au chapitre 8 que les expressions du visage impliquent deux nerfs crâniens. Le nerf facial (VII) envoie des signaux du cerveau aux muscles du visage tandis que le nerf trijumeau (V) transmet des informations sensorielles de ces muscles au cerveau. Certains scientifiques pensent que l'information véhiculée par ces deux nerfs serait impliquée dans les émotions.

Un traitement radical

Les expérimentations pratiquées au début du XXe siècle sur des animaux ont démontré que les lésions du cortex frontal ont un impact sur le comportement des chimpanzés. C'est ce qui a donné à Egas Moniz l'idée d'enlever une partie du cerveau pour traiter des troubles émotionnels comme l'agressivité. Cette opération, qui consistait à séparer les lobes frontaux du reste du cerveau, est connue sous le nom de lobotomie préfrontale.

Étant donné la manière dont les fonctions sont réparties dans tout le cerveau, il n'est pas étonnant que la lobotomie préfrontale ait provoqué beaucoup d'effets secondaires. Les patients ayant subi cette opération ne manifestaient plus d'états de fureur, mais ils avaient d'autres types de réactions excessives (sentiments inhabituels d'euphorie, levée des inhibitions sociales). Ces opérations ont été abandonnées à cause de ces effets secondaires.

Les cellules du bonheur

Le cerveau a un centre du plaisir, et même plusieurs. Au cours d'opérations, des neurochirurgiens se sont aperçus que la stimulation de certaines aires, dont les lobes temporaux et l'hypothalamus, provoquait des sentiments de plaisir, d'optimisme, de joie.

Cette découverte ne signifie pas pour autant que de telles émotions ne résultent que de stimulations externes. Les émotions complexes impliquent plusieurs aires du cerveau. Essayez de penser à quelque chose qui vous rend joyeux. Le souvenir d'une personne,

Remue-méninges

N'avez-vous jamais remarqué combien les odeurs affectent vos émotions ? Une odeur sucrée vous donne une sensation de plaisir, alors qu'une odeur âcre vous irrite ou vous dégoûte ?

Cette réaction s'explique peut-être par le fait que les influx nerveux en provenance du système olfactif sont transmis aux amygdales et au cortex olfactif.

une sensation précise ou une activité que vous faites requièrent l'activation du cortex. Les aires supérieures du cerveau rassemblent les différents fragments d'une expérience (par exemple, une promenade pieds nus sur la plage au clair de lune avec la personne que l'on aime) et le souvenir provoque un sentiment de joie.

Les scientifiques essayent d'étudier ce processus en scannant le cerveau de personnes faisant des choses agréables. De premiers résultats suggèrent que des émotions positives stimulent certaines aires du cerveau et en inhibent d'autres. Les personnes heureuses, par exemple, ont une plus grande activité du lobe préfrontal gauche tandis que l'activité des amygdales est inhibée. Inversement, les personnes malheureuses ou déprimées semblent avoir une plus grande activité des amygdales.

Positivez

Vous avez certainement remarqué que, quand vous êtes de bonne humeur, vous agissez autrement que quand vous êtes irrité. Les recherches montrent que le fait de porter un regard positif sur les événements peut avoir un certain nombre d'effets sur le comportement. Les gens qui interprètent de façon positive leur environnement sont plus créatifs, ont généralement plus d'empathie envers les autres et ont une meilleure mémoire. Ils sont aussi plus réceptifs aux informations, se sentent mieux dans ce qu'ils font et sont plus ouverts à l'apprentissage.

Selon certains théoriciens, les informations stockées dans la mémoire ont des qualités positives et des qualités négatives et les émotions peuvent affecter la stimulation de ces qualités.

Par ailleurs, certains chercheurs avancent que les personnes ayant une vision négative des choses ont une plus grande activité du cortex préfrontal ventromédian. Une étude récente conduite par l'université du Minnesota et le Veterans Affairs Medical Center de Minneapolis suggère que cette partie du cerveau agit comme le bouton de volume d'une radio pour contrôler les émotions et que les personnes qui souffrent de lésions dans cette zone sont davantage sujettes à la dépression et à l'anxiété. La même étude constate qu'une réduction de l'activité du cortex préfrontal ventromédian n'induit pas pour autant une vision des choses plus optimiste.

Prenez le contrôle

Certains aspects des émotions échappent à notre contrôle. Nous savons que les réactions neurochimiques de notre cerveau peuvent affecter nos émotions. Comme nous le verrons plus loin, les scientifiques pensent que la dépression est liée à un déséquilibre chimique et les études prouvent que les médicaments peuvent aider à corriger ces déséquilibres.

Certaines actions conscientes peuvent aussi permettre de contrôler nos émotions. Par exemple, si un enfant se met en colère, on peut lui apprendre à maîtriser sa colère. La société aussi impose des règles qui façonnent le comportement et imposent des limites à nos réactions viscérales, ce qui nous conduit à contrôler nos réactions.

Il est aussi possible de modifier les émotions en en proposant une autre interprétation. Par exemple, certaines personnes pensent qu'il est honteux de ne pas répondre à une provocation et auront tendance à y répondre par la violence; si on leur apprend qu'il n'y a pas de honte à passer son chemin, ils peuvent se retenir de riposter sans se sentir dévalorisés. Ce contrôle implique une prise de décision consciente, qui relève du cortex.

Chair de poule

La complexité des processus de l'émotion est décidément étonnante. Examinons ce qui se passe quand quelqu'un donne un coup de klaxon. Le son produit des influx nerveux qui sont relayés dans le cortex auditif, lequel analyse l'information et envoie un message aux amygdales pour indiquer qu'il y a peut-être du danger (par exemple, la menace qu'une voiture déboule sur vous alors que vous n'avez pas marqué le stop). Les amygdales stimulent l'hypothalamus, qui active le système nerveux autonome pour mettre le corps en état d'alerte : augmentation de la pression sanguine, accélération du rythme cardiaque, transpiration, peur.

La réaction presque instantanée qui prépare le corps à une situation d'urgence est un mécanisme de défense important. Cette protection ne serait pas possible s'il vous fallait un temps de réflexion et d'analyse de la menace. Comme les réactions autonomes font irruption, le cortex est déjà en train d'évaluer les stimuli et de vous dire si le coup de klaxon signifie qu'un automobiliste cherche à vous éviter ou s'il s'agit simplement d'un impatient qui trouve que vous ne démarrez pas assez vite quand le feu passe au vert. C'est grâce à cette forte réaction, et à l'activation de l'hippocampe et du cortex, que le souvenir de ce petit événement sera plus fort qu'un autre qui n'aurait pas été accompagné de modifications physiologiques du corps. Il est probable que les gens ont des réactions émotives différentes à un même événement parce que leurs amygdales ont une sensibilité différente.

Nous savons des aires spécifiques du cerveau ont un impact direct sur nos peurs. La stimulation des régions des lobes temporaux produit un intense sentiment de peur ou d'angoisse. Dans d'autres expériences, l'ablation des amygdales a éliminé la

> **Gagnez des points de Q.I.**
>
> La théorie de l'évolution de Darwin a été décisive dans l'étude des émotions. Ses observations sur le comportement émotionnel des animaux l'ont conduit à penser que c'est l'un des aspects de leur développement adaptatif.

> **Faites le 15 !**
>
> La peur est sans doute l'émotion la plus puissante. Même si vous savez rationnellement qu'il n'y a pas de raison d'avoir peur, vous ne pouvez souvent rien y faire. Charles Darwin lui-même a testé un jour son aptitude à dominer sa peur en allant au zoo et en se mettant en face d'un serpent. Il y avait une vitre de séparation. Darwin a approché son visage, déterminé à ne pas bouger si le serpent le menaçait. Mais quand le serpent l'a menacé, Darwin n'a pas pu s'empêcher d'avoir un mouvement de recul, bien surpris de constater que ni la volonté et ni la raison ne lui permettaient de surmonter sa peur.

peur. Cette opération pratiquée sur des rats leur permettait de cesser de craindre les chats...

Un stress qui change la vie

Nous avons traité des mécanismes qui nous permettent de résister à plusieurs niveaux de stress, mais il y a quand même des limites, variables pour chacun d'entre nous. Des recherches conduisent à penser que la sensibilité des amygdales détermine notre seuil de tolérance au stress. Chacun a vécu des expériences traumatiques qui le bouleversent et le stressent, mais certaines sont si graves qu'elles peuvent provoquer une angoisse extrême, donner des cauchemars, faire vivre des flash-back.

Les personnes qui ont ce genre de symptômes souffrent d'un syndrome de stress post-traumatique (SSPT). Dans le SSPT, le souvenir du traumatisme déclenche la même réaction émotionnelle et physiologique que lors du traumatisme initial. On peut penser

> **Remue-méninges**
>
> Des chercheurs israéliens ont découvert que des souris stressées produisent une forme anormale d'une protéine du cerveau, l'acétylcholinestérase, qui interfère avec les circuits neuronaux. Les neurones des souris deviennent alors hypersensibles et leur cerveau atteint un niveau inhabituel d'activité électrique qui dure après la fin de l'expérience, ce qui indique que les expériences traumatiques et le stress répété peuvent affecter la chimie du cerveau. C'est une piste parmi d'autres pour expliquer le SSPT.

aux scènes stéréotypées d'un film sur les vétérans de la guerre du Vietnam, tourmentés par d'horribles souvenirs de guerre. Plus cela arrive, plus le souvenir s'enracine, plus les réactions qui l'accompagnent sont intenses, provoquant des flash-back et des cauchemars qui rendent de plus en plus malade.

Peut-on vraiment détecter les mensonges ?

Nous avons tous vu des films et des séries télévisées où le suspect passe au détecteur de mensonges. Ce test se fonde sur la thèse que les menteurs sont anxieux et que leur émotion produit des modifications mesurables de leur peau et de leur pression sanguine. Comme on le sait, ces tests ne sont pas infaillibles. Il y a des gens qui savent très bien mentir sans éprouver la moindre émotion, d'autres qui sont entraînées à battre le détecteur de mensonges ou d'autres encore, totalement innocentes, mais que l'expérience affole au point de provoquer en elles toute une série de réactions qui peuvent conduire à une interprétation erronée.

Les scientifiques pensent qu'il faudrait scanner le cerveau pour y détecter les changements quand une personne ne dit pas la vérité. Il y a eu une expérience dans laquelle on donnait à des volontaires une carte de jeu et 20 dollars. Ils étaient ensuite placés dans un IRM. Un ordinateur proposait différentes cartes et les volontaires étaient censés mentir en prétendant que ce n'était pas celle qu'ils avaient à la main. On les encourageait à tromper l'ordinateur le plus possible en leur disant que plus ils duperaient l'ordinateur, plus ils auraient d'argent. Les chercheurs savaient ce que les volontaires jouaient et pouvaient étudier les résultats de l'IRM pour détecter d'éventuelles différences quand les volontaires mentaient. Ils ont ainsi pu mettre en évidence une activité plus grande dans plusieurs aires du cerveau en cas de mensonge.

L'intérêt de ce type d'expériences est qu'elles permettent de mieux comprendre ce qui se joue dans le cerveau face à tel ou tel événement, mais le risque est grand de prendre pour argent comptant des conclusions peut-être hâtives. Cela pose un vrai problème éthique, comme dans le cas du clonage humain. Est-ce qu'il faut faire des choses juste parce que nous en avons les moyens techniques ? Qu'en serait-il si on trouvait une base génétique à l'activité criminelle ? Est-ce qu'il faudrait traiter de manière spéciales les personnes présentant ces caractéristiques génétiques pour les empêcher de devenir des criminels ? Le problème fait aujourd'hui débat un peu partout dans le monde et, malheureusement, il n'est pas nouveau. Par le passé déjà, des actions ont été conduites sur la base d'expériences scientifiques dont on avait trop vite tiré parti. Au début du XXe siècle, par exemple, de nombreux pays ont voté des lois autorisant une stérilisation systématique des fous et des criminels, parce que l'on pensait qu'ils allaient transmettre leurs « tares » à leurs enfants. Mais les conclusions des scientifiques étaient fausses. Au vu de tels exemples et des dérives que l'histoire a connues, on comprend que beaucoup de gens doutent qu'il faille faire confiance à la science pour prédire les comportements humains.

L'intelligence émotionnelle

Howard Gardner (voir aussi chapitre 16) fait la distinction entre l'intelligence interpersonnelle et l'intelligence intrapersonnelle, qui déterminent notre comportement face à autrui et à nous-même. Ces deux catégories entrent dans ce que d'autres chercheurs appellent l'intelligence émotionnelle. Le quotient émotionnel (Q.E.) reflète les capacités des personnes suivant cinq critères :

- **la conscience de soi** (connaître ses propres sentiments);
- **la gestion des émotions** (savoir gérer ses sentiments et savoir ce qui les motive);
- **la motivation** (entraînement au contrôle de soi émotionnel, à la canalisation de ses sentiments, savoir différer le plaisir et retenir ses impulsions);
- **l'empathie** (sensibilité aux sentiments des autres et capacité à comprendre leur point de vue);
- **la relation aux autres** (avoir des aptitudes sociales afin que les autres aient de vous une image positive).

Il n'y a pas de rapport direct entre le quotient intellectuel et le quotient émotionnel. Certaines personnes sont « astucieuses » au plan intellectuel et émotionnel, d'autres non. Si l'on a tendance à accorder plus d'importance à un Q.I. élevé, le Q.E. est essentiel pour déterminer comment une personne va se tirer d'affaire dans certaines situations.

Pourquoi certaines personnes ont-elles plus de compassion que d'autres ? Est-ce un comportement appris ? Les mystères du Q.E. sont au moins aussi grands que ceux du Q.I., comme vous pourrez le découvrir dans les pages qui suivent.

Ce qu'il faut retenir

→ Les émotions sont des sentiments et des sensations produits par une combinaison de processus physiologiques et cognitifs.

→ Le cortex est impliqué quand nous pensons à nos sentiments, mais les émotions en tant que telles sont liées au système limbique, en particulier aux amygdales.

→ La stimulation de certaines parties du cerveau produit des émotions spécifiques, comme la peur et la colère, ce qui laisse penser que le cerveau a des centres pour certains sentiments.

→ On entend par quotient émotionnel la manière dont les personnes comprennent et maîtrisent leurs émotions, ainsi que leurs relations aux autres. Le Q.E. peut être aussi important que le Q.I. pour déterminer les aptitudes sociales de quelqu'un.

Chapitre 16

Quel cerveau !

Dans ce chapitre

→ Intelligences multiples

→ Des gars et des filles raisonnables

→ Quel est votre Q.I. ?

→ Prodiges en tous genres

→ Faites marcher votre cerveau

Comment appelez-vous quelqu'un que vous trouvez astucieux ? Quand vous étiez gamin, vous disiez certainement : « Celui-là, c'est une grosse tête. » Et pourquoi ? Parce que vous avez sans doute appris très tôt que le siège de l'intelligence, c'est le cerveau. On se demande comment les penseurs de l'Antiquité (qui croyaient que l'intelligence résidait dans le cœur) parlaient de quelqu'un de brillant : « Cet Aristote, quel gros cœur ! »

Qu'est-ce que l'intelligence ?

Depuis que nous sommes tout petits, les gens essayent d'évaluer notre intelligence. Les parents s'extasient quand leur bébé dit ses premiers mots et quand il montre les premiers signes de connaissance. On considère comme particulièrement intelligent un enfant qui apprend très tôt à lire, à écrire ou à calculer. Et on se dit qu'il sera un petit Mozart pour peu qu'il soit doué en musique.

La rapidité d'acquisition de ces talents n'indique pourtant rien du niveau d'intelligence. Les enfants qui apprennent vite n'ont pas une intelligence plus grande que ceux qui apprennent lentement. Un enfant qui lit à trois ans ne lira pas forcément mieux qu'un enfant qui commence à lire à cinq ans et ses résultats scolaires ne seront pas forcément hors du commun.

Dans les premières années du développement, si l'enfant ne présente pas de problème particulier, les parents vont surtout « évaluer » son intelligence à l'aune de leurs attentes ou en le comparant avec des enfants de son âge. Mais une fois qu'il est scolarisé, son intelligence est testée et évaluée de plusieurs façons. Des tests standards sont utilisés pour classer les enfants. Les enseignants notent leur travail. Les notes en elles-mêmes ne mesurent pas l'intelligence, mais sont un reflet des performances sur une épreuve spécifique, de la motivation à la réaliser, du temps mis pour la faire et d'autres variables sans lien avec l'intelligence. Les élèves s'évaluent aussi les uns les autres, pas seulement en fonction des notes, mais en fonction de qui parle le mieux, de qui répond le plus aux questions de l'enseignant, de qui travaille le plus (parfois on croit que ceux qui étudient beaucoup sont des grosses têtes, alors que les enfants intelligents sont souvent ceux qui n'ont pas besoin d'étudier beaucoup).

Gagnez des points de Q.I.

Une publication universitaire a demandé à 14 éminents psychologues de définir ce qu'était l'intelligence. Il y a eu 14 réponses différentes...

Nous avons tous une définition de l'intelligence, mais c'est une notion plus floue qu'il n'y paraît. Si cette définition soulève le plus grand scepticisme, elle fait pourtant l'objet de recherches incessantes.

L'école de la rue

Quand vous étiez à l'école, vous avez probablement connu des gamins forts en maths mais pas en français et vice versa. Certains excellaient en musique mais pas en histoire. D'autres étaient nuls dans toutes les matières, mais savaient remonter un moteur de voiture ou se débrouillaient comme des chefs pour faire un feu, planter une tente ou pêcher des poissons, autant de choses qui laissaient démunies les grosses têtes.

Intuitivement nous savons qu'il existe différents types d'intelligences. Il arrive que quelqu'un soit doué pour plusieurs activités, mais, la plupart du temps, même les meilleurs de la classe n'excellent pas dans tous les domaines.

Nous reconnaissons aussi ceux qui sont passés par l'école de la rue. Ces personnes peuvent avoir été de bons élèves, mais souvent ce n'est pas le cas. Leur intelligence, c'est de savoir se débrouiller dans la vie. Ils savent faire de bonnes affaires, se déplacer dans la jungle urbaine, réagir en cas de danger. Ce type d'intelligence ne peut pas se mesurer de manière scientifique et pourtant elle n'est pas négligeable.

L'intelligence multiple

Le psychologue américain Howard Gardner, qui a beaucoup travaillé sur les conséquences des lésions cérébrales, a pu constater que des malades dépourvus de certaines facultés intellectuelles en possédaient d'autres dans lesquelles ils excellaient. Il en a déduit sa célèbre théorie de l'intelligence multiple, à savoir qu'il existe différentes formes d'intelligence, indépendantes les unes des autres. Il en propose huit types.

• **L'intelligence verbo-linguistique.** Cela concerne les gens à l'aise avec les récits, la poésie, les métaphores, toute forme de langage écrit ou parlé. Pensez par exemple à Jacques Prévert.

• **L'intelligence logico-mathématique.** Les personnes qui présentent ce type d'intelligence apprennent mieux quand on leur donne des arguments logiques et rationnels. Albert Einstein, quoi !

• **L'intelligence spatiale.** L'aptitude à apprendre et à visualiser des images caractérise les personnes présentant ce type d'intelligence. Les arts comme le dessin, la peinture et la sculpture sont leurs outils d'apprentissage. Rembrandt avait sans doute un haut degré d'intelligence spatiale.

• **L'intelligence kinesthésique.** On considère que les personnes qui aiment les activités physiques et y excellent (la danse, le théâtre, et les sports) ont ce type d'intelligence. Zinédine Zidane, si vous voulez. Le théâtre, le mime, la danse, les grimaces, le jeu d'acteur et les exercices physiques rendent le corps intelligent.

• **L'intelligence musicale.** C'est l'intelligence des grands compositeurs, comme Gershwin et tant d'autres.

• **L'intelligence interpersonnelle.** Si vous vous entendez bien avec les autres, si vous êtes empathiques, que vous vous réjouissez à travailler en groupe, vous présentez ce type d'intelligence et pouvez probablement profiter au mieux des dispositifs collectifs. Freud était doué d'empathie.

• **L'intelligence intrapersonnelle.** Les personnes qui préfèrent apprendre par elles-mêmes, se livrer à l'introspection et qui tendent vers le spirituel, ont ce type d'intelligence, comme le Dalaï-Lama.

• **L'intelligence naturaliste.** C'est une forme identifiée plus récemment. Cette intelligence porte sur la capacité à classer, reconnaître et utiliser ses connaissances sur l'environnement naturel : savoir lire des traces d'animaux, trouver des modèles de vie dans la nature, connaître les animaux ou les plantes à éviter et ceux qui lui permettront de se nourrir. C'est l'intelligence du chasseur-cueilleur de la forêt, du biologiste, du botaniste, de l'écologiste, etc. Les observations de Charles Darwin en sont un exemple.

> **Gagnez des points de Q.I.**
>
> Les hommes et les femmes ont des résultats similaires aux tests d'intelligence. Si certains hommes sont plus performants en maths ou en sciences et que certaines femmes excellent dans les lettres, la plupart des chercheurs établissent que ces différences sont dues à des facteurs environnementaux et non pas biologiques.

Certains critiques avancent que les catégories de Gardner relèvent plus du trait de personnalité que de capacités mentales. Pour eux, ces formes d'intelligence sont impossibles à mesurer et les recherches montrent que les gens ont une intelligence générale plutôt que spécifique. Les défenseurs de Gardner soulignent que la reconnaissance de ces intelligences permet d'améliorer les approches pédagogiques de manière à remplacer ou soutenir les disciplines traditionnelles par la musique, les projets artistiques, les arts ou les voyages d'études.

Gardner n'est pas le seul à avoir proposé un modèle multiple de l'intelligence. Une équipe de recherche de l'université du Colorado a avancé que certaines personnes présentent une intelligence visuo-spatiale. Cela correspond à l'aptitude de certaines personnes à se représenter mentalement, sous forme d'images, comment une tâche pourrait être effectuée et de quoi le résultat aurait l'air avant sa réalisation. Prenez une tâche simple, comme remplir le coffre d'une voiture. Certains y parviennent après une succession d'essais et d'erreurs, c'est-à-dire après avoir sorti et replacé les valises plusieurs fois. Ils y renoncent parfois et attachent la porte du coffre avec une corde. D'autres, doués d'une intelligence visuo-spatiale plus grande, vont remplir le coffre du premier coup et sans effort. Les chercheurs constatent que ces derniers sujets sont aussi doués pour gérer des projets, effectuer plusieurs tâches en même temps et se comporter avec moins d'impulsivité. Les décorateurs d'intérieur et les logisticiens ont ce genre de talent.

Mesurer l'intelligence

Nous avons parlé jusqu'ici de mesurer subjectivement l'intelligence. Les scientifiques ont pourtant essayé de construire des tests objectifs et standardisés afin de mesurer l'intelligence. Le plus connu est le test de Q.I. (quotient intellectuel). Vous avez toutes les chances de l'avoir passé quand vous étiez à l'école primaire.

C'est le psychologue français Alfred Binet qui a inventé le test de Q.I. Son but était de déceler les élèves qui auraient des difficultés d'apprentissage. L'épreuve est divisée en plusieurs parties qui évaluent la mémoire, le raisonnement, la résolution de problèmes et le vocabulaire. Le psychologue américain Lewis Terman a adapté le test de Binet et changé le système de cotation pour calculer l'âge mental en fonction de l'âge chronologique de l'enfant. Par exemple, si le score d'un enfant de six ans correspond à un âge mental de huit ans, le Q.I. est calculé ainsi : l'âge mental (8) divisé par l'âge chronologique (6) multiplié par 100 (afin que le nombre soit une fraction) égal à 133.

Le test Stanford-Binet, comme on l'appelle aujourd'hui, n'utilise plus ce mode de calcul. Il a recours à des méthodes statistiques qui établissent à quel point les performances d'un sujet s'écartent de celles de l'ensemble des sujets du même âge. Ces calculs sont toutefois toujours effectués sur une échelle ou 100 est la moyenne.

Les tests de Q.I. ont été très critiqués ces dernières années, entre autres parce qu'on considère qu'ils n'explorent pas avec précision les différentes formes d'intelligence. Ils mettent l'accent sur les maths, la lecture, l'écriture et la compréhension, mais ne mesurent pas vraiment d'autres aptitudes comme l'adresse artistique. En outre, certains sujets réussissent en général mieux aux tests que d'autres, car ils ont pu s'entraîner auparavant ou parce qu'ils sont moins sujets au stress des examens.

Les tests de Q.I. ont également mauvaise réputation, car ils ont souvent été utilisé pour classifier les gens. Par le passé, certains enfants ont été traités différemment à cause de leur Q.I. Ceux qui avaient un Q.I. bas étaient souvent orientés vers des cycles courts et des filières professionnelles jugées moins « intellectuelles », qui ne leur permettaient pas de poursuivre des études et d'évoluer plus tard dans leur emploi.

Classifications de Terman sur le test de Q.I.

Q.I.	Classification
140 et plus	Génie ou proche génie
120-140	Intelligence très supérieure
110-120	Intelligence supérieure
90-110	Intelligence moyenne
80-90	Lenteur d'esprit
70-80	Limite déficient
Moins de 70	Déficient mental avéré

Malgré ces limites, les partisans des tests de Q.I. avancent qu'ils disent beaucoup de chose. Ils affirment notamment qu'il est un bon indicateur des résultats scolaires et universitaires ultérieurs, ainsi que des capacités de l'élève en dehors du cadre scolaire.

Suivant cette logique, les individus dont le score est supérieur à 125 (5 % des adultes) pourraient à peu près tout faire, les personnes dont le score se situe entre 90 et 110 ne pourraient pas occuper des postes à responsabilité mais seraient tout à fait capables de travailler dans la plupart des secteurs de l'économie, et ceux dont le score est inférieur à 75 (là encore, 5 % des adultes) seraient quasiment impossibles à former et incapables d'exercer un quelconque métier.

Qu'est-ce qui nous rend intelligent ?

Nous autres, les humains, sommes plus intelligents que les autres membres du règne animal grâce à la taille de notre cerveau. De plus, l'extrême spécialisation de certains des composants de notre encéphale nous permet de dédier plus de matière cérébrale à la pensée. D'autres parties de notre système nerveux central s'occupent d'autres fonctions organiques, comme l'équilibre et le mouvement.

Pour expliquer les différences de niveau d'intelligence entre les êtres humains, certaines recherches ont avancé que la vitesse de transmission n'est pas la même chez les personnes les plus intelligentes et que ces dernières utilisent moins d'énergie pour résoudre les problèmes. D'autres ont constaté des différences dans les types d'ondes cérébrales selon le niveau d'intelligence.

L'intelligence n'est innée que dans une certaine mesure. La génétique ne fait pas tout et il faut compter avec l'environnement. Les enfants qui passent beaucoup de temps à lire, écrire, étudier la musique et exercer d'autres activités peuvent accumuler beaucoup de connaissances.

L'aptitude à traiter l'information et, surtout, la rapidité avec laquelle on la traite sont cependant largement innées. Tout comme certaines personnes naissent avec un fort potentiel pour la course et le saut en longueur, d'autres naissent avec la facilité de penser vite. Une partie de l'intelligence est génétiquement programmée.

Pour tenter de faire la différence entre l'inné et l'acquis, les psychologues ont recours à la méthode dite des jumeaux. Parce que leur patrimoine génétique est identique, l'intelligence et le comportement de vrais jumeaux devraient être similaires, à moins d'être influencés par leur environnement. Dans le cas de jumeaux adoptés, les études suggèrent que le Q.I. est surtout fonction du patrimoine génétique. En effet, des jumeaux élevés séparément auraient des Q.I. similaires. D'autres recherches suggèrent que des jumeaux élevés dans ces conditions auraient des Q.I. encore plus proches une fois retirés du milieu

> **Remue-méninges**
>
> Le psychologue anglais Charles Spearman (1863-1945) a découvert que les personnes qui réussissaient un type de test réussissaient tous les autres. Il en a conclu que les individus ont une aptitude intellectuelle générale qu'il appelle le facteur « g » (pour « générale »). Il avance que nous naissons avec ce trait immuable qui détermine notre potentiel. En revanche, nous pouvons avoir des points forts et des points faibles dans des champs spécifiques, les facteurs « s » (pour « spécifique »).

familial d'adoption. En d'autres termes, les enfants adoptés ont un Q.I. proche de celui de leurs parents adoptifs. Une fois à distance de cet environnement, cette ressemblance s'estompe et ils présentent alors un Q.I. proche de celui de leurs parents biologiques.

Les enfants surdoués

Beaucoup d'enfants travaillent dur et sont intelligents. Mais ceux qui sont surdoués (140 et plus aux tests de Q.I., soit 5 % des enfants) ont tendance à travailler de leur côté avec des moyens originaux. Ils apprennent plus vite et ils mènent leurs projets à terme.

En revanche, ces enfants sont souvent assez isolés et leurs rapports avec les autres enfants ne sont pas toujours simples. En outre, une fois leur précocité intellectuelle identifiée, ils subissent une grande pression. On attend d'eux qu'ils réalisent des exploits et ils sont souvent poussés par leurs parents et leurs enseignants au prix de leur enfance. Ces enfants ont souvent des difficultés de socialisation, car leurs camarades ne fonctionnent pas sur le même plan intellectuel.

L'archétype du génie est Léonard de Vinci, l'homme de la Renaissance. S'intéressant à tout, il marque l'histoire des sciences et des arts. Bien que « génie » soit synonyme d'omniscience, il n'existe que très peu de personnes qui soient vraiment compétentes dans plusieurs domaines. Les génies sont en fait des personnes avec des talents particuliers dans un champ spécifique, comme les mathématiques ou la musique. Cette disparité est moins le fait d'une déficience dans les autres domaines qu'un manque d'intérêt pour ceux-ci. Par exemple, un mathématicien de génie serait capable d'être un grand artiste s'il en avait la motivation.

Les individus dont le génie ne s'exprime que dans un domaine particulier ne sont pas décelables par les tests de Q.I. C'est un problème qu'on retrouve dans les tests psychométriques utilisés comme examens d'entrée aux universités dans certains pays. Il peut cependant se résoudre par l'entraînement aux tests.

Pour ceux d'entre vous qui s'inquiètent de savoir si leur progéniture aura des chances de devenir un grand génie, dites-vous qu'il existe peu de prodiges comme Mozart dès la petite enfance. Rappelez-vous aussi que le rythme de développement est différent pour chacun et que nombre de mathématiciens ou d'inventeurs de renommée internationale n'ont commencé à lire et à écrire que très tard.

Petit Q.I.

Les parents, les enseignants et les médecins observent parfois que les enfants de moins de 18 ans ont du mal à accorder vie sociale et vie scolaire. Si leur Q.I. est en dessous de 70-75 et qu'ils ont des limites significatives pour plus de deux aptitudes nécessaires à la vie quotidienne (par exemple la communication, la lecture, l'écriture et les aptitudes sociales), ils sont considérés comme retardés. 3 % de la population présente un retard mental.

La plus grande majorité des gens présentant un retard mental peuvent quand même apprendre de nouvelles compétences, mais plus lentement. La plupart peuvent vivre de manière autonome une fois arrivés à l'âge adulte. 10 % d'entre eux présentent un retard mental sévère. Leur Q.I. est inférieur à 50, ils ont besoin d'un accompagnement plus rapproché, mais peuvent vivre en dehors d'une institution.

On ignore la cause du retard mental pour un tiers de cette population. Pour les deux tiers restants, il est le résultat de plusieurs facteurs qui peuvent avoir affecté l'enfant pendant la vie intra-utérine ou la petite enfance (malnutrition, catastrophes naturelles, pathologies survenues pendant la grossesse comme la syphilis ou la rubéole, maladies infantiles comme la rougeole ou la coqueluche, naissance prématurée, tabagisme, alcoolisme ou dépendance à la drogue, maladies génétiques). Le retard mental peut aussi résulter d'une lésion cérébrale. Toutes ces causes n'entraînent pas obligatoirement de retard mental. Les trois étiologies les plus connues sont la trisomie 21, le syndrome d'alcoolisation fœtale et le syndrome du X fragile (anomalie du chromosome X, qui est l'origine la plus fréquente du retard mental héréditaire).

Il n'y a pas de traitement efficace pour le retard mental. En revanche, de nombreux cas peuvent aujourd'hui être prévenus grâce aux procédures de dépistage avancées, aux vaccins, aux efforts environnementaux, aux prises en charge périnatales et à l'utilisation généralisée des dispositifs de sécurité pour les enfants.

Rain Man

Vous avez sans doute vu le film *Rain Man*, dans lequel un personnage autiste réalise des prouesses mathématiques. C'est un autiste savant. Dustin Hoffman, qui a joué le rôle de Raymond Babbitt, l'autiste savant de *Rain Man*, s'est inspiré de l'histoire de Kim Peek. Né en 1951 avec des lésions au cervelet, sans corps calleux et souffrant de comportements autistiques, ce dernier a lu et a mémorisé des milliers de livres, peut lire une page en 10 secondes, calculer la date d'anniversaire de quelqu'un et la date à laquelle la personne pourra prétendre à ses droits à la retraite, se souvient de milliers de faits anodins sur nombre de sujets (histoire, cinéma, musique, sports).

Dustin Hoffman a dit que son interprétation de Raymond Babbitt devait beaucoup à un autre personnage réel, Leslie Lemke, que les Américains ont découvert dans les années 1980 dans la série télévisée « That's incredible ». Leslie Lemke est né prématurément en 1952, avec de graves dommages cérébraux et des problèmes ophtalmologiques qui ont nécessité qu'on lui retire les yeux lorsqu'il était enfant. En grandissant, ses parents adoptifs ont remarqué qu'il avait une capacité extraordinaire à reproduire la musique qu'il entendait. Une nuit, alors qu'il avait 14 ans, Lemke entend le premier concerto pour piano de Tchaïkovski, il s'assoit au piano familial et le joue sans faute. Bien qu'aveugle et souffrant d'une paralysie cérébrale, Lemke avait ce don unique qui lui permettait de se rappeler et de jouer un morceau de musique en ne l'ayant entendu qu'une fois.

Intelligence et taille du cerveau

Les génies ont-ils un cerveau plus gros que celui du commun des mortels ? La réponse est non.

Beaucoup d'animaux sont très intelligents, même si on ne peut pas les comparer à l'homme. Les dauphins et les chimpanzés, par exemple, ont démontré leurs talents dans la résolution des problèmes et la communication. Leur cerveau a une taille similaire à celui de l'homme, mais, comme le montre le tableau de la page suivante, d'autres animaux ayant un cerveau de taille équivalente ne sont pas aussi intelligents. Ceux qui ont le plus gros cerveau sont les baleines et les éléphants, mais personne n'a pu démontrer que ces espèces étaient douées d'une grande intelligence.

Vous pourriez penser alors que ce qui importe est le rapport entre la taille du cerveau et celle

> **Gagnez des points de Q.I.**
>
> Selon le *Guiness des records*, le cerveau le plus lourd pesait 2,3 kg (contre 680 grammes pour le plus léger).

Poids moyen du cerveau en grammes	
Cachalot	7 800
Éléphant	6 000
Dauphin à gros nez	1 500-1 600
Chameau	762
Cheval	532
Gorille	465-540
Vache	425-458
Chimpanzé	420
Humain nouveau-né	350-400
Humain adulte	1 300-1 400

du corps. Par exemple, un cerveau humain représente un peu plus de 2 % du poids du corps quand le cerveau d'un éléphant en représente 0,2 %. Mais le cas de la musaraigne contredit cette théorie puisque son cerveau représente 3 % du poids de son corps, sans qu'on puisse affirmer que son intelligence est supérieure à celle de l'homme...

Le cerveau rétrécit avec l'âge. Le cerveau perd 5 % de sa masse à 70 ans et cette perte peut aller jusqu'à 20 % à 90 ans. Les performances au test de Q.I. diminuent chez les sujets les plus âgés. Cette diminution des performances est liée à de multiples facteurs (outre la perte des cellules nerveuses), comme la moins grande rapidité à effectuer le test et les problèmes de mémoire.

Deux cerveaux valent mieux qu'un

Les chercheurs étudient le rôle du cerveau dans l'intelligence en examinant les patients dont le corps calleux a été sectionné, les deux hémisphères cérébraux se trouvant ainsi séparés. Ces personnes ressemblent à tout le monde et agissent comme vous et moi. Le prix Nobel Roger Sperry a conduit des expériences qui ont révélé des différences fascinantes sur la façon dont les deux hémisphères cérébraux fonctionnent et sur les répercussions de leur séparation.

Dans une expérience, on demande au patient de fixer un écran. L'image d'un objet, disons une fourchette, est projetée en flash sur le côté droit de l'écran. L'onde lumineuse pénètre l'œil et se rend par le chiasma optique à l'hémisphère gauche où se situe le centre du langage. Quand on demande au patient ce qu'il a vu, il répond « une fourchette ». Si l'image est flashée du côté gauche de l'écran, le signal voyage vers l'hémisphère droit. Si on pose la même question au patient, il ne peut pas répondre car le côté droit de son cerveau ne peut « parler ».

Dans une autre expérience, on montre à des patients une image chimérique (dont les parties ne vont pas ensemble). La moitié gauche de l'image figure un visage de femme, la moitié droite celui d'un homme. On demande aux patients de se concentrer sur un point au milieu de l'image. L'information visuelle concernant le visage de la femme voyage vers l'hémisphère droit, celle concernant le visage d'homme va vers l'hémisphère gauche. Quand on demande aux patients si l'image est celle d'un homme ou d'une femme, ils répondent que c'est un homme (l'image de l'homme parvient au centre du langage, à gauche). Toutefois, si on leur demande de choisir une photographie du visage projeté sur l'écran, ils choisissent celle de la femme, ce qui indique que c'est l'hémisphère droit qui domine pour la reconnaissance des visages. Un autre exemple : si on donne à un patient aveugle dont le corps calleux a été sectionné un objet dans la main gauche, il peut l'identifier. Ce n'est pas le cas si on lui donne l'objet dans la main droite.

Les résultats de ces expériences indiquent que les deux hémisphères contrôlent des processus différents. Le cerveau gauche est crucial pour le langage et la parole, le côté droit est dominant pour les tâches visuo-motrices. Quand le corps calleux est intact, les deux hémisphères collaborent.

Léonard de Vinci, Mozart et vous

La créativité est la capacité à inventer de nouvelles façons de résoudre les problèmes ou à imaginer de nouvelles formes, de nouvelles histoires, etc. D'où vient le génie d'un Michel-Ange qui peint le plafond de la chapelle Sixtine, celui d'un Edison qui invente l'ampoule, d'un Michael Crichton qui invente *Jurassic Park* ou d'un Georges Lucas qui crée une galaxie très lointaine ? Personne ne le sait.

C'est pourtant une question à laquelle on a longtemps cru pouvoir répondre en disant que c'était un don de Dieu. Le mot « inspiration » ne signifie-t-il pas littéralement : « être animé d'un souffle divin » ?

Les scientifiques cherchent aujourd'hui des explications plus rationnelles qui permettraient de comprendre quelles sont les caractéristiques du cerveau d'une personne qui arrive à penser « en dehors des clous ». Est-ce une histoire de réseaux corticaux qui permettraient de combiner les informations différemment ? Selon certains chercheurs, les grands créateurs ont un système de filtres différent, de sorte qu'ils retiennent les idées qui seraient rejetées par la plupart des gens. Pour autant, nous ne savons tout simplement pas comment cela fonctionne et peut-être que nous ne le saurons jamais.

Les psychologues avancent aussi leurs propres hypothèses, mais ils ne disent rien du processus organique impliqué. Freud pensait ainsi que la créativité est le produit de pulsions inconscientes, en particulier de pulsions sexuelles.

On peut décrire les processus créatifs en quatre étapes : la préparation, l'incubation, l'illumination et la vérification. Le créateur voit d'abord un problème ou un but. Il détermine s'il s'agit de quelque chose qu'il veut poursuivre, pour lequel il possède suffisamment de savoir-faire, de matière et d'atouts afin de progresser. Il envisage ensuite les différentes possibilités. L'artiste est libre et expressif, alors que le scientifique est discipliné et logique (ce qui ne l'empêche pas de procéder aussi par intuitions). La troisième phase correspond à un moment de révélation, quand le créateur trouve la réponse ou la voie qu'il doit emprunter. Enfin, l'étape de vérification est celle au cours de laquelle il peaufine son idée ou sa découverte et lui donne sa forme définitive.

Le cerveau d'Einstein

Si quelqu'un vous demandait quelle est la personne la plus intelligente qui ait jamais vécu, il est probable que le premier nom qui vous viendrait à l'esprit serait celui d'Einstein.

Einstein a reconnu le fait que son cerveau pouvait être spécial. Il l'a donc donné à la science (le reste de son corps fut incinéré). Un sacré don, quand vous y pensez !

Einstein est mort le 18 avril 1955, à l'âge de 76 ans. Son cerveau a été extrait par l'anatomopathologiste Thomas Harvey à l'hôpital de Princeton, avant de disparaître mystérieusement. En 1978, un journaliste du *New Jersey Monthly*, Steven Levy, est parti à la recherche du cerveau d'Einstein. Non sans réticences, Harvey a fini par admettre que le cerveau d'Einstein était en sa possession, dans son cabinet. Deux bocaux abritaient le cerveau le plus précieux au monde, Harvey l'ayant découpé en tranches, ne laissant intacts que le cervelet et une partie du cortex.

Il n'avait rien observé de particulier dans la structure du cerveau d'Einstein. Mais, après la publication retentissante de l'article de Levy, d'autres chercheurs ont été autorisés à examiner le cerveau du grand savant. Une publication a fait état du nombre élevé de cellules gliales par neurone dans une partie du cerveau. Les auteurs en ont conclu que ces neurones exigeaient et utilisaient plus d'énergie, ce qui améliorait peut-être les compétences intellectuelles et conceptuelles d'Einstein. Une autre étude a souligné que le cerveau d'Einstein pesait moins lourd que la moyenne, mais qu'il était doté d'une densité plus importante de neurones dans le cortex. Enfin, une dernière étude a trouvé qu'il présentait une disposition particulière des sillons au niveau des lobes pariétaux, une zone qui serait impliquée dans les fonctions cérébrales supérieures comme l'écriture, l'orthographe et le calcul. Ce cerveau était également plus volumineux que la moyenne.

> **Gagnez des points de Q.I.**
>
> Le gouvernement soviétique a demandé à Oskar Vogt, neuroscientifique allemand, d'étudier le cerveau de Lénine après sa mort, en 1924. Vogt a observé que le cerveau du grand leader révolutionnaire présentait des neurones plus nombreux et plus gros dans une zone du cortex cérébral. Bien que son étude se soit concentrée sur l'hémisphère droit en raison du mauvais état de l'hémisphère gauche, endommagé par la maladie neurovasculaire qui emporta Lénine, Vogt a affirmé que ces cellules étaient impliquées dans la « pensée associative ». C'est cette particularité structurelle qui pourrait expliquer les processus mentaux particulièrement aigus et pénétrants qui caractérisaient la personnalité de Lénine.

La conclusion ces analyses, c'est que le cerveau d'Einstein était doté de meilleures connexions entre les neurones impliqués dans le raisonnement mathématique et conceptuel.

Cependant, aucune de ces études n'est totalement satisfaisante, car elles présentent toutes un problème de méthodologie. Elles comparent, en effet, l'esprit le plus brillant de tous les temps avec les cerveaux de personnes « normales » et d'âges différents. Pour s'assurer que la structure du cerveau d'Einstein était vraiment unique, il aurait fallu pouvoir la comparer avec celle des cerveaux d'autres génies des maths !

Le mythe des 10 %

Le cinéaste Albert Brooks a réalisé et interprété en 1991 une comédie intitulée *Rendez-vous au paradis*. L'idée qui sous-tend le scénario est que, après votre mort, vous allez dans un endroit où votre vie est jugée et où il est décidé de votre destination. L'acteur Rip Torn joue le rôle du défenseur du personnage que Brooks incarne. Il fait souvent référence au fait que les êtres humains n'utilisent qu'un petit pourcentage de leur cerveau (2 à 5 %, dit-il) et que lui en utilise en gros la moitié, ce qui le rend supérieur aux autres.

Cette partie du film illustre une idée erronée et pourtant tenace selon laquelle les êtres humains n'utiliseraient qu'une partie de leurs capacités mentales (le chiffre généralement avancé est de 10 %). Personne ne sait d'où vient ce mythe. Si nous étions comme le personnage que Torn interprète dans *Rendez-vous au paradis*, nous aurions des pouvoirs surnaturels. Pas très crédible ! Car s'il était vrai que nous n'utilisions pas tout notre cerveau, les parties inutilisées se détérioreraient et le nombre de neurones diminuerait.

En outre, selon la perspective évolutionniste, pourquoi notre cerveau grossirait-il si nous ne l'utilisions pas à pleine capacité ? L'évolution entraînerait une diminution du cerveau, pas une augmentation.

L'imagerie médicale démontre aussi que la majeure partie du cerveau fonctionne à chaque instant. Comme nous l'avons vu dans les chapitres précédents, chaque fonction est répartie dans plusieurs aires cérébrales. La lecture, l'écriture ou la parole activent différentes régions. Les parties du cerveau qui ne sont pas utilisées dans ces activités le sont inévitablement pour d'autres fonctions mentales ou physiques.

En outre, nous savons qu'une lésion infligée à n'importe quelle partie du cerveau entraîne une déficience. Même la lésion la plus infime peut laisser de lourdes séquelles si elle atteint des faisceaux nerveux importants.

En vérité, nous utilisons 100 % de notre cerveau. De récentes études utilisant la tomographie à émission de positrons ont montré que certaines parties du cerveau sont plus actives dans certaines circonstances. Ainsi, pour résoudre un problème mathématique, certaines aires sont activées pendant que les autres zones continuent d'assurer nos fonctions vitales.

Un savant fou

Pourquoi le génie est-il si souvent associé à la folie ? Peut-être parce que nous connaissons des hommes exceptionnels qui se comportaient bizarrement ou souffraient de troubles mentaux invalidants. Il suffit de relire la biographie de Van Gogh, de Tchaïkovski, de Tolstoï ou de Poe.

On associe souvent les troubles maniaco-dépressifs à la créativité (nous y reviendrons au chapitre 20 en parlant des troubles bipolaires). Les personnes en phase maniaque ressentent une énorme énergie et peuvent travailler sans interruption. Ils ont aussi tendance à être moins conventionnels, ce qui leur permet de penser « en dehors des clous ». Quand la phase maniaque est passée, ils peuvent plonger dans un état dépressif sévère.

Les scientifiques ont étudié les liens possibles entre créativité et maladie mentale. Les études montrent que les personnes créatives semblent présenter plus de troubles psychologiques que les autres. Les scientifiques n'ont pourtant pas réussi à prouver le lien de cause à effet.

L'influence des drogues sur la créativité est également controversée. Certains artistes sont convaincus qu'ils ont besoin de drogues pour libérer leur esprit et produire des idées originales. D'un autre côté, les personnes créatives souffrant de troubles maniaco-dépressifs sont souvent convaincues que les traitements médicamenteux auront un effet négatif sur leur travail.

Dans le film *Un homme d'exception*, sur la vie du mathématicien John Forbes Nash Jr., le héros est décrit comme capable de voir dans les nombres des modèles mathématiques invisibles pour les autres. Schizophrène, John Nash était aussi délirant. On lui donna un traitement, mais il était convaincu que les médicaments le rendaient incapables de continuer son œuvre. C'est ainsi qu'il arrêta le traitement pour travailler, luttant sans cesse pour contrôler son comportement. Plus tard, des traitements plus modernes lui ont permis de travailler tout en contrôlant ses symptômes. L'histoire de Nash comme celle de bien d'autres créateurs ou inventeurs d'exception montre que le tribut du génie est parfois lourd à payer...

L'élixir d'intelligence

Et si vous pouviez gober une pilule qui rend intelligent, serait-ce une bonne idée ? Une telle substance ne modifierait-elle pas la personnalité ? Ne devrait-il pas y avoir des restrictions quant à l'accès à cette substance ? Devriez-vous être autorisé à en prendre avant un examen ?

La réponse à ces questions éthiques et philosophiques va bien au-delà des objectifs de ce livre. Tout comme dans le débat sur le clonage humain, les avancées qui concernent l'esprit sont sujettes à caution.

Ce qu'il faut retenir

→ Les gens peuvent présenter différents types d'intelligence et peu de personnes sont bonnes dans tous les domaines.

→ L'intelligence ne dépend pas du sexe ou de l'appartenance ethnique.

→ Les tests de Q.I. sont imparfaits et sont parfois détournés. Ils demeurent de bons indicateurs des performances scolaires.

→ L'idée selon laquelle les êtres humains n'utilisent qu'une fraction de leur cerveau est un mythe. Vous utilisez votre cerveau dans sa globalité.

Partie 4 — Action !

1 – Quelle activité fait appel à la mémoire explicite ?
❏ **A** - se souvenir d'une date d'anniversaire
❏ **B** - se souvenir d'un événement survenu le matin même
❏ **C** - conduire une voiture

2 – La mémoire à court terme stocke les informations pendant environ...
❏ **A** - 30 secondes
❏ **B** - 2 heures
❏ **C** - 36 heures

3 – Quel type de codage permet de stocker une information dans la mémoire à long terme ?
❏ **A** - le codage acoustique
❏ **B** - le codage visuel
❏ **C** - le codage sémantique

4 – Quel type de mémoire à long terme porte sur les habiletés motrices ?
❏ **A** - la mémoire sémantique
❏ **B** - la mémoire épisodique
❏ **C** - la mémoire procédurale

5 – Quelle partie du cerveau est impliquée dans les émotions ?
❏ **A** - l'hippocampe
❏ **B** - les amygdales
❏ **C** - le cortex préfrontal

6 – Quel critère permet d'établir le quotient émotionnel ?
❏ **A** - la confiance en soi
❏ **B** - la franchise
❏ **C** - l'empathie

7 – Au-delà de quel Q.I. un individu est-il considéré comme un génie ?
❏ **A** - 100
❏ **B** - 120
❏ **C** - 140

8 – Quelle influence l'âge a-t-il sur la taille du cerveau ?
❏ **A** - il le fait rétrécir
❏ **B** - il le fait gonfler
❏ **C** - aucune

9 – L'observation de patients dont le corps calleux a été sectionné a permis de comprendre...
❏ **A** - les différents processus de mémorisation
❏ **B** - le fonctionnement des deux hémisphères cérébraux
❏ **C** - l'influence des émotions sur le comportement

10 – Quel pourcentage de notre cerveau utilisons-nous vraiment ?
❏ **A** - 25 %
❏ **B** - 70 %
❏ **C** - 100 %

Réponses

1 : A et B - 2 : A - 3 : A, B et C - 4 : C - 5 : B - 6 : C - 7 : C - 8 : A - 9 : B - 10 : C

Nombre de bonnes réponses

Si vous avez au moins 7 bonnes réponses, passez au chapitre suivant, sinon... faites quelques révisions !

Partie 5
Le cerveau malade

Des millions de personnes dans le monde souffrent de lésions cérébrales, de maladies neurologiques ou de troubles mentaux. Ce sont des états souvent handicapants, parfois mortels. Nous les présenterons dans cette partie avec autant de précision et de sensibilité qu'ils le méritent. Parce qu'ils sont très variés, nous nous concentrerons sur les plus connus. Mais attention, les descriptions de ces troubles que vous trouverez dans cette partie ne prétendent en aucun cas avoir valeur de diagnostic médical et notre propos n'est pas de nous substituer au jugement d'un clinicien.

Chapitre 17

L'ordinateur se plante

Dans ce chapitre

→ Des bosses et des plaies dans le cerveau
→ Toute la vérité sur les tumeurs
→ Les infections cérébrales
→ Les troubles transitoires

Le cerveau est un organe très fragile. En dépit du crâne qui le protège, il peut être endommagé de différentes façons. De plus, comme le reste de l'organisme, il est sensible à nombre d'agents pathogènes. Vous trouverez ici une description des lésions et maladies les plus courantes, mais il en existe bien d'autres. Gardez à l'esprit que nous allons rester dans les généralités (notre projet n'est pas de faire un traité de médecine !).

Pour faciliter la lecture de ce chapitre au plus grand nombre, nous nous sommes tenus à une description succincte d'états souvent complexes. Aussi, si vous estimez que vous présentez certains des symptômes évoqués ici, ne paniquez pas ! Il peut y avoir des centaines d'autres causes à tel ou tel état. Consultez votre médecin si votre inquiétude est trop vive, mais évitez quand même de vous projeter systématiquement dans chacun des troubles décrits...

Le trauma : plus qu'une petite bosse

Les **traumas** cérébraux peuvent survenir de nombreuses manières et leurs conséquences sont très variées. Une lésion peut être très petite et n'avoir que des effets bénins ou alors importants, avec des effets majeurs pouvant laisser des séquelles neurologiques très graves. Dans les cas extrêmes, elle peut provoquer un coma profond ou un état végétatif (la personne est consciente de son environnement, mais ne peut pas communiquer).

Quand le cerveau fait mal

Lorsqu'un nerf périphérique est touché ou lésé, cela peut conduire à une paralysie du muscle qu'il innerve, ou **neuropathie**. Les « douleurs fantômes » sont un exemple malheureux de douleur neuropathique. Certains patients amputés les ressentent. Ils souffrent de graves douleurs dans le membre, ou la partie distale du membre qui a été amputé lors d'une opération ou d'un accident : une main ou un pied par exemple. La douleur peut être si intense, que le patient est convaincu que le membre amputé est toujours là.

Les causes de la douleur fantôme ne sont pas entièrement connues. Selon certains auteurs, la douleur fantôme serait liée aux influx sensitifs en provenance de l'extrémité des nerfs du moignon et dirigés vers les parties du cerveau correspondant au membre avant son amputation. Selon d'autres auteurs, la douleur fantôme serait plutôt associée aux mécanismes de transmission de la douleur. Ainsi, suite à la lésion d'un nerf périphérique,

Le jargon de la science

La **neuropathie** est le terme médical utilisé pour décrire une détérioration ou une inflammation des nerfs périphériques. Les symptômes dépendent du type de nerf(s) atteint(s). Ainsi, une neuropathie peut provoquer une atrophie musculaire ou une paralysie si les nerfs moteurs sont atteints. Les fonctions végétatives peuvent être affectées (pression artérielle et fréquence cardiaque anormales, réduction de la capacité respiratoire, constipation, incontinence...) si les nerfs du système autonome sont touchés.

La neuropathie peut aussi être à l'origine de sensations de brûlure ou d'élancements, qui risquent de devenir chroniques si les nerfs sensitifs sont touchés.

Une douleur neuropathique est une douleur engendrée par une lésion des nerfs périphériques ou du système nerveux central.

Le jargon de la science

Un **trauma** est une lésion ou une blessure produite par l'impact mécanique d'un agent extérieur. Le terme « traumatisme » désigne quant à lui l'ensemble des conséquences physiques ou psychologiques engendrées par un trauma.

Faites le 15 !

Ceintures de sécurité, airbags et casques ont permis de réduire significativement le nombre de traumatismes crâniens et de décès liés aux accidents de la route. Donc, portez toujours votre ceinture en voiture ou votre casque en deux-roues !

certains neurones spinaux s'endommageraient et généreraient des influx douloureux vers le cerveau. Enfin, il a également été proposé que la douleur fantôme soit associée à la réorganisation des zones corticales (motrice et somatosensorielle) du cerveau consécutive à l'amputation. Ces douleurs sont très difficiles à traiter.

Coups de boule

Une lésion cérébrale peut être le résultat direct d'un trauma crânien (suite à une chute, un accident...) ou la conséquence d'une insuffisance dans l'apport d'oxygène au cerveau (en cas de noyade, arrêt cardiaque, accident vasculaire cérébral, etc.).

Les traumas crâniens sont la principale cause de mortalité et de handicap grave chez les moins de 45 ans (12 000 décès par an en France pour 150 000 personnes touchées) et la quatrième cause de décès dans les pays développés. Les accidents de la route représentent 50 à 60 % des traumas crâniens. Les chutes arrivent en seconde position, suivies par les agressions et les blessures par armes à feu. Parmi les traumatisés crâniens liés aux accidents de la route, les motards sont 20 % et les cyclistes à peu près 10 %. L'alcool joue un rôle dans 60 % des cas. Les types de traumas varient de léger (80 % des cas) à grave (10 %) en passant par modéré (10 %). Plus il est grave et plus le risque de mortalité est élevé (50 % en moyenne). Et seulement 30 % des personnes qui survivent ont des chances de récupération, au moins partielle, de leurs facultés après six mois. Environ 1 % des traumas crâniens entraînent des épilepsies postérieures et jusqu'à 2 % des troubles vasculaires (ruptures d'anévrisme ou thrombose).

Le trauma le plus fréquent est la commotion, qui se caractérise par une perte de conscience temporaire (de quelques secondes à quelques minutes) sans modification structurelle du cerveau. C'est une blessure fermée à la tête, correspondant à une atteinte sans lésion du cuir chevelu ou une fracture crânienne sous-jacente. Les commotions sont fréquentes dans les sports de contact. Parce que leurs effets sont cumulatifs, on recommande à ceux qui en ont subi plusieurs d'abandonner le sport afin d'éviter les dommages cérébraux permanents.

Dans un article paru dans le *Connecticut State Medical Society for Sports Medicine Bulletin*, le Dr. Carl Nissen propose un système d'évaluation et de traitement des commotions cérébrales consécutives à des coups reçus à la tête au cours d'une activité sportive. Il les divise en quatre types : les coups durs qu'il surnomme « sonneurs de cloches »; les blessures intermédiaires qui provoquent des maux de têtes légers mais persistants, ainsi qu'une perte de certaines capacités mentales ou physiques; enfin, deux niveaux de blessures, l'un plus grave que l'autre, mais qui provoquent tout deux une perte de conscience.

Pour la plupart des gens, le traitement est assez simple : repos et relaxation. Pour les athlètes, c'est plus compliqué. Les joueurs veulent rejouer le plus vite possible et leurs entraîneurs les coacher. Le tableau suivant présente ce que Nissen recommande, avec toutes les précautions d'usage.

Sonneur de cloches	1er degré	2e degré	3e degré
Coup dur à la tête, pas d'amnésie	Pas de perte de conscience, amnésie rétrograde légère qui peut durer plus d'une minute	Perte de conscience de moins de 15 secondes, amnésie rétrograde intermédiaire	Perte de conscience de plus de 15 secondes
Retour sur le terrain 15 minutes plus tard en l'absence de confusion mentale	Retour sur le terrain 15 minutes plus tard en l'absence de confusion mentale	Retour sur le terrain impossible le jour même mais possible dans la semaine si pas de symptômes évolutifs	Retour sur le terrain après une semaine au minimum de repos et après examen des antécédents.

En général, un sportif peut reprendre son activité après 15-20 minutes de repos si le choc est d'intensité moyenne. Mais il est important d'évaluer au préalable son état mental et physique. Si le résultat de l'examen est satisfaisant et que le joueur possède la force et l'amplitude de mouvements nécessaires dans les membres supérieurs et la nuque, il peut repartir. Toutefois, il est souhaitable de le surveiller dans les deux jours qui suivent.

Dans le cas de blessures plus graves avec perte de conscience (2e degré), la surveillance doit être étroite, surtout si la personne a déjà subi des commotions. Personne ne devrait rejouer après avoir subi deux commotions dans la même journée. Les commotions les plus graves (3e degré) exigent un traitement d'urgence et un transfert immédiat vers l'hôpital pour une évaluation des risques et une prise en charge médicale. Cela implique au minimum une radiographie du crâne et du rachis, voire un scanner. Si certains symptômes persistent, comme une perte de coordination, l'impossibilité à se concentrer, des maux de tête, une irritabilité ou des pertes de mémoire, des examens complémentaires seront justifiés.

Les fractures du crâne

Les fractures du crâne sont des blessures plus graves, même si, dans certains cas, la plus grande partie du choc est absorbée par les os. La lésion peut alors être moindre que dans le cas de blessures fermées sans fracture (blessures du tissu cérébral, sans ouverture du crâne et de la dure-mère).

Parmi les blessures les plus graves, beaucoup impliquent un saignement à l'intérieur du crâne, provoquant la formation d'un caillot sanguin (hématome) à la surface du cerveau ou au sein même de la substance cérébrale. Si la perte de conscience est prolongée ou intervient après une période de lucidité (pendant laquelle le sujet est alerte et éveillé, normal du point de vue neurologique), il faut suspecter une hémorragie cérébrale.

Un caillot sanguin dans le cerveau est généralement plus grave que lorsqu'il est localisé ailleurs dans l'organisme. En effet, si vous avez un caillot au bras, la peau peut se distendre, de sorte que la pression du caillot arrête l'hémorragie. Mais le crâne est une boîte osseuse rigide où les tissus cérébraux n'ont pas de place pour s'étendre et s'ajuster au caillot, ce qui provoque une augmentation de la pression intracrânienne. Si elle est trop élevée, des dommages irréversibles peuvent survenir, comme la cécité, la paralysie et parfois la mort.

L'augmentation de la pression intracrânienne doit être traitée avec des médicaments. Si le patient ne réagit pas immédiatement au traitement, une intervention chirurgicale sera pratiquée en urgence. Elle implique l'ouverture du crâne et l'exérèse (ou extraction) du caillot sanguin à l'aide d'un aspirateur semblable à celui qu'utilise un dentiste. Le pronostic peut rester incertain pendant des mois et dépend du degré de l'atteinte et de la réponse au traitement et/ou à l'opération.

La rééducation intégrée

Dans le cas de traumatismes crâniens graves, une rééducation peut être engagée très tôt dans le processus de rétablissement et même, dans certains cas, débuter alors que le patient est toujours dans le coma. On entretient ainsi la

Gagnez des points de Q.I.

Le coût social des conséquences des traumatismes crâniens est énorme. La durée moyenne de séjour pour un patient hospitalisé est de 84 jours, pour un coût de plusieurs centaines de milliers d'euros.

mobilité et la souplesse des articulations, de même qu'on prévient les contractures (un raccourcissement anormal des muscles et des tendons peut en affecter définitivement l'usage).

70 % des traumatisés crâniens légers présenteront des séquelles à long terme et 60 % auront des problèmes de mémoire. Enfin, 10 % seront handicapés et ne pourront jamais reprendre le travail. Toutefois, les progrès en rééducation intégrée permettent à de plus en plus de patients de retrouver une vie normale.

Les convulsions peuvent être une autre conséquence à long terme des traumatismes crâniens. Elles ne se déclarent souvent que des semaines, des mois, voire des années après la blessure. Mais nous en dirons davantage au chapitre 18.

Tumeur au cerveau : des mots qui font peur

Le cauchemar de la plupart des gens est qu'on leur trouve une tumeur au cerveau. C'est compréhensible, car 50 % des tumeurs diagnostiquées sont malignes et impliquent un pronostic réservé. Nénamoi, un nombre significatif de tumeurs cérébrales sont bénignes et peuvent être guéries par un traitement approprié.

Une tumeur cérébrale se développe lorsque les cellules nerveuses ne se divisent pas normalement et forment des grosseurs anormales. Il existe plusieurs types de tumeurs cérébrales, dont certaines bénignes et d'autres beaucoup plus graves, comme vous pourrez le découvrir dans les lignes qui suivent.

Les tumeurs crâniennes

Les tumeurs crâniennes sont en général bénignes et nécessitent rarement une intervention chirurgicale, si ce n'est pour des raisons esthétiques. Les tumeurs malignes, par contre, sont le plus souvent associées à une autre cause tumorale, la plupart du temps un cancer des poumons. Ces tumeurs sont le résultat de métastases transportées par le système sanguin et on les traite par radiothérapie.

Les méningiomes

Les méningiomes atteignent les méninges (l'enveloppe du cerveau) et ils représentent 15 % des tumeurs cérébrales. Ils sont pour la plupart bénins et peuvent être complètement retirés par intervention chirurgicale.

Les symptômes de méningiome sont directement liés à leur localisation anatomique : selon que le méningiome affecte, par exemple, les méninges à l'avant ou à l'arrière du crâne, les fonctions cérébrales atteintes seront différentes, et donc les symptômes aussi.

> **Gagnez des points de Q.I.**
>
> Selon le *Guinness des records*, la plus grosse tumeur du cerveau pesait 680 g et a été retirée sur un enfant de 4 ans.

Les méningiome sont souvent diagnostiquées longtemps après leur apparition, car elles évoluent lentement. Par exemple, un méningiome situé dans la région du lobe frontal peut atteindre la taille d'une balle de tennis avant que le patient vienne consulter.

Les symptômes progressent de la manière suivante : maux de tête de plus en plus forts, difficultés visuelles, faiblesse dans un côté du corps, mémoire déficiente, troubles du langage, changements de personnalité et crises de convulsions. Une exploration plus poussée est nécessaire, car ces signes ne sont pas exclusifs du méningiome. On peut les rencontrer dans d'autres types de tumeurs ou de lésions, comme les abcès cérébraux.

Les tumeurs des nerfs crâniens

Ces tumeurs ne sont pas communes. Lorsqu'elles surviennent, elles présentent des tableaux cliniques spécifiques. Par exemple, une tumeur du nerf optique entraîne une perte progressive de l'acuité visuelle et des maux de tête. Ces tumeurs sont plus fréquentes chez l'enfant que chez l'adulte. Elles peuvent être traitées par radiothérapie, mais l'énucléation s'impose dans certains cas.

Les plus fréquentes sont les tumeurs du nerf vestibulo-cochléaire VIII (nerf auditif). On les appelle « neurinomes de l'acoustique » et elles représentent 5 à 10 % des tumeurs intracrâniennes. Elles sont presque toujours bénignes. Les principaux symptômes qui permettent de les déceler sont la surdité d'une oreille, les maux de tête et des tintements dans l'oreille. Si la tumeur est importante, elle peut provoquer une diminution de la sensibilité du même côté du visage.

Les très grosses tumeurs provoquent également des problèmes avec les nerfs crâniens adjacents, dont les nerfs V, VI, VII et X. Les neurinomes de l'acoustique se développent à l'angle cérébello-pontique, là ou le cervelet et le pont se rencontrent à la base du cerveau. On peut les repérer par une difficulté à marcher, liée à la compression du cervelet. Si la tumeur continue à grossir, la compression du tronc cérébral peut être fatale.

Les neurinomes de l'acoustique peuvent être retirés par une intervention menée conjointement par un neurochirurgien et un neuro-otologiste (spécialiste de la perte acoustique d'origine neurologique). Malheureusement, la déficience du nerf facial et la paralysie partielle des muscles du visage sont des complications fréquentes de l'extraction des grosses tumeurs intracrâniennes (plus de 4 cm de diamètre). D'excellents résultats ont récemment été obtenus grâce à l'utilisation d'un scalpel gamma (voir chapitre 10), qui irradie la tumeur sans acte invasif.

Une tumeur du nerf trijumeau V provoque un engourdissement du visage et des difficultés de mastication du côté que la tumeur. On la traite par radiothérapie ou par chirurgie.

Les gliomes : attention, danger

Les gliomes sont des tumeurs formées par les cellules protectrices du tissu nerveux (les cellules gliales). Ils peuvent se former n'importe où dans le cerveau et représentent 50 % des tumeurs cérébrales. Ils sont de malignité variable. L'astrocytome est la plus commune de ces tumeurs et son degré de gravité peut être mesuré sur une échelle allant de I à IV, le grade IV étant le plus malin. Les astrocytomes de grade IV, nommées également glioblastomes multiformes, sont les tumeurs cérébrales les plus agressives et les plus rapidement évolutives.

Les médulloblastomes sont des tumeurs très agressives, qui touchent surtout les enfants (75 % des cas). Ils représentent 16 % des tumeurs cérébelleuses. La tumeur grandit depuis le cervelet et envahit souvent le quatrième ventricule, rendant son extraction impossible (c'est en effet la zone du tronc cérébral où siègent les centres de contrôles de nombreuses fonctions vitales, comme la respiration, la tension artérielle et le rythme cardiaque). Un enfant atteint présente une léthargie progressive, des vomissements, des maux de tête et des troubles de la marche. Il peut aussi développer une hydrocéphalie (grossissement des ventricules et augmentation de la pression intracrânienne), car la tumeur bloque la circulation du liquide cérébro-spinal. C'est un état aigu, qui exige une intervention chirurgicale urgente (ablation de la tumeur et soulagement de la pression intracrânienne). Si l'hydrocéphalie n'est pas améliorée par l'intervention, une procédure de **dérivation** est nécessaire.

> **Le jargon de la science.**
>
> En chirurgie du cerveau, une **dérivation** est un dispositif mis en place lors d'une intervention pour détourner le liquide cérébro-spinal du système ventriculaire vers la cavité abdominale, où il est absorbé par les tissus.

Un cas clinique. Un enfant de six ans est présenté à son pédiatre après deux semaines marquées par des maux de tête, des vomissements et un trouble de l'équilibre entraînant plusieurs chutes. On demande un avis neurologique et on pratique un scanner par résonance magnétique, qui montre une tumeur cérébelleuse importante associée à une dilatation ventriculaire modérée. On pratique en urgence une intervention chirurgicale lors de laquelle on introduit un petit tube à travers le tissu cérébral dans le ventricule droit afin de drainer le liquide cérébro-spinal, dont la pression est très élevée. Le chirurgien commence à retirer la tumeur en passant à la base du crâne, mais s'aperçoit qu'elle adhère au quatrième ventricule. Il réussit à retirer 90-95 % de la tumeur et l'enfant se rétablit normalement après l'opération. En 48 heures, la pression du liquide cérébro-spinal revient à la normale et la dérivation est retirée du ventricule. L'enfant se porte bien durant six mois, puis consulte à nouveau, à la suite des maux de tête ininterrompus pendant trois jours. L'imagerie par résonance magnétique révèle un médulloblastome comprimant le tronc cérébral et une hydrocéphalie sévère. On pratique une dérivation pour détourner le liquide cérébro-spinal et les symptômes régressent. Hélas, l'enfant décède quatre mois plus tard.

Les meilleurs chercheurs continuent de travailler sur le traitement des gliomes. À ce jour, la prise en charge utilise des techniques combinées : l'extraction de la tumeur, suivie de radiothérapie et de chimiothérapie.

Les gliomes sont extrêmement difficiles à retirer, car ils se ramifient profondément dans différentes parties du cerveau. Des techniques chirurgicales robotisées, combinées à des techniques d'imagerie multidimensionnelle, ont cependant permis d'améliorer les résultats, même si ces derniers sont encore loin d'être parfaits. Depuis quelques années, des recherches sont entreprises du côté des pistes des techniques d'immunothérapie et de thérapie génique.

Les tumeurs hypophysaires

Les tumeurs de l'hypophyse ou glande pituitaire (voir chapitre 6) représentent 15 % des tumeurs intracrâniennes et sont généralement bénignes. Elles s'étendent souvent au-delà du réceptacle osseux de l'hypophyse. Il y a une compression du chiasma optique (c'est-à-dire du point où une partie du nerf optique croise le côté opposé) qui provoque une réduction du champ visuel de chaque œil (ou hémianopsie bilatérale). Un peu comme si vous rouliez le long d'une rue sans voir les voitures garées contre le trottoir.

Ces tumeurs sont à l'origine de dérèglements hormonaux. Les femmes peuvent subir des aménorrhées (arrêt des règles) et des galactorrhées (secrétions de lait), des changements cutanés et des altérations de la répartition pilleuse, surtout au niveau axillaire (sous les bras) et dans la zone pubienne. Les hommes peuvent développer une gynécomastie (développement des seins), avoir une baisse de la libido et des problèmes d'érection.

Une tumeur hypophysaire risque d'induire une surproduction en hormone de croissance pouvant conduire à un gigantisme (taille très importante) et, plus tard au cours du développement, à une acromégalie (caractérisée par une excroissance des extrémités, une augmentation du volume du crâne et parfois une hypertrophie du cœur pouvant mener à un arrêt cardiaque si le problème n'est pas traité à temps).

Les médecins peuvent facilement diagnostiquer une tumeur hypophysaire grâce à l'imagerie par résonance magnétique. Le traitement dépend alors de différents facteurs : l'âge du patient, l'intensité des symptômes et l'état de la vision. Le traitement par bromocriptine peut aider à éliminer la tumeur ou à la faire régresser avant opération.

Le syndrome de Cushing (du nom de Harvey Cushing, grand neurologue américain dont nous avons longuement parlé au chapitre 4) est une autre forme de tumeur hypophysaire. Les patients qui en souffrent ont un visage lunaire, des striations abdominales, une augmentation de la pilosité, de la pigmentation de la peau et de la tension artérielle, et une diminutuion de la fonction sexuelle.

> **Remue-méninges**
>
> Les tumeurs hypophysaires provoquant une surproduction en prolactine, responsable d'aménorrhées et de galactorrhées, sont un facteur important d'infertilité chez la femme.

Presque toutes les tumeurs hypophysaires sont retirées *via* le nez plutôt que par une ouverture du crâne, sauf si la tumeur est trop grosse et qu'elle a envahi les structures adjacentes. Le scalpel gamma permet d'éviter une procédure trop invasive. L'exérèse associée à la radiothérapie assure la guérison dans presque tous les cas.

Les infections cérébrales

Comme n'importe quel organe, le cerveau est sensible aux virus, aux bactéries et aux autres agents pathogènes, mais ces infections y sont plus rares qu'ailleurs. L'inflammation de l'enveloppe du cerveau et de la moelle épinière est nommée méningite. Quand elle affecte le tissu cérébral, cela provoque une encéphalite.

Les méningites bactériennes

Les méningocoques, les streptocoques, les staphylocoques ou les pneumocoques, sont des bactéries qui peuvent entraîner une méningite aiguë purulente (les méningites tuberculeuses ou les infections fongiques, comme l'histoplasmose ou la coccidioïdomycose, sont des formes moins aiguës). Les symptômes des méningites bactériennes aiguës peuvent apparaître et se développer très rapidement. C'est une menace mortelle qui exige un traitement d'urgence.

N'importe quel foyer infectieux dans l'organisme peut gagner le système nerveux central et provoquer une méningite, mais une fracture ouverte du crâne ou une infection des sinus sont plus susceptibles d'en être la source.

Pour établir un diagnostic de méningite, une ponction lombaire est nécessaire afin d'analyser le liquide cérébro-spinal : contrôle des taux de sucre, de chlorure et de protéines, mais aussi du taux de lymphocytes (globules blancs), détection d'une présence éventuelle d'organismes étrangers tels que des bactéries. Si les taux de sucre et de chlorure sont inférieurs à la normale et le taux de protéines supérieur, et si la numération lymphocytaire est dramatiquement élevée, on a affaire à une méningite purulente.

Violents maux de tête, nausées et vomissements, raideur de la nuque et douleurs lombaires sont des signes de méningite. Ils s'accompagnent de fièvre et de frissons (et d'une éruption cutanée en cas de méningite à méningocoques). Une diminution de l'état de vigilance, allant de la stupeur jusqu'au coma, peut se produire dans les cas évoluant rapidement (parfois jusqu'au décès). Les malades peuvent aussi faire des convulsions et la fièvre est forte (jusqu'à 40 °C). Le pouls et la respiration augmentent, mais la tension artérielle reste normale.

Le traitement de la méningite bactérienne aiguë doit commencer avant même le retour des analyses du laboratoire, car cette infection peut être fatale dans 20 % des cas. Un traitement antibiotique doit être initié immédiatement, même en l'absence d'une identification de l'agent bactérien. Le traitement pourra être modifié par la suite, au vu des analyses.

Si le mal n'est pas traité à temps, les conséquences peuvent être désastreuses : paralysie des muscles extrinsèques de l'œil, surdité, cécité, hémiplégie (paralysie d'une moitié du corps), épilepsie ou déficience mentale.

Les abcès cérébraux

On appelle abcès cérébral la formation d'un amas de pus à l'intérieur du cerveau. Relativement rare, ce type d'abcès peut se développer après l'apparition d'un foyer infectieux dans l'organisme. Parfois, la contamination est directe (c'est le cas lorsque l'infection est proche du cerveau), mais elle peut aussi être indirecte, l'agent infectieux étant véhiculé par le sang à partir d'une autre zone du corps (le plus souvent les poumons). Une suspicion de mastoïdite (consécutive à une otite), avec les risques qu'une telle infection peut faire courir au cerveau, justifie une visite urgente chez le médecin pour éviter le développement d'un abcès cérébral.

Les principaux symptômes de ces abcès sont ceux qui sont induits par une augmentation de la pression intracrânienne : maux de tête, fièvre, nausées, vomissements, diminution de l'état de conscience et convulsions. La température reste peu élevée. L'imagerie par résonance magnétique peut confirmer le diagnostic. Un traitement par antibiotiques suffit le plus souvent à résorber l'abcès, mais une intervention chirurgicale peut être pratiquée si l'infection persiste.

Les encéphalites

L'encéphalite est une inflammation du cerveau, plutôt rare dans les pays occidentaux. Nous ferons donc juste mention de deux cas : l'encéphalite chevaline (ou équine), transmise par des moustiques et qui affecte l'homme, les équidés et certains oiseaux (en Europe, elle se développe surtout dans la partie méridionale), et l'encéphalite japonaise B, elle aussi transmise par les moustiques (comme elle est fréquente en Extrême-Orient et en Asie du Sud-Est, il est vivement recommandé aux personnes qui se rendent dans ces régions de se faire vacciner). Ces deux types d'encéphalite donnent le même tableau clinique. Elles présentent d'abord les symptômes d'une grippe peu violente (fièvre modérée, frissons) avant l'apparition subite de symptômes plus graves : une stupeur progressive, des convulsions, des maux de tête, des vomissements, une raideur de la nuque raide et une température élevée. Paralysies des nerfs crâniens et autres signes neurologiques sont également communs aux deux encéphalites.

Le traitement de l'encéphalite dépend de l'agent pathogène. Il faut traiter les symptômes, car il n'existe que peu de traitements de fonds des encéphalites virales. Certaines cellules nerveuses peuvent être endommagées et il est recommandé de consulter un neuropsychologue pour déterminer si des fonctions cérébrales sont affectées.

La rage

La rage est causée par un virus qui provoque une encéphalite. Les premiers symptômes sont les mêmes que ceux de cette infection, puis apparaissent des troubles du comportement et un état d'excitabilité s'accompagnant de contractures musculaires et de convulsions. Dans les phases avancées, le malade produit une grande quantité de salive et de larmes.

Si le virus de la rage est quasiment éradiqué en France et en Europe de l'Ouest, il existe des cas d'infections humaines suite à des morsures par des chauves-souris (ou plus rarement des chiens). La période d'incubation peut être de plusieurs mois. Cette maladie est mortelle pour l'homme dès l'apparition des premiers symptômes, mais la vaccination pratiquée dès la contamination est très efficace. Un vaccin préventif est préconisé pour les personnes dont l'activité présente un facteur de risque (par exemple, les vétérinaires) où les personnes voyageant dans des pays où le virus n'est par éradiqué.

Remue-méninges

La plus vaste étude de surveillance de la rage chez les chauves-souris, réalisée par l'Institut Pasteur, a montré en juin 2007 que le risque de transmission à l'homme était très limité. S'agissant d'un animal domestique sortant peu de la maison de ses maîtres et du grenier, l'hypothèse de la transmission par une chauve-souris est privilégiée. Ce virus-là n'est pas éradiqué dans l'Hexagone mais les cas de contamination de mammifères par ce biais sont rarissimes, car le virus est peu virulent.

Quelques autres infections cérébrales

• **La maladie de Lyme** est transmise par les morsures de tiques. Elle dégénère en méningite et/ou en encéphalite si un traitement antibiotique n'est pas mis en place. Mais une faible proportion des personnes piquées par une tique développent cette infection à un stade aussi grave. Dans 90 % des cas, le virus ne se développe pas. S'il devient actif, la première phase de la maladie présente les symptômes d'une grippe peu violente (fièvre modérée et frissons) et seuls quelques cas vont développer une méningite ou une encéphalite. Cette maladie est commune dans les régions boisées (Nord-Est de la France, Suisse, Allemagne, Autriche, Europe centrale et de l'Est).

• **La syphilis** a pour agent une bactérie, le *Treponema pallidum* ou tréponème pâle. Si cette maladie n'est pas traitée, elle peut, dans 10 % des cas en moyenne, affecter le tissu cérébral et provoquer des troubles neurologiques graves, des encéphalites ou des méningites maladie, des convulsions et une détérioration mentale.

Les évolutions neurologiques de la syphilis, maladie sexuellement transmissible, étaient fréquentes jusqu'au début du xxe siècle. Depuis la fin de la seconde guerre mondiale, les progrès en matière de traitement et de prévention ont permis une chute du nombre de cas.

• **La malaria** ou paludisme est une maladie due à un protozoaire, le *Plasmodium falciparum*, transmis par la piqûre de la femelle du moustique. Elle est peu fréquente en Occident mais elle reste un problème majeur de santé publique dans les pays en voie de développement. La plupart des cas traités en France se rencontrent dans la population migrante ou chez les personnes ayant récemment voyagé en Afrique subsaharienne ou sur le sous-continent indien.

Les symptômes incluent de la fièvre, des frissons, des maux de tête, des nausées et des courbatures. Ces signes peuvent se déclarer 10 à 28 jours après l'infection. Le taux de mortalité est élevé en l'absence de traitement et de légères séquelles neurologiques sont à redouter chez les personnes qui en réchappent. La malaria demeure prévalente dans certaines régions du monde du fait du changement climatique et d'une politique sanitaire souvent défaillante dans les pays pauvres (par manque d'argent, mais aussi du fait des conflits armés nombreux, en particulier

> **Faites le 15 !**
>
> La malaria tue plus qu'aucune autre maladie transmissible, hormis la tuberculose. On la rencontre dans plus de 100 pays, et l'on estime que 300 à 500 millions de nouveaux cas chaque année, dont 90 % en Afrique subsaharienne. La maladie tue 1 million de personnes chaque année. Un enfant en meurt toutes les 30 secondes.

en Afrique subsaharienne où la maladie fait des ravages). Le plus alarmant est que le parasite devient résistant aux traitements.

• **La maladie du sommeil**, qui est provoquée par un trypanosome transmis par la mouche tsé-tsé, induit une méningo-encéphalite qui conduit à un état fébrile, puis à la léthargie. Elle évolue après une période d'incubation allant de quelques semaines à quelques mois. Le tableau clinique présente des tremblements, des difficultés de coordination, des convulsions, des paralysies, une désorganisation mentale, une apathie et une somnolence. Le traitement médicamenteux est généralement efficace.

Les infections liées au SIDA

Les maladies survenant dans le cadre du syndrome d'immunodéficience acquise affectent souvent le système nerveux. Le cerveau peut être directement atteint par des maladies que l'organisme pourrait combattre s'il n'était pas immunodéprimé. C'est le cas de la toxoplasmose ou du cytomégalovirus. Le tableau clinique peut présenter une méningo-encéphalite aiguë, subaiguë ou chronique. Une encéphalite chronique peut dégénérer en démence progressive chez les personnes atteintes du virus du SIDA. La détérioration des fonctions cognitives et comportementales est alors insidieuse. L'apathie et l'émoussement affectif surviennent également. À la fin, les personnes peuvent être dans l'incapacité de parler ou de contrôler leur vessie ou leurs intestins.

Au début des années 1980, les neurochirurgiens pratiquaient beaucoup de **biopsies** sur leurs patients atteints du SIDA et qui présentaient des troubles neurologiques. Ces biopsies sont devenues inutiles, car on sait aujousrd'hui de quelles infections virales ou bactériennes il faut protéger les malades par **prophylaxie**.

Les maladies dégénératives héréditaires

Une maladie dégénérative est une maladie dans laquelle un organe ou un groupe de cellules est progressivement dégradé, générant une déficience des fonctions que cet

Le jargon de la science

Une **biopsie** est un examen médical qui consiste à prélever une portion de tissu d'un organe, afin de pouvoir l'étudier. On appelle **prophylaxie** le processus qui permet de prévenir l'apparition ou la propagation d'une maladie ; il peut s'agir aussi bien d'actions médicamenteuses que de campagnes d'information sur les précautions à prendre.

organe ou ces cellules doivent assurer. Il existe bon nombre de maladies dégénératives du système nerveux central.

L'une des plus communes est la chorée d'Huntington, un état caractérisé par des mouvements involontaires et désorganisés, ainsi qu'une détérioration mentale progressive et irréversible. La dégénérescence des cellules nerveuses des ganglions de la base et du cortex cérébral est caractéristique des études histologiques (études de la structure des tissus) pratiquées sur les patients qui décèdent de cette maladie. Cette maladie héréditaire est due à une anomalie du chromosome 4. Les symptômes n'apparaissent en général pas avant 30 ans. Il n'existe aucun traitement, mais certains médicaments utilisés pour la maladie de Parkinson permettent de réduire les symptômes. La chorée d'Huntington est fatale et le décès intervient entre 15 à 25 ans après l'apparition des premiers symptômes.

Les anomalies congénitales

Certains enfants naissent avec des anomalies du cerveau ou de la moelle épinière. Dans beaucoup de cas, l'étiologie (l'étude des causes et des facteurs) est inconnue. Les paragraphes suivants décrivent certaines anomalies parmi les plus communes.

L'hydrocéphalie

L'hydrocéphalie est un état qui se caractérise par une augmentation pathologique de liquide cérébro-spinal dans les deux ventricules cérébraux. Cet excès entraîne un grossissement des ventricules et, par conséquent, de la tête. L'hydrocéphalie intervient dans 3 à 4 naissances sur 100 000. Tous les facteurs induisant un excès de liquide chez le nouveau-né ne sont pas connus. L'hydrocéphalie peut résulter d'une surproduction de ce liquide, de sa mauvaise absorption ou de l'obstruction de son trajet dans le cerveau. En revanche, certains facteurs sont clairement établis : l'obstruction du canal entre le troisième et le quatrième ventricule, les tumeurs, les infections et les hémorragies.

Un groupe de lésions congénitales rares peuvent provoquer une hydrocéphalie. C'est le cas de la maladie d'Arnold-Chiari, caractérisée par une position anormalement basse du cervelet, du bulbe rachidien, du pont et du quatrième ventricule engagés dans la partie supérieure de la colonne cervicale. Ce déplacement comprime et étire l'aqueduc de Sylvius (le petit canal qui permet le passage du liquide cérébro-spinal entre le troisième et le quatrième ventricule).

L'encéphalocèle se forme sur une zone de rupture de l'enveloppe méningée, généralement localisée à la base du crâne, dans la zone occipitale. Le tissu cérébral et le liquide cérébro-spinal sortent par cette brèche, dans une sorte de petit sac.

Le traitement de l'hydrocéphalie varie en fonction de ses causes. Par exemple, si l'augmentation ventriculaire est le résultat d'une tumeur, l'ablation de cette tumeur réglera généralement le problème. Pourtant, dans la plupart des cas, il n'existe pas de solution et l'on pourra seulement contrôler l'hydrocéphalie en posant une dérivation.

Une myéloméningocèle est une anomalie de la colonne vertébrale associée à une anomalie du développement de la moelle épinière dans les six premières semaines de la vie intra-utérine. Elle se manifeste par l'apparition d'un sac rempli de liquide cérébro-spinal et de tissu neural, situé le long de la colonne vertébrale, en particulier au niveau lombaire ou lombo-sacré. Cette anomalie touche 1 à 2 nouveau-nés sur 100 000.

Les physiothérapies sont associées à l'hydrocéphalie dans la plupart des cas. Les enfants atteints de ces malformations peuvent être paralysés des membres inférieurs et ne plus exercer le contrôle de leur vessie et de leurs intestins. Le traitement consiste à faire une ablation du sac avec préservation du contenu neural et correction de l'hydrocéphalie associée, puis prise en charge à vie en physiothérapie.

La trisomie 21

La trisomie 21, ou syndrome de Down, résulte d'une anomalie congénitale chromosomique. Les sujets atteints par cette maladie ont un chromosome en trop. La prévalence de la trisomie 21 varie en fonction de l'âge de la mère. Elle est de 1 cas sur 1 500 naissances pour les grossesses précoces (jusqu'à 25 ans) et de 1 cas sur 100 naissances chez la femme de plus de 40 ans.

Les enfants trisomiques ont, dès la naissance, une physionomie caractéristique qui permet d'établir le diagnostic à la maternité. Leur tête est ronde et aplatie à l'arrière. La fontanelle (l'espace membraneux pas encore ossifié sur le crâne) est plus large que la moyenne, la position et la forme des oreilles du bébé sont anormales. Un bébé trisomique présente souvent un espace inhabituel entre le premier et le deuxième orteil. Son tonus musculaire est faible. La bouche du bébé reste ouverte à cause d'une langue protubérante. Souvent, les parties génitales sont petites et sous-développées.

> **Remue-méninges**
>
> Une cellule normale possède 46 chromosomes : 22 paires plus 2 chromosomes sexuels, XX ou XY. Une fille hérite d'un chromosome X de sa mère et d'un chromosome X de son père. un garçon reçoit un chromosome X de sa mère et un chromosome Y de son père.

Les enfants trisomiques ont un retard mental sévère, mais leur espérance de vie est presque normale grâce à une prise en charge appropriée. On a pu constater aussi qu'un contact régulier avec des enfants « normaux » dès leur plus jeune âge et une stimulation intellectuelle et physique peuvent leur permettre d'avoir une vie affective et sociale riche.

Le diagnostic prénatal de la trisomie 21 et celui d'autres anomalies neurologiques congénitales ont été facilités par les dernières avancées médicales. L'amniocentèse et la mesure d'une substance appelée alpha-foetoprotéine permettent de les déceler très tôt.

Les accidents vasculaires cérébraux (AVC)

Les accidents vasculaires cérébraux (AVC) sont la deuxième cause de mortalité dans le monde et la troisième cause en France, après le cancer et les maladies cardio-vasculaires. Beaucoup de gens croient, à tort, que les AVC frappent surtout les gens âgés, mais les statistiques montrent que plus d'un quart des victimes ont moins de 65 ans.

Les AVC sont les maladies neurologiques les plus communes et les plus invalidantes. Ils surviennent plus fréquemment chez les hommes que chez les femmes, et le risque augmente avec l'âge. Les facteurs de risques sont l'hypertension artérielle, le tabagisme, un taux élevé de cholestérol, l'abus d'alcool, l'utilisation de contraceptifs oraux, l'abus de cocaïne, d'amphétamines ou d'héroïne. La prévalence des AVC a été divisée par deux ces vingt dernières années, essentiellement grâce à l'identification des facteurs de risques et aux traitements de l'hypertension artérielle.

Six symptômes permettent de diagnostiquer un AVC, mais ils peuvent ne pas être tous présents :

• affaiblissement d'un côté du corps (difficulté à bouger un bras, une jambe ou parfois toute la moitié du corps) ou du visage (bouche tombante d'un côté);
• perte de la sensibilité d'un membre, de la bouche ou de tout un côté du corps;
• difficultés à trouver ses mots et à parler;
• troubles de l'équilibre et de la marche;
• perte soudaine de l'acuité visuelle, voire de la vision d'un œil;
• violents maux de tête.

Les différents types d'AVC

Un accident vasculaire cérébral se caractérise par le caractère aigu d'un déficit neurologique dans les dernières 24 heures. Il résulte d'un défaut de la circulation sanguine dans le cerveau. Les symptômes spécifiques d'un AVC sont dépendants de la zone dans laquelle l'accident se déroule. Les séquelles peuvent être catastrophiques et immédiates ou intervenir avec une progression implacable quelques heures, voire quelques jours plus tard (sauf si un traitement est engagé en urgence). Un déficit neurologique qui s'installe sur des semaines ou des mois ne peut être le résultat d'un AVC. Il s'agit plus probablement des séquelles du développement d'une tumeur ou d'une maladie dégénérative. Les AVC sont de deux types : ischémiques ou hémorragiques.

L'accident ischémique est un état dans lequel le cerveau est privé d'oxygène du fait d'un défaut d'irrigation sanguine. Cette privation conduit à une mort des cellules nerveuses si le flux sanguin n'est pas restauré dans la zone. Si la mort des cellules du cerveau s'étend, c'est l'infarctus cérébral.

La privation en oxygène peut être provoquée par plusieurs facteurs. Un caillot peut se former et bloquer un vaisseau sanguin (thrombose). Le caillot peut également provenir d'une autre partie du corps (généralement le cœur) et remonter dans le cerveau pour bloquer un vaisseau (embolie). Dans la plupart des cas, l'artériosclérose (dépôts de gras et de calcium sur la paroi des vaisseaux sanguins) des artères du cou ou des artères cérébrales est la cause de l'ischémie.

> **Gagnez des points de Q.I.**
>
> Selon l'Organisation mondiale de la santé (OMS), une attaque cérébrale survient toutes les 5 secondes dans le monde. En France, 150 000 personnes sont concernées chaque année par les AVC.

En moyenne, 80 % des AVC sont ischémiques. Les autres sont hémorragiques. Une attaque hémorragique est caractérisée par le saignement d'une artère qui peut se produire dans n'importe quelle partie du cerveau, provoquant une compression du tissu cérébral qui entraîne la mort des cellules. La rupture d'une des artères qui entourent le cerveau est appelée hémorragie subarachnoïde.

Les accidents ischémiques sont de deux types : l'accident ischémique avec signes neurologiques permanents (souvent récurrent, il se caractérise par des déficits neurologiques durant plus de 24 heures) et l'accident ischémique transitoire (AIT), un épisode passager (de 30 minutes à 24 heures) marqué par des troubles neurologiques focalisés (en fonction de la zone où il se produit). 30 % des personnes qui souffrent d'AIT récurrents risquent de connaître une attaque majeure.

Un cas clinique. Un homme de 64 ans consulte son médecin généraliste suite à une cécité de l'œil gauche qui a duré 5 minutes. Il a gardé une vision trouble de cet œil pendant 10 minutes, puis tout s'est arrangé. Le patient fait état d'un engourdissement dans le bras et la jambe droits, survenu trois mois auparavant pendant 20 minutes et s'accompagnant de difficultés à articuler. Son médecin lui parle d'AIT et prescrit une IRM, qui ne décèle rien d'anormal. Un avis neurologique est sollicité et un doppler (à base d'ultrasons) des carotides révèle une diminution du flux sanguin dans l'artère carotide gauche. Une artériographie montre une sténose (constriction) de 90 % de l'artère carotide interne gauche, au niveau du cou. On pratique une endartérectomie de la carotide gauche pour l'ouvrir et retirer la plaque d'athérome. Le patient se rétablit complètement et ne présente plus d'AIT.

Pour certaines personnes, c'est la fragilité innée des parois des vaisseaux sanguins qui les rend plus susceptibles de faire des AVC.

Le traitement des AVC

La prise en charge des AIT est essentielle à la prévention des AVC. Dans ce but, on utilise les médicaments antiplaquettaires. L'utilisation d'aspirine est ainsi préconisée à une dose de 81 milligrammes par jour.

Si une obstruction de la carotide au niveau du cou est diagnostiquée chez une personne souffrant d'AIT, une endarctériectomie peut être généralement pratiquée (il s'agit d'ouvrir l'artère bouchée pour éliminer les éléments obstructeurs), mais de nombreuses études prouvent qu'un traitement antiplaquettaire donne le même résultat sur le long terme que l'intervention chirurgicale. Les anticoagulants sont également efficaces pour traiter ces problèmes.

Les signes des AVC ischémiques et hémorragiques sont les mêmes et sont directement liés à la zone où l'accident survient. Mais, pour déterminer la thérapeutique adéquate, il est important de faire la différence entre les deux. Un examen neurologique et l'interrogatoire du patient sont essentiels au diagnostic. La tomodensitométrie en urgence est une aide précieuse, contrairement à l'IRM, plus utile pour mesurer l'étendue de l'infarctus cérébral.

Le traitement des AVC hémorragiques porte sur les symptômes, sauf si la pression intracrânienne est trop élevée et que l'hémorragie est située dans une zone opérable.

Chez le patient souffrant d'un AVC majeur, il est nécessaire d'instituer le traitement dans les 4 heures qui suivent. On utilise des médicaments comme les ATP (activateurs tissulaires du plasminogène), qui dissolvent le caillot sanguin.

Les ATP peuvent provoquer des effets indésirables, notamment des hémorragies. C'est la raison pour laquelle les patients sous ATP doivent rester en soins intensifs.

La mort cérébrale

La plupart des gens pensent que la mort correspond à l'arrêt du cœur et de la respiration. Légalement, ce n'est pas le cas. Vous savez probablement que l'on peut maintenir quelqu'un en vie artificiellement.

Longtemps définie légalement par l'arrêt des fonctions organiques, en particulier l'arrêt du cœur et de la respiration, la mort est aujourd'hui définie sur la base de la fonction cérébrale. En effet, les progrès de la médecine en réanimation permettent désormais de relancer les activités respiratoires et cardiaques et de maintenir quelqu'un en vie artificiellement. La mort cérébrale, également appelée coma dépassé, est l'état de cessation complète, définitive et irréversible de toute fonction cérébrale. Selon ces critères, un individu peut-être déclaré mort, même si son cœur continue à battre grâce à un appareillage médical.

La mort cérébrale (ou mort encéphalique) est définie par décret. Le constat de mort ne peut être établi que si les trois critères cliniques suivants sont simultanément présents :

- absence totale de conscience et d'activité motrice : absence de réactivité aux aspirations pharyngées et à la manœuvre de Marie-Foix (stimulation du réflexe de flexion des membres inférieurs);
- abolition de tous les réflexes du tronc cérébral : réflexe photomoteur (réactivité aux stimulations lumineuses), réflexe cornéen (réaction aux stimulations de l'œil avec une compresse), réflexe oculo-vestibulaire (mouvement de l'œil lors de l'injection d'eau froide dans le conduit auditif), réflexe oculo-cardiaque (ralentissement cardiaque quand on compresse les globes oculaires);
- absence totale de ventilation spontanée.

Si la personne dont la mort cérébrale est constatée cliniquement est assistée par ventilation mécanique et conserve une fonction hémodynamique, l'absence de ventilation spontanée est vérifiée par une épreuve d'apnée (on débranche l'appareil respiratoire).

En outre, pour attester du caractère irréversible de la destruction encéphalique, on doit établir deux électroencéphalogrammes nuls et aréactifs effectués à un intervalle minimal de 4 heures ou procéder à une angiographie objectivant l'arrêt de la circulation encéphalique.

Ce qu'il faut retenir

→ Un nombre important de blessures à la tête pourraient être évitées si tout le monde portait sa ceinture de sécurité ou son casque.

→ Plus de la moitié des tumeurs au cerveau sont malignes, mais un bon nombre d'entre elles peuvent être guéries.

→ Les virus et les bactéries peuvent infecter le cerveau. C'est le cas de la méningite, de la rage et de la malaria qui peuvent être mortelles.

→ Les attaques cérébrales ou accidents vasculaires cérébraux sont la troisième cause de décès en France. Leurs symptômes doivent être traités avec la même urgence que ceux des attaques cardiaques.

Chapitre 18

Maux de tête et troubles neurologiques

Dans ce chapitre

→ Il y a mal de tête et mal de tête
→ Des célébrités dressent le portrait de la maladie de Parkinson
→ L'épilepsie révèle ses secrets
→ Quand un président perd la mémoire
→ La maladie de la vache folle

Ce chapitre décrit les maladies les plus communes du cerveau. Même s'ils ne conduisent pas systématiquement à l'hôpital, ces états sont douloureux et empêchent les personnes qui en souffrent de travailler. Vous découvrirez aussi des maladies qui ont des répercussions à long terme sur le cerveau. Elles rongent le corps et l'esprit et restent, malheureusement, incurables à ce jour.

Quand la tête fait mal

Le mal de tête est peut-être la douleur la plus courante. Neuf personnes sur 10 ont mal à la tête au moins une fois par an. Le chapitre 17 a montré que le mal de tête est un symptôme important de nombreuses affections cérébrales, notamment l'AVC. Ici nous allons envisager le mal de tête (la céphalée), sans lien avec une autre maladie. Les céphalées peuvent être classées en plusieurs catégories, dont les principales sont la migraine, l'algie vasculaire de la face et la céphalée de tension.

Les migraines

La migraine toucherait 12 % de la population française, soit 7 millions de personnes. Beaucoup de patients ont leur première migraine à l'adolescence. Les migraines sont souvent aussi une affaire de famille ; un enfant a entre 50 et 60 % de risque de souffrir des migraines si l'un de ses parents y est sujet. Pour des raisons inconnues, ce sont surtout les femmes qui souffrent de migraines (75 %, contre 25 % d'hommes), en particulier celles de moins de 40 ans.

De plus, on a rarement une migraine isolée. C'est souvent un problème récurrent. Quand vous avez une migraine, vous avez l'impression que votre tête est sur le point d'exploser. Les migraines se caractérisent par des nausées, des vomissements et une photophobie (la lumière est insupportable), associés à une céphalée très douloureuse, d'un seul côté de la tête (unilatéralité) dans la majorité des cas. Des symptômes visuels, auditifs ou gastro-intestinaux peuvent précéder une crise de migraine. Le signe annonciateur le plus commun est un problème de la vision, par exemple des « trous » dans le champ visuel. Chez la majorité des patients, une crise de migraine dure entre 2 et 24 heures.

Les scientifiques pensent que c'est un rétrécissement des vaisseaux sanguins (vasoconstriction) à l'intérieur du cerveau qui est à l'origine des signes annonciateurs et que c'est la dilatation des vaisseaux (vasodilatation) du cuir chevelu et du visage qui cause la crise de migraine elle-même.

Plusieurs facteurs peuvent déclencher ou aggraver les migraines. On considère que, chez certains patients, elles sont une réaction allergique à certains aliments, par exemple les fromages fermentés ou forts, tout ce qui contient des conservateurs à base de nitrite (par exemple les hot-dogs), le chocolat à cause de la phényléthylamine et certains additifs (comme le glutamate monosodique). La migraine peut aussi être liée à d'autres causes, comme les règles, la prise d'un contraceptif ou des lumières violentes.

Le traitement des migraines aiguës comporte la prise d'analgésiques, à commencer par l'aspirine, l'acetaminophen (Tylenil®) ou l'ibuprofen (Advil®). Un traitement à l'ergotamine, puissant vasodilatateur, peut être prescrit en même temps. Si la douleur persiste, des narcotiques plus puissants sont nécessaires, comme la mépéridine (Demerol®).

Pour la prévention des crises de migraines, le propanodol, l'amitryptiline et l'acide valproïque sont assez efficaces. Les médecins peuvent faire essayer un ou plusieurs de ces médicaments pour voir lequel est le plus efficace. Le choix d'un traitement dépend

Maux de tête et troubles neurologiques **Chapitre 18**

de l'état clinique de chaque patient, et doit prendre en compte d'éventuelles pathologies (problèmes cardiaques, asthme ou diabète). Consultez votre médecin si vous pensez souffrir de migraine.

L'algie vasculaire de la face (AVF)

Vous êtes assis en train de regarder la télévision quand vous ressentez soudain une douleur infernale autour d'un œil et votre nez se met à couler. C'est peut-être le signe d'une AVF. La plupart des gens qui en souffrent estiment que c'est la plus douloureuse des céphalées. Ces céphalées unilatérales surviennent de façon épisodique et frappent dix fois plus les hommes que les femmes. Tandis que la migraine peut être parfois bilatérale (affectant les deux côtés de la tête), même si c'est assez rare, une AVF est toujours unilatérale. Les crises se manifestent de nuit comme de jour et peuvent durer des jours ou des semaines, entrecoupées de rémissions. Une fois que la crise est passée, il peut se passer des mois, voire des années avant la suivante.

L'algie vasculaire de la face se caractérise généralement par une douleur aiguë autour de l'œil, qui pleure et rougit, par une sensation de nez bouché ou de nez qui coule et par une impression de brûlure intense autour de l'œil. Un syndrome de Horner peut y être associé (vous vous souvenez de la myosis, de la ptosis et de l'anhidrose du chapitre 12 ?). La céphalée peut durer de quelques minutes à quelques heures. Il est rare que les patients sujets à l'AVF soient issus de familles ayant une longue histoire de maux de tête.

Le traitement de l'AVF est similaire à celui de la migraine, mais la prednisone a montré des effets spectaculaires pour soulager ces céphalées et l'indométhacine donne aussi de bons résultats.

La céphalée de tension

C'est certainement la plus commune des céphalées et nous en avons tous. Ce mal de tête est souvent bilatéral et affecte généralement l'aire occipitale, mais parfois aussi l'aire frontale ou encore toute la tête. On le décrit souvent comme un étau qui enserre la tête. La douleur est forte mais pas lancinante. Les céphalées de tension touchent aussi bien les hommes que les femmes. Elles surviennent rarement avant l'âge de 21 ans.

Les symptômes de céphalée de tension incluent une raideur du cou et des muscles du cuir chevelu. Par contre, pas de nausée, ni de vomissement ni de symptôme avant-coureur. Une céphalée de tension peut arriver tous les jours et on peut l'avoir au réveil comme à l'heure du coucher.

Avant de prescrire un traitement, le médecin doit se renseigner soigneusement sur l'histoire du patient. Un médecin compréhensif, rassurant et qui considère que la

> **Faites le 15 !**
>
> Les patients qui souffrent de maux de tête ont souvent besoin d'être rassurés et de savoir que leur problème n'a pas une cause organique grave.
> Car dans les affres de la douleur d'un mal de tête violent ou récurrent, on pense vite au pire, alors que la plupart des maux de tête sont soit des migraines, soit des AVF, soit des céphalées de tension. Un très faible pourcentage de maux de tête est dû à une tumeur cérébrale.

douleur est bien réelle est d'un grand secours. Une bonne connaissance des problèmes émotionnels peut aussi aider à contrer le mal.

Dans certains cas, le médecin peut prescrire des examens complémentaires (IRM), mais c'est très rare parce que le diagnostic d'une céphalée de tension peut s'établir sur la base du récit du patient et sur un examen physique. On peut soulager la douleur au moyen d'analgésiques légers comme l'aspirine ou l'acétaminophen (Tylenol®). La physiothérapie, la psychothérapie et les techniques de relaxation ont des effets bénéfiques dans certains cas, mais le meilleur moyen de limiter ces céphalées est encore de réduire les facteurs de stress ou d'énervement.

La névralgie du trijumeau

Le plus souvent, les personnes qui souffrent de névralgie du trijumeau (ou tic douloureux) ne s'aperçoivent de rien jusqu'au jour où, en se brossant les dents, elles sentent une douleur qui les poignarde dans la mâchoire. La douleur est fulgurante (très intense, lancinante, comme des décharges électriques) dans la zone qui se trouve sur le trajet du nerf trijumeau (V). Elle peut survenir au niveau de la mâchoire inférieure (zone mandibulaire) ou près du nez et devant l'oreille (zone maxillaire), voire autour de l'œil et du front (zone ophtalmique). Elle est souvent déclenchée par l'effleurement d'une zone appelée « gâchette », par la mastication ou par le simple fait de se brosser les dents.

Les causes de cette névralgie sont inconnues, mais les progrès de l'imagerie médicale ont permis de constater que, dans la majorité des cas, des vaisseaux sanguins comprimaient anormalement le nerf trijumeau au niveau de son entrée dans le tronc cérébral. Un traitement au Tegretol® et, dans certains cas, à la Dilantine®, s'avère efficace. Dans les cas résistants au traitement pharmacologique, une intervention chirurgicale peut être envisagée. L'opération consiste à faire une incision à la base du crâne et à dégager le nerf trijumeau à son entrée dans le tronc cérébral. Le chirurgien déplace le vaisseau sanguin comprimant le nerf trijumeau, qui se trouve alors soulagé.

La paralysie cérébrale

La paralysie cérébrale est le nom utilisé pour désigner un groupe de lésions du système nerveux qui interviennent *in utero*, à la naissance ou juste après. On parle aussi d'infirmité motrice cérébrale (IMC). Cet état peut être provoqué par un manque d'oxygène dans l'utérus, à la naissance ou juste après, par une infection, une malformation ou une hémorragie cérébrale. Des problèmes respiratoires ou une insuffisance cardiaque liée à une infection générale peuvent entraîner une baisse de l'oxygène dans le sang (hypoxie) conduisant à une diminution de l'apport sanguin dans une partie du cerveau (ischémie). Un traumatisme durant l'accouchement peut être aussi un facteur de risque.

> **Le jargon de la science**
>
> Le **score d'Apgar** renvoie à l'évaluation des nouveau-nés, sur la base de cinq critères : coloration de la peau (rose, cyanosée ou grise), fréquence cardiaque, réflexes à la stimulation de la plante des pieds, respiration et tonus musculaire. Chaque critère est noté de 0 à 2, avec un total de 10 pour un score parfait.

Le risque de paralysie cérébrale est accru quand le bébé pèse moins de 2 kg à la naissance et que **le score d'Apgar** est inférieur à 3 au bout de 5 minutes de test. Cependant, la surveillance fœtale et les soins néonataux ont fait considérablement diminuer le nombre d'enfants présentant une paralysie cérébrale.

Ceux qui en sont atteints souffrent de nombreux problèmes cliniques dans la petite enfance. La plupart rencontrent des difficultés motrices parfois très invalidantes et des troubles des fonctions supérieures, mais les facultés intellectuelles sont préservées (même si certains apprentissages risquent d'être difficiles). Des tests psychologiques, une évaluation neurologique et un suivi sur le long terme sont bénéfiques pour l'enfant et sa famille. Une évaluation orthopédique, un traitement et une physiothérapie sont aussi extrêmement utiles, surtout quand l'enfant grandit.

La maladie de Parkinson

Si la plupart d'entre nous ne connaissons pas bien la maladie de Parkinson, les symptômes nous sont devenus familiers parce que de nombreuses personnalités ont annoncé publiquement qu'elles étaient atteintes de cette maladie. En Europe, la prévalence est estimée à 1,6 % chez les personnes de plus de 65 ans. En France, la maladie de Parkinson touche près de 100 000 personnes, avec environ 8 000 nouveaux cas par an. Elle affecte aussi bien les femmes que les hommes et débute généralement entre 55 et 65 ans, mais 5 à 10 % des patients sont atteints entre 30 et 55 ans.

Ses causes sont mal connues, mais on pense qu'une épidémie d'encéphalite virale survenue entre 1918 et 1923 pourrait être à l'origine de maladies de Parkinson qui se sont déclarées des décennies plus tard. On suspecte aussi des médicaments comme les phénothiazines (antiseptique urinaire), des substances toxiques comme le monoxyde de carbone ou une exposition aux pesticides (cette maladie est en effet plus fréquente en milieu rural).

Cette maladie se caractérise par toute une variété de signes, dont les plus apparents sont les tremblements, la rigidité du visage, la dysarthrie (difficulté à parler), une posture courbée, la rigidité musculaire, une démarche anormale, des mouvements ralentis, voire difficiles, sans déclin cognitif.

Quoique les effets de la maladie soient physiques avant d'être mentaux, une diminution des facultés cognitives et même une dépression peuvent survenir tardivement, quand la personne essaye de lutter contre la nature très invalidante de sa maladie.

Beaucoup de recherches montrent que les sujets atteints de la maladie de Parkinson ont un déséquilibre chimique des neurotransmetteurs, dopamine et acétylcholine, avec un déficit marqué en dopamine. On note aussi une diminution du neurotransmetteur noradrénaline. Des examens au microscope du cerveau de sujets atteints montrent une diminution de la pigmentation et une perte neuronale dans la substance noire (aire minuscule qui produit la plus grande partie de la dopamine utilisée par le cerveau) et dans d'autres structures du tronc cérébral et des ganglions de la base.

Gagnez des points de Q.I.

La maladie de Parkinson n'a pas tout de suite attiré l'attention du grand public, jusqu'à ce que des célébrités en soient affectées. Peut-être que le plus célèbre est le boxeur Mohamed Ali, très atteint, avec des tremblements graves et une parole saccadée.

On peut citer aussi le pape Jean-Paul II et l'acteur Michael J. Fox, qui a dû abandonner sa carrière de star de série télévisée, et qui est aujourd'hui entièrement investi dans la lutte contre la maladie de Parkinson et le financement pour la recherche.

Les médecins ont pensé à un moment donné que l'ablation du cervelet permettrait de soigner la maladie, mais cette opération n'a pas donné les résultats escomptés. Et on a découvert plus tard qu'elle ne résultait pas d'un dysfonctionnement de la fonction cérébelleuse. Le traitement chirurgical de la maladie de Parkinson a longtemps consisté à prélever les parties du cerveau qu'on jugeait responsables des tremblements. Des opérations récentes utilisent l'implantation d'électrodes de stimulation à haute fréquence dans les deux noyaux sous-thalamiques pour réduire les tremblements. Une batterie est placée sous la peau du torse et reliée au stimulateur du cerveau. Le patient peut régler l'électrode de stimulation du cerveau à son gré. La batterie peut être éteinte la nuit, quand la stimulation n'est pas nécessaire.

Le traitement de la maladie de Parkinson a connu des progrès spectaculaires ces dernières années. Aujourd'hui, le traitement pharmacologique a pour finalité de restaurer l'équilibre dopamine/acétylcholine en bloquant les effets de l'acétylcholine.

La paralysie supranucléaire progressive (PSP)

Il s'agit d'une maladie dégénérative dont on ne connaît pas l'origine. Elle affecte la substance grise sous-corticale, ce qui attaque la vision verticale, puis horizontale, si bien que le sujet a des difficultés pour se concentrer sur un objet qui se trouve devant lui. On note aussi une instabilité posturale marquée pouvant être à l'origine de chutes (elle s'aggrave au fil du temps, au point de rendre la marche de plus en plus difficile), des difficultés d'élocution et de déglutition. Le patient peut aussi avoir des réactions émotives exagérées. Cette pathologie affecte deux fois plus les hommes que les femmes. La mort survient généralement entre 4 et 7 ans après avoir été diagnostiquée.

L'épilepsie

Le mot vient de l'ancien grec *epilambanein*, signifiant « crise » ou « attaque ». Une crise d'épilepsie est un accès de convulsions causé par l'explosion incontrôlable de l'activité électrique dans le cerveau et qui peut avoir pour conséquence diverses actions incontrôlables : tremblements, contractions musculaires et perte de conscience. Ces attaques sont souvent très impressionnantes.

On classe les crises d'épilepsie en deux catégories : généralisées ou partielles. L'épilepsie généralisée se produit quand il existe un désordre général de l'activité électrique du cerveau alors que l'épilepsie partielle correspond à une perturbation locale et n'affecte que la fonction mentale ou physique contrôlée par la zone perturbée. Mais il arrive que l'épilepsie naisse dans une zone du cerveau, puis s'étend.

L'épilepsie généralisée peut être divisée en sous-catégories. On distingue l'épilepsie tonico-clonique (grand mal), l'absence (petit mal) et les crises myocloniques (spasmes avec rigidité et relâchement). Les crises tonico-cloniques, les plus spectaculaires, impliquent une perte de conscience pouvant durer de quelques minutes à quelques heures. Quand le sujet revient à lui, il est confus, il a mal à la tête et ne se souvient généralement pas de la crise. Dans le *status epilepticus*, les convulsions ne s'interrompent pas spontanément. Il s'agit donc d'une urgence médicale, car cet état peut provoquer des lésions irréversibles s'il n'est pas traité.

Il existe des crises d'épilepsie partielles simples et des crises partielles complexes. Les personnes souffrant d'épilepsie partielle restent conscientes et peuvent même parler durant la crise.

Le jargon de la science

Une **aura** est un phénomène subjectif ou une sensation marquant le début d'une crise d'épilepsie. Cette sensation varie d'une personne à l'autre : impression de ressentir une odeur particulière, effet visuel ou sonore, sensation de déjà-vu. Si l'aura survient suffisamment tôt, la personne peut avoir le temps de s'étendre pour prévenir une chute.

Une crise d'épilepsie partielle simple peut débuter avec des symptômes moteurs, sensoriels ou autonomes. L'impression de déjà-vu fait partie de ces symptômes. Des mouvements incontrôlés peuvent se produire dans n'importe quelle partie du corps. Ils commencent parfois par le tremblement d'une main ou d'un pied et s'étendent à tout le membre puis à tout le côté du corps. Les sensations et les émotions provoquées par la crise dépendent de la partie du cerveau concernée. Cela inclut le sentiment de peur, des hallucinations auditives et olfactives, des illusions d'optique, des rires et des pleurs incoercibles. Il peut y avoir des phénomènes d'**aura** au commencement.

Les crises partielles complexes se caractérisent par une altération de l'état de veille sans perte de conscience. Les sujets ne savent pas ce qu'ils font et ne peuvent contrôler ni leurs gestes, ni leurs paroles, ni leurs actions. On observe des mouvements involontaires.

La plupart des crises ne durent pas et s'arrêtent d'elles-mêmes après une ou deux minutes. Dans certains cas, cependant, elles peuvent être plus sérieuses. Celles qui durent une journée et ne cèdent pas avec un traitement médicamenteux nécessiteront une intervention chirurgicale. Quand les investigations diagnostiques (par EEG, IRM, ou TEP) permettent de localiser la source de l'activité épileptique dans le cerveau, on enlève l'aire concernée. Dans la plupart des cas, on recourt à l'excision unilatérale du lobe temporal. Dans des cas extrêmement rares, on pratique l'hémisphérectomie (ablation d'un hémisphère cérébral) pour traiter les crises incontrôlables et très longues.

Les causes des crises d'épilepsie sont assez nombreuses. Parmi les plus courantes, on peut citer :

- une blessure à la tête
- des convulsions fébriles bénignes dans l'enfance
- un AVC
- une tumeur
- une méningite ou une encéphalite
- une hyponatrémie (concentration trop faible du sodium dans le sang)
- une dépendance alcoolique ou toxicologique (les crises peuvent survenir après une overdose)
- une situation de sevrage (alcool, drogue...)
- les séquelles d'une éclampsie (complication grave durant la grossesse caractérisée par des convulsions)
- une hyperthermie (élévation de la température centrale du corps au-dessus de sa valeur normale)

Le traitement des crises d'épilepsie en lien avec ces pathologies dépend donc de l'identification des causes initiales et de la thérapie indiquée dans chaque cas.

Faites le 15 !

Face à une crise d'épilepsie généralisée tonico-clonique (Grand Mal), les recommandations des spécialistes sont les suivantes :
- restez calme et rassurez les personnes autour de vous
- n'essayez pas de contenir la personne ou de bloquer ses mouvements
- mesurez le temps de la crise sur votre montre
- écartez autour de la personne tout objet dur ou coupant
- dégagez la gorge (boutons, cravate) de la personne pour qu'elle puisse respirer facilement
- glissez quelque chose de plat et doux sous la tête (par exemple une veste pliée ou un petit coussin)
- tournez délicatement la personne sur le côté pour maintenir ses voies respiratoires dégagées
- n'essayez pas de maintenir la bouche ouverte avec un instrument dur ni avec vos doigts.
- restez avec la personne jusqu'à ce que la crise cesse d'elle-même.
- soyez réconfortant et rassurant quand elle revient à elle.
- dans la mesure du possible, ramenez ou faites ramener la personne chez elle si elle se trouve encore dans un état de confusion après la crise.

> **Faites le 15 !**
>
> Les personnes atteintes d'épilepsie ne peuvent pas avaler leur langue, c'est pourquoi il n'est pas nécessaire de leur maintenir de force la bouche ouverte. En revanche, ils peuvent se mordre la langue en serrant les dents. Il est conseillé de placer une cuiller ou une spatule entre les dents.

Selon l'Organisation mondiale de la santé (OMS), environ 0,5 % de la population mondiale souffre d'épilepsie d'origine inconnue (idiopathique). Cette maladie n'affecte pas l'intelligence, mais elle peut gêner l'apprentissage chez l'enfant. Les crises cessent parfois quand les enfants grandissent.

Le traitement de l'épilepsie idiopathique est bien documenté et nécessite la bonne association de médicaments pour chaque patient. L'épilepsie n'est pas une maladie mentale, mais les personnes souffrant de pathologie mentale peuvent y être sujettes. À ce jour, la recherche n'a pas démontré de façon décisive que les crises de quelques minutes ou moins avaient des séquelles irréversibles sur le cerveau. Cependant, l'état épileptique (crises continuelles qui durent plus de quelques minutes) peut causer des lésions irréversibles.

La sclérose en plaques

La sclérose en plaques est une maladie neurologique relativement fréquente (1 personne sur 2 000), qui se déclare généralement entre 20 et 40 ans et qui touche davantage les femmes que les hommes.

La caractéristique pathologique de cette maladie est une démyélinisation croissante de zones diffuses de la matière blanche et de la moelle épinière, ainsi que du nerf optique (vous vous souvenez sans doute que la myéline est la substance isolante constituée de lipides qui entoure l'axone ou la fibre nerveuse du neurone). Les cicatrices qui en résultent (gliose) produisent les plaques que l'on peut voir en imagerie médicale et à l'autopsie. À terme, cette altération de l'isolation des neurones peut bloquer ou altérer les signaux nerveux et ralentir la transmission des messages.

Si la cause de cette maladie demeure inconnue, on la considère souvent comme une maladie auto-immune, ce qui signifie que c'est le système immunitaire de la personne qui détruit la myéline. Du fait que la sclérose en plaques affecte toutes les parties du système nerveux central, les premiers symptômes sont divers, mais ils comportent souvent un sentiment de faiblesse, un engourdissement, des picotements, une perte soudaine de la vision ou un brouillage de la vision d'un œil, des besoins urinaires très fréquents et urgents. Ces symptômes peuvent durer plusieurs jours ou plusieurs semaines, puis disparaître pour revenir plus tard.

Le diagnostic n'est pas facile à poser parce que les symptômes, pris individuellement, sont communs à d'autres problèmes médicaux. Les médecins doivent suivre leurs patients de près et surveiller les différents signes neurologiques qu'ils présentent dans le temps. Par exemple, dans une phase de la maladie, le patient va se plaindre d'engourdissement et de picotements dans le visage et les extrémités ; quelques semaines ou quelques mois plus tard, un second épisode aura pour symptôme un brouillage de la vision ; encore quelques semaines ou quelques mois plus tard, le malade signalera un dysfonctionnement de la vessie ou une faiblesse dans une extrémité. Les patients atteints de sclérose en plaques peuvent aussi avoir des problèmes au niveau du liquide cérébro-spinal. La maladie progresse généralement par poussées, entrecoupées de périodes sans troubles, mais la régression des troubles a tendance à être plus limitée à mesure que la maladie évolue et des séquelles de plus en plus importantes peuvent apparaître. Cependant, l'évolution de la maladie est variable d'une personne à l'autre et peut ne causer que quelques troubles ponctuels ou au contraire provoquer des handicaps sévères.

> **Faites le 15 !**
>
> Ne confondez pas la sclérose en plaques avec la myopathie, une maladie évolutive des muscles qui n'affecte pas le cerveau.

Le traitement de la sclérose en plaques est l'objectif prioritaire de nombreux centres de recherche. Les études montrent que le traitement médicamenteux est souvent assez efficace pour espacer les rechutes et ralentir la progression des plaques ; en outre, les stéroïdes accélèrent la récupération après une crise aiguë. Pour autant, on ne sait pas guérir la sclérose en plaques à ce jour.

La maladie d'Alzheimer

La maladie d'Alzheimer est une maladie dégénérative du tissu cérébral, qui provoque à terme une perte irréversible des fonctions mentales. Si le psychiatre allemand Aloïs Alzheimer a décrit dès 1906 cette pathologie observée sur le cerveau d'une patiente assez jeune (51 ans), on a mis assez longtemps à l'envisager comme une maladie à part entière, considérant à tort que les troubles de la mémoire par lesquels elle débute était un aspect normal du vieillissement de la personne âgée. L'âge est certes un facteur de risque, avec une incidence qui commence à être marquée à partir de 65 ans (en France, près de 18 % de personnes de plus de 75 ans sont atteints de la maladie d'Alzheimer) mais elle touche aussi, même si c'est beaucoup plus rare, des personnes plus jeunes (0,5 % de femmes entre 60 et 64 ans et 1,6 % d'hommes pour la même tranche d'âge). Plus les gens sont jeunes quand la maladie se déclare, plus le pronostic est mauvais. En France, 860 000 personnes sont concernées aujourd'hui par la maladie d'Alzheimer.

> **Gagnez des points de Q.I.**
>
> Des tests de dépistage de la maladie d'Alzheimer sont en train d'être mis au point. Ils pourraient constituer un progrès considérable parce que, lorsque les symptômes de la maladie apparaissent de façon visible, les lésions cérébrales sont déjà très avancées. Les tests pour diagnostiquer la maladie d'Alzheimer ne sont fiables qu'à 55 %, mais de nouveaux procédés, avec scanner TEP et traceur chimique, pourraient rendre possibles des diagnostics précoces et conduire à des traitements plus efficaces.

Aux États-Unis, en 1994, l'annonce publique par Ronald Reagan lui-même qu'il était atteint de la maladie d'Alzheimer a contribué à sensibiliser la population et les pouvoirs publics sur la nécessité de conduire une politique de santé publique sur cette question, tant dans le domaine de la recherche que dans celui de la prise en charge des malades, car la pathologie est très invalidante à terme.

À mesure que les processus de la mémoire se détériorent, le travail et les relations sociales deviennent de plus en plus difficiles. Il peut y avoir des signes d'apathie ou de perte de la spontanéité. On assiste aussi parfois à une désinhibition et à une perte de contrôle des règles sociales, morales, éthiques, etc. La personne peut devenir incapable de gérer ses affaires. Elle ne comprend pas toujours ce qui se passe autour d'elle et, comme elle ne reconnaît plus son entourage, la communication devient de plus en plus difficile. La rapidité du déclin est variable et va de quelques mois à plusieurs années.

On a plus de risques d'être atteint de cette maladie s'il y a des antécédents familiaux, mais la cause demeure inconnue. Les altérations du cerveau sont, elles, bien connues. Il semble que les neurones sont détruits quand de petits filaments creux désorganisent les structures cellulaires normales (processus que l'on appelle dégénérescence neurofibrillaire); dans le même temps, des plaques s'accumulent dans le cortex cérébral.

On ne sait pas soigner la maladie d'Alzheimer, mais, ces dernières années, on a pu mettre au point des médicaments qui ralentissent la progression de la pathologie et améliorent certaines pertes sévères de mémoire.

L'hydrocéphalie à pression normale

L'hydrocéphalie à pression normale est un état que l'on rencontre chez le sujet âgé. Trois symptômes la caractérisent : la **démence**, les troubles de la marche et l'incontinence urinaire. L'imagerie médicale (par tomodensitométrie ou par résonance magnétique) révèle une hypertrophie des ventricules cérébraux. Toutefois il n'y a ni mal de tête, ni nausée, ni vomissements, ni aucun autre signe de pression intracrânienne élevée. La ponction lombaire indique une pression normale. L'émergence de la démence peut être insidieuse et doit être différenciée d'autres troubles neurologiques d'allure similaire.

Le traitement chirurgical consiste en une dérivation du liquide cérébro-spinal depuis le ventricule cérébral ou depuis le point de ponction (en cas de ponction lombaire) vers la cavité abdominale. Cette opération n'est pas toujours couronnée de succès mais, si elle réussit, les résultats sont spectaculaires.

> **Le jargon de la science**
>
> La **démence** est une détérioration des fonctions mentales telles que la mémoire, la concentration et le jugement, résultant d'une maladie organique ou d'un trouble cérébral. Elle s'accompagne parfois de troubles émotionnels et de changements de personnalité qui entravent le fonctionnement quotidien du sujet.

La maladie de la vache folle

La médiatisation de la maladie de la vache folle a suscité une panique générale qui aurait suffi à faire du plus carnivore d'entre nous un végétarien convaincu. En fait, la réalité est bien différente.

La maladie de la vache folle, qui tire son nom du fait qu'elle affecte le cerveau des vaches contaminées, est une variante de la maladie de Creutzfeldt-Jakob, maladie du système nerveux central transmissible et mortelle, qui se caractérise par une démence rapidement évolutive et impliquant le cerveau et la moelle épinière. L'agent pathogène supposé est une protéine infectieuse connue sous le nom de prion. Le tableau clinique est celui d'une détérioration rapide sur quelques mois. Il comporte des tremblements, une rigidité du corps et des mouvements anormaux, une perte de la coordination des mouvements volontaires (ataxie).

La maladie développée par les bovins est nommée par les scientifiques encéphalopathie bovine spongiforme (EBS). Elle est provoquée par une protéine autoreproductrice. Elle a été observée pour la première fois en 1984 au Royaume-Uni où elle a atteint plus de 200 000 animaux en 15 ans. La forme humaine de la maladie atteint des sujets jeunes et son évolution est moins rapide. Elle se caractérise par des troubles psychiatriques comme la dépression et les changements de personnalité.

On a pu diagnostiquer 147 cas en Grande-Bretagne, 6 en France et 1 en Italie, par transmission de la maladie de l'animal vers l'homme. Il peut exister cependant une

> **Remue-méninges**
>
> Il est difficile d'évaluer le risque de contamination par ingestion de viande de bœuf contaminée, mais il est extrêmement faible. Pourtant, dès que les médias se sont emparés de l'affaire, le public a réagi aussitôt et les ventes de viande se sont effondrées. Le principe de précaution conduisit à prendre des mesures impressionnantes, avec embargo sur la viande bovine en provenance d'Angleterre pendant plusieurs années et abattage du troupeau entier en cas de découverte d'un seul cas.
> Le public découvrira aussi dans un second temps que l'alimentation des bovins d'élevage comporte des compléments alimentaires de synthèse, dont certains à base de farines animales ont contribué à répandre la maladie.

contamination interhumaine (certes très rare) liée à des transplantations cornéennes ou à des implantations d'électrodes corticales. Il n'existe pas de traitement pour la maladie de Creutzfeldt-Jakob et la mort survient généralement au bout d'un an.

Tics et TOC : le syndrome de la Tourette

Le syndrome de Gilles de la Tourette (du nom de son découvreur) est une affection neurologique qui touche des sujets jeunes (moins de 18 ans) et concerne trois à quatre fois plus de garçons que de filles. On classe les symptômes par gravité. Apparaissent en premier des **tics** variés du visage (mouvements spasmodiques ou tremblements), des reniflements, des clignements d'yeux. Les tics diminuent en fréquence et en intensité pendant le sommeil. Les personnes atteintes ont un certain contrôle de leurs troubles. On ne peut donc pas dire qu'ils sont involontaires. Toutefois, les efforts pour contrôler ces tics peuvent produire un effet paradoxal : dès que le contrôle est défaillant, les tics surviennent plus nombreux.

À mesure que la maladie évolue, des tics vocaux involontaires apparaissent : grognements, aboiements, raclements de gorge, coprolalie (profération d'insultes et d'obscénités, qui concernent 15 % des cas). Dans les cas les plus extrêmes, il peut y avoir des automutilations : certains se rongent les ongles jusqu'au sang, certains s'arrachent les cheveux, d'autres se mordent la langue et les lèvres. On observe souvent des troubles de l'attention et des troubles obsessionnels compulsifs ou **TOC** (dont nous reparlerons plus amplement au chapitre 20). Mais si les tics (moteurs, vocaux et verbaux) caractérisent systématiquement le syndrome de Gilles de la Tourette, les TOC font partie du profil clinique de seulement 30 % des personnes atteintes de cette maladie. La majorité des personnes souffrant de cette maladie ne sont pas handicapées de manière significative par leurs symptômes comportementaux. Pour ceux souffrant des troubles les plus graves, des médicaments existent pour diminuer la gravité et la fréquence des tics (ils sont efficaces dans environ 50 % des cas), mais il n'existe actuellement aucun traitement qui permette la guérison totale. Les symptômes perdent généralement en gravité après la puberté et, dans 20 à 30 % des cas, disparaissent complètement autour de l'âge de 20 ans. Enfin, ce syndrome n'affecte pas l'intelligence.

Les causes du syndrome de Gilles de la Tourette demeurent inconnues, mais de récentes recherches suggèrent que ce trouble est lié à un métabolisme anormal de la dopamine et peut-être de la sérotonine, neurotransmetteurs très importants. Une personne présentant un syndrome de la Tourette a environ 50 % de risques de transmettre le gène à sa descendance. Les enfants néanmoins peuvent ne pas développer les mêmes symptômes que leurs parents. Ils peuvent manifester des symptômes d'intensité moyenne, voire aucun.

Le jargon de la science

Le **tic** est un mouvement (ou une vocalisation) soudain, rapide, récurrent, non rythmique et stéréotypé.

Le **TOC**, ou trouble obsessionnel compulsif, est un trouble anxieux se manifestant notamment par la survenue chez une personne de compulsions (besoin impératif d'adopter un comportement, sous peine de sombrer dans l'angoisse) ou la mise en place de rituels. La notion d'obsession est également présente dans le TOC. L'obsession correspond à une idée qui se répète inlassablement, qui s'incruste, finissant par entraîner des angoisses.

Sommes-nous trop pessimistes ?

Nous sommes souvent enclins à penser qu'une maladie au cerveau est le pire problème de santé qui puisse nous arriver. Notre peur est fondée sur la croyance que ces atteintes sont mortelles et qu'elles mènent à une perte de nos facultés mentales.

Mais toutes les maladies du cerveau ne conduisent pas à la détérioration mentale. Par exemple, les personnes qui vivent avec une maladie de Parkinson sont conscientes de leur environnement et leurs facultés intellectuelles ne sont pas altérées.

Même si, un nombre important de maladies du cerveau mènent à une certaine dégénérescence, la détérioration des fonctions mentales peut être graduelle et évoluer sur une longue période, ce qui permet aux patients et à leur famille de s'adapter.

Si l'inquiétude vous taraude, gardez à l'esprit que les découvertes médicales évoluent de jour en jour et laisse espérer la mise au point de nouvelles technologies, de nouvelles compétences des équipes médicales et de nouveaux traitements. Certaines maladies peuvent être guéries complètement. Nombre de tumeurs sont opérables et on arrive aussi parfois à réparer les parties endommagées du cerveau ou à relayer leurs fonctions vers des zones intactes. Les patients peuvent souvent avoir une qualité de vie satisfaisante en dépit des troubles physiques et mentaux.

Ce qu'il faut retenir

- → Les maux de tête sont les douleurs les plus communes. La plupart des gens ont des céphalées de tension ; certains souffrent d'encore plus grandes douleurs, provoquées par les migraines et les algies vasculaires de la face.

- → Une prise de conscience publique des effets handicapants de la maladie de Parkinson a contribué au développement de la recherche en vue de diminuer les symptômes et trouver la cause de la pathologie.

- → Une activité électrique anormale du cerveau peut déclencher des convulsions. On peut classer les convulsions par ordre de gravité mais elles ne sont généralement pas mortelles. Cela veut dire que les personnes épileptiques peuvent vivre normalement.

- → La maladie d'Alzheimer est une maladie dégénérative du tissu cérébral, qui provoque à terme une perte irréversible des fonctions mentales, mais des traitements permettent de réduire la progression de cette pathologie.

Chapitre 19

Drogues et démons

Dans ce chapitre

→ Boire et fumer

→ Sniffer et se shooter

→ Tripper

→ Gober des pilules

De nombreuses drogues, de même que certains médicaments, reproduisent l'activité de substances chimiques naturellement présentes dans le cerveau. Ils modifient le fonctionnement cérébral, car ils ressemblent aux messagers chimiques naturellement produits par le cerveau : ils bloquent ou renforcent l'action des neurotransmetteurs. Certaines de ces drogues peuvent être bénéfiques, d'autres néfastes. Parfois la frontière entre ces effets est difficile à définir.

L'abus de n'importe quelle drogue est dommageable pour l'organisme et certaines de ces substances, sur lesquelles nous nous attarderons dans ce chapitre, peuvent être particulièrement destructrices.

Certaines drogues provoquent des changements dans le cerveau qui persistent même après que l'usager a cessé de les consommer. Ces changements induisent souvent une dépendance.

Cependant, toutes les drogues n'entraînent pas une addiction et celles qui le font ne rendent pas forcément l'usager dépendant immédiatement. Mais quand la dépendance existe, elle est parfois si forte que la seule vision d'une photographie du lieu de vente de la drogue peut provoquer une forte sollicitation. La tolérance aux drogues varie d'une personne à l'autre et elle est souvent héréditaire. Cependant, personne ne peut prédire qui sera dépendant d'une drogue particulière.

Un problème mondial

Un rapport du 29 juin 2005 publié par l'OMS fait état de 200 millions de consommateurs de stupéfiants dans le monde pour un chiffre d'affaires de 320 milliards de dollars. Toujours selon l'OMS, 5 % de la population mondiale a consommé des drogues illégales.

Le chiffre des consommateurs est en constante progression, principalement en raison de la popularité croissante du cannabis. Selon le rapport de l'OMS, 4 % de la population mondiale en consomme et son usage est en augmentation.

Par contre, les drogues de synthèses sont en repli : 34 millions de consommateurs en 2004 contre 38 millions l'année précédente. Parmi eux, en 2003, 26 millions – dont près des deux tiers résident en Asie – ont consommé des amphétamines, des méthamphétamines et des substances assimilées et 7,9 millions de personnes ont pris de l'ecstasy. Ce rapport explique que la baisse de consommation des drogues de synthèse est liée au démantèlement d'un grand nombre de laboratoires clandestins en Thaïlande. Il signale en revanche une augmentation du trafic des « précurseurs », les produits chimiques indispensables à la fabrication des drogues de synthèse.

Les opiacées et la cocaïne ont progressé en 2004 et sont les drogues les plus problématiques, avec 16 millions de personnes dans le monde dépendantes à l'opium, à la morphine ou à l'héroïne (contre 15 millions en 2003) et 13,7 millions de consommateurs de cocaïne (contre 13 millions en 2003).

Pour l'Europe et l'Asie, ce sont les opiacés qui, en terme de santé publique, sont la principale préoccupation (62 % des demandes de traitement), alors que l'Amérique du Sud est davantage touchée par la cocaïne (59 % des demandes de traitement) et l'Afrique par le cannabis (64 %).

Les jeunes et la drogue

C'est souvent dès l'adolescence que se fait l'expérimentation de la drogue, avec un risque de passage à un usage régulier. La plupart des enquêtes conduites auprès des jeunes montrent en outre que les enfants qui, même de manière épisodique, consomment des substances psychoactives vers l'âge de 14 ans ont plus de risque de basculer vers un usage plus intensif, voire addictif.

Certains signaux d'alerte permettent de détecter les problèmes de dépendance : mauvais résultats scolaires, absentéisme, problèmes de comportement, mauvaise hygiène et changements dans le mode d'habillement. Ces jeunes peuvent également présenter des signes d'anxiété, de dépression et de grande fatigue.

L'alcoolisme

On estime à 5 millions le nombre de personnes ayant des difficultés médicales, psychologiques et sociales liées à leur consommation d'alcool. Dans la clientèle des médecins généralistes, 29,8 % des hommes et 11 % des femmes sont des buveurs excessifs. L'alcoolisme aurait une composante génétique. En effet, les enfants de parents alcooliques ont quatre fois plus de risques de développer une dépendance à l'alcool.

L'impact d'un verre d'alcool sur le cerveau dépend d'une série de facteurs : le type d'alcool et la teneur en alcool de la boisson, le poids et la taille de la personne, le contenu de l'estomac. Contrairement à beaucoup de drogues, l'alcool est distribué dans tout le cerveau, mais il cible des régions spécifiques : le cortex, le tronc cérébral et le cervelet, qui sont impliquées dans la prise de décision, l'équilibre, la mémoire et l'émotion.

À petite dose, l'alcool renforce l'activité cérébrale. Il influe sur l'activité du GABA, un neurotransmetteur qui inhibe la libération de la dopamine, un autre neurotransmetteur. L'alcool empêche les effets inhibiteurs du GABA et provoque donc une augmentation de la dopamine, qui est associée aux sensations agréables. Ainsi, quelques verres et c'est l'ivresse. L'effet de l'alcool se répercute en premier sur la zone du cerveau habituellement en charge de l'autocensure. Le buveur se sent détendu et moins inhibé, sa capacité de réflexion est moindre.

> **Gagnez des points de Q.I.**
>
> Certains scientifiques pensent que toutes les addictions ont une origine biologique. Par conséquent, on devrait pouvoir les traiter avec des « cocktails » de neurotransmetteurs. La recherche n'a pas encore mis au point de tels traitements. On préconise donc aujourd'hui, pour la prise en charge des addictions, l'utilisation de médicaments de substitution et la psychothérapie.

Plus on consomme d'alcool, plus le cerveau est ralenti et plus les régions contrôlant les fonctions motrices et cognitives se détériorent. Une personne intoxiquée peut être irritable, avoir un langage inarticulé et rencontrer des problèmes de coordination et des troubles visuels. Si l'intoxication continue, les personnes deviennent incapables de maintenir leur équilibre, de marcher et de contrôler certaines fonctions organiques. Cela peut aller jusqu'au coma, voire, dans les cas extrêmes, jusqu'à un arrêt respiratoire.

> **Remue-méninges**
>
> Il n'existe pas de niveau de consommation raisonnable d'alcool pendant une grossesse. Les femmes qui abusent de cette substance peuvent donner naissance à des enfants présentant un syndrome d'alcoolisation fœtale. Ce syndrome est caractérisé par des malformations du visage, une taille anormalement petite de la tête et du corps, un retard mental et une mauvaise coordination main-œil.

L'alcool peut aussi provoquer l'endormissement ou un état de calme profond. Cela s'explique sans doute par le fait qu'il inhibe le NMDA, un autre neurotransmetteur impliqué dans l'excitation de l'activité neuronale.

Les dommages cérébraux interviennent suite à des abus sur le long terme. Les études ont montré que la substance grise rétrécit chez les alcooliques. La mémoire à court terme peut être atteinte et ces personnes risquent d'avoir des difficultés à retenir de nouvelles informations. Mais ces fonctions peuvent être rétablies après un sevrage.

Les alcooliques souffrent aussi de pathologies métaboliques. L'encéphalopathie de Wernicke est une maladie due à un défaut en thiamine (vitamine B1) qui se caractérise par la confusion mentale, une démarche instable (ataxie) et une paralysie des muscles des yeux (ophtalmoplégie). Les symptômes régressent une fois que le patient a été traité par un supplément en vitamine B1 : l'ophtalmoplégie disparaît en 24 heures, la confusion mentale et les troubles de la marche en quelques jours ou quelques semaines. Les troubles de la marche peuvent être permanents.

Le syndrome de Korsakoff est une complication de l'encéphalopathie de Wernicke. Une carence en vitamine B1 en est là aussi la cause. Cette forme de démence alcoolique provoque une perte de la mémoire à court et à long terme. Dans la plupart des cas, des doses massives de thiamine permettent une lente amélioration.

La nicotine

Le 14 avril 1994, les responsables des plus grandes sociétés américaines de l'industrie du tabac juraient devant le Congrès que la nicotine ne rend pas dépendant. Des documents retrouvés par des groupes antitabac et des avocats impliqués dans des procès contre les cigarettiers ont pourtant prouvé que la dépendance à la nicotine était connue de ces sociétés depuis 1963, un an avant la publication, par le ministère de la Santé américain, du premier rapport du gouvernement sur les liens existant entre le tabagisme et le cancer du poumon.

La nicotine, un alcaloïde contenu en grande quantité dans les feuilles de tabac, peut entrer dans le sang en fumant, en prisant et en chiquant. Lorsqu'elle est fumée, elle arrive presque immédiatement au cerveau. L'utilisation de patchs comme mode de sevrage des addictions au tabac se justifie par le fait que, sous cette forme, la nicotine pénètre de manière plus progressive dans le cerveau.

La nicotine a une structure semblable à celle de l'acétylcholine (un neurotransmetteur) et affecte le cortex, le thalamus, le cervelet et des régions du cerveau qui contrôlent les contractions musculaires, la pensée et, dans certains cas, les émotions. La nicotine endommage des tissus en dehors du cerveau et induit une augmentation de l'utilisation du glucose dans le cerveau. Elle affecte les récepteurs de l'acétylcholine.

La nicotine est addictogène. Les conséquences sur la santé sont importantes : cancers des lèvres, de la bouche, de la gorge et des poumons, ainsi que certaines pathologies cardiaques. Les AVC sont plutôt provoqués par les goudrons et les autres substances chimiques contenues dans les cigarettes.

Gagnez des points de Q.I.

15 à 20 millions de Français fument régulièrement (au moins 1 cigarette par jour) et le tabac cause environ 60 000 décès en France chaque année. Le tabagisme concerne aujourd'hui 30 % des femmes contre 40 % des hommes, et les jeunes commencent à fumer de plus en plus tôt, avec le risque de devenir des fumeurs réguliers. Depuis quelques années, la lutte contre le tabac est devenu un enjeu majeur de santé publique et l'interdiction de fumer dans les lieux publics a tendance à se généraliser en Occident.

Le cannabis

Le cannabis est la drogue illicite la plus communément utilisée et son expérimentation progresse rapidement entre 12 et 18 ans. C'est une plante que l'on consomme généralement roulée en cigarette ou mêlée à des gâteaux ou à des boissons. Son principe actif est le tétrahydrocannabinol, ou THC, qui ressemble à un neurotransmetteur naturel, l'anandamide. La sinsemilla, qui provient de la fleur femelle non pollinisée du cannabis, et le haschisch, constitué à partir de sa résine, ont des taux de THC plus élevés que l'herbe (les feuilles de cannabis). Le THC se fixe dans les mêmes régions que l'anandamide, en particulier le cortex, le cervelet, les amygdales et l'hippocampe.

Le cannabis provoque un état onirique, perturbe la perception du temps et de l'espace, diminue la concentration et la coordination. Les effets à long terme du cannabis sont, à ce jour, inconnus. Son utilisation régulière provoque l'apathie, un sentiment d'ennui, des pertes de mémoire et une diminution des capacités de concentration. Les recherches sur des animaux suggèrent que l'abus de cannabis mène au déclin des cellules nerveuses et à des dommages au niveau des connexions dans les zones du cerveau impliquées dans la mémoire (hippocampe). Toutefois, il n'existe pas de preuve que le cannabis entraîne des dommages définitifs dans le cerveau. Cependant, il provoque souvent des lésions dans d'autres parties du corps comme les poumons. De récentes études avancent qu'il existe un phénomène d'accoutumance au cannabis, ce qui limiterait son utilisation thérapeutique.

De plus en plus d'adolescents consomment du cannabis aujourd'hui. Ceci est dû à une dédramatisation de l'usage de cette drogue chez les jeunes. Des statistiques inquiétantes font valoir que, en France, un tiers des adolescents de 17 ans (22 % des filles et 33 % des garçons) déclarent avoir consommé du cannabis au cours du dernier mois.

La cocaïne

La cocaïne est un stimulant très puissant. Extraite des feuilles de coca, une plante d'Amérique du Sud, on la trouve en poudre blanche qui peut être « sniffée », injectée par voie intraveineuse ou fumée.

La consommation de cocaïne procure un sentiment de puissance et de plaisir. Les usagers sous l'influence de cocaïne perdent l'appétit et le sommeil. Une fois l'effet dissipé, un sentiment de fatigue et de dépression s'installe. Le besoin d'en reprendre (*craving*) est très difficile à apaiser. La rapidité et l'intensité des effets de la cocaïne sont partiellement déterminées par la façon dont elle pénètre dans l'organisme. Sniffée, elle s'introduit par les muqueuses du nez et voyage par le système sanguin jusqu'au cœur, puis au cerveau. Mais le chemin le plus direct vers le cerveau, produisant l'effet le plus puissant, est l'injection intraveineuse.

La cocaïne se répand dans tout le cerveau, mais se concentre dans les régions qui produisent la dopamine, neurotransmetteur associé aux sensations de plaisir. La cocaïne se concentre également dans les régions qui contrôlent le mouvement et affectent l'humeur. Pendant ce temps, les parties du cerveau responsables des fonctions supérieures (la pensée, l'apprentissage et la mémoire) reçoivent moins de sang. La cocaïne provoque une activité électrique intense dans le cerveau. Quand l'effet de la drogue disparaît, le niveau d'activité est anormalement bas, ce qui explique le sentiment de dépression. Les chercheurs pensent également que la cocaïne diminue ou réduit le nombre de récepteurs à la dopamine dans le cerveau. Ceci explique le sentiment de manque extrême que les personnes dépendantes ressentent lorsqu'elles essayent de se sevrer.

L'utilisation régulière de la cocaïne peut réduire l'aptitude du cerveau à métaboliser le glucose, substance chimique nécessaire à l'énergie, et réduit par conséquent le niveau d'énergie dans le cerveau. Enfin, la drogue stimule la production de substances chimiques qui induisent des sentiments déplaisants – ce qui participe au *craving*.

Les répercussions les plus graves sont les lésions cardiaques. L'abus de cocaïne peut aussi provoquer des convulsions, des AVC et des hémorragies cérébrales. Les usagers qui fument ou s'injectent la cocaïne courent plus de risques que ceux qui la sniffent.

L'héroïne

L'héroïne est un dérivé de l'opium. Les opiacées sont des antalgiques imitant les substances chimiques naturellement produites par le corps qui bloquent la douleur et produisent le plaisir. L'héroïne est la forme illégale de la morphine. Elle se présente sous forme d'une poudre blanche au goût amer.

Comme la plupart des drogues, elle peut être prise de différentes façons. Par voie orale, elle met 30 minutes à atteindre le cerveau et à faire effet. Sniffée, elle agit plus rapidement (en 10 à 15 minutes). Le mode de prise le plus fréquent est l'injection intraveineuse, dont l'effet se fait ressentir dès 15 à 30 secondes. Aujourd'hui, à cause du sida, beaucoup de consommateur d'héroïne ont peur d'utiliser des aiguilles et la fument. Absorbée par les muqueuses pulmonaires, elle agit en 7 secondes environ. Le risque d'overdose est alors très important.

Les opiacés comme l'héroïne se concentrent dans certaines parties du cerveau, notamment dans le bulbe rachidien, le plancher du quatrième ventricule (*area postrema*) et le tissu cérébral autour du passage entre le troisième et le quatrième ventricule, là où les opiacés naturels (enképhalines et endorphines) sont produits. Ces substances régulent les signaux entre les neurones afin de réduire la douleur et de produire du plaisir.

L'héroïne provoque un sentiment d'euphorie, une ivresse, une constriction des pupilles, des nausées et une détresse respiratoire. C'est un risque important d'AVC, car elle peut provoquer un caillot sanguin (la cocaïne cause pour sa part une constriction et une inflammation des vaisseaux sanguins).

L'utilisation régulière d'opiacés mène à la dépendance. Et même une consommation unique peut être fatale. Les overdoses se caractérisent par une diminution et un ralentissement de la respiration, ainsi que par des convulsions, troubles graves qui peuvent provoquer le coma, voire la mort. En outre, le partage du matériel nécessaire à l'injection de drogues par voie intraveineuse constitue un risque majeur de transmission du virus du sida et d'autres infections.

> **Faites le 15 !**
>
> La cocaïne et l'héroïne mélangées font un cocktail mortel. Un *speed ball* est un mélange de cocaïne et d'héroïne qui peut produire un flash plus puissant que l'une de ces drogues utilisées seules.

À court terme, la consommation régulière de morphine ou d'héroïne a un effet sur le métabolisme cérébral du glucose. Cela dit, une exposition à la morphine à plus long terme ne modifie pas le métabolisme du glucose, ce qui signifie que le cerveau s'adapte. Quand une personne dépendante arrête de prendre de la morphine, le cerveau ne revient pas à la normale. Il utilise des doses extrêmes de glucose.

La méthadone est un médicament de substitution aux opiacées qui permet aux toxicomanes de se sevrer. Il ne produit pas les mêmes effets d'ivresse que l'héroïne, mais il prévient le manque et le sentiment de *craving*.

Les hallucinogènes

Les hallucinogènes, connus aussi sous le nom de drogues psychédéliques, affectent les perceptions, les sensations, la pensée, l'état de conscience et les émotions. Ces drogues incluent le LSD, la mescaline, le PCP (phencyclidine) ou « poussière d'ange » et la psilocybine (« champignons hallucinogènes »).

Certains hallucinogènes sont naturels, comme la mescaline, qui provient du cactus peyotl, ou la psilocybine, qui provient d'un certain type de champignons. Le LSD (de l'anglais *lysergic acid diethylamide*) est une drogue de synthèse.

Les hallucinogènes affectent les régions du cerveau qui produisent la sérotonine, en particulier le cortex, le thalamus et la formation réticulaire. Ces parties du cerveau contrôlent les perceptions sensorielles, la pensée, le mouvement, le comportement sexuel et le sommeil.

L'abus d'hallucinogènes provoque parfois des dommages cérébraux, altère la mémoire et la concentration, induit une confusion mentale et des difficultés à penser de façon abstraite. La nature réversible de ces conséquences n'est pas clairement établie.

Le LSD

Le LSD a été découvert en 1938. C'est l'hallucinogène le plus puissant. Durant les années 1950 et les années 1960, les scientifiques l'ont utilisé sur des malades mentaux. Sa ressemblance avec d'autres substances chimiques qu'on trouve naturellement dans le cerveau et la similarité de ses effets avec certains aspects de la psychose, en faisait un objet d'expérimentation.

Le LSD n'a pas d'odeur, pas de couleur et pas de goût. Dans la rue, on l'appelle de 80 façons différentes. Cette drogue peut se trouver sous plusieurs formes : sur des morceaux de sucre, des feuilles de gélatine et des feuilles de papier imbibées.

L'effet du LSD et des autres hallucinogènes est imprévisible. Il dépend de la quantité ingérée, de l'humeur du consommateur et de l'environnement dans lequel il se trouve. Ce dernier ressent les premiers effets entre 30 et 90 minutes après la prise. Les effets physiques incluent la dilatation des pupilles, une élévation de la température corporelle, une augmentation du rythme cardiaque et de la tension artérielle, une sudation, une perte d'appétit, une insomnie, une sécheresse de la bouche et des tremblements. Les sensations et les sentiments sont modifiés. Les consommateurs de LSD font souvent état d'une perception modifiée du temps et de l'espace et peuvent ressentir plusieurs émotions en même temps ou passer rapidement d'une émotion à l'autre. Ils disent qu'ils peuvent « entendre » les couleurs et « voir » les sons. Le jugement est altéré. Toutes ces expériences sont connues sous le nom anglais de *trip*. Après un trip, les usagers se sentent anxieux, effrayés et déprimés. Il arrive que des jours ou même des mois après la prise ils subissent un *flash-back*, résurgence des effets de la drogue.

> **Gagnez des points de Q.I.**
>
> Très en vogue chez les hippies et associé aux mouvements de contestation des années 1960, le LSD a été utilisé comme source d'inspiration dans les milieux de la musique rock et pop, et plus généralement dans les milieux artistiques, du fait des sensations hallucinatoires qu'il provoque. Ses effets ont retenu l'attention des écrivains de la *beat generation*, comme Jack Kerouac ou Allen Ginsberg.

Le PCP

Le PCP a d'abord été utilisé comme anesthésique dans les années 1950, mais il a été retiré du marché à cause des hallucinations qu'il provoquait. Il est disponible sous la forme de poudre blanche, de cachets ou de gélules et peut être avalé, fumé, sniffé ou injecté. Il provoque une augmentation du rythme cardiaque et de la tension artérielle, des étourdissements, une sudation et un engourdissement. À dose massive, il provoque une somnolence, des convulsions, un coma, puis la mort.

Sous l'emprise du PCP, les personnes peuvent devenir violentes ou se comporter de façon bizarre, voire dangereuse, mais cette drogue a des effets variables selon les personnes. Chez certains elle provoque un repli, chez d'autres de l'agressivité. Il est arrivé que des personnes intoxiquées au PCP se tuent dans des chutes, dans des accidents de voiture, par noyade ou au cours de situations dans lesquelles leur jugement était altéré. L'utilisation régulière de PCP affecte la mémoire, la perception, la concentration et la capacité à prendre des décisions. Certains consommateurs présentent des signes de paranoïa ou sont sujets à des crises de panique ou d'anxiété. Ces effets perdurent parfois plusieurs jours, voire plusieurs semaines. L'utilisation prolongée de PCP entraîne une dégradation de la mémoire et de la parole, de même que des hallucinations, notamment auditives.

L'ecstasy

Le MDMA (abréviation du nom chimique de l'ecstasy) a lui aussi des propriétés hallucinogènes. Cette drogue fut synthétisée en 1912 par un laboratoire pharmaceutique allemand pour ses propriétés coupe-faim. Son usage comme drogue s'est répandu ces vingt dernières années. Elle circule dans les boîtes de nuit, les concerts de rock et les *raves parties*. Si l'utilisation de l'ecstasy n'est pas encore aussi répandue que celle des autres drogues, elle est en augmentation constante.

On la trouve généralement sous forme de cachets. Elle stimule la production de sérotonine dans le cerveau et induit une sensation de relaxation intense, un sentiment d'empathie pour les autres et des sentiments positifs. Elle entraîne la suppression des besoins naturels comme la faim et le sommeil. Ses effets durent 4 à 6 heures.

L'ecstasy n'est pas aussi addictive que l'héroïne ou la cocaïne, mais elle a de nombreux effets nocifs, provoquant entre autres hallucinations, frissons, sudation, nausées, tremblements, troubles de la vision, contractures de la mâchoire et fièvre. Les overdoses peuvent entraîner des convulsions, une augmentation de la tension artérielle, des pertes de conscience, des malaises, des attaques de panique et conduire à la mort.

Selon certaines études sur les effets à long terme de l'ecstasy, même les utilisateurs occasionnels risquent des dommages cérébraux ou peuvent souffrir de dépression, d'anxiété, de pertes de mémoire et d'autres troubles psychotiques.

Des hauts et des bas

Les amphétamines et métamphétamines, le *speed*, de même que certains médicaments coupe-faim (contenant de la dexédrine ou de la benzédrine) sont de puissants stimulants. Ils provoquent une surproduction de dopamine, ce qui submerge les récepteurs de ce neurotransmetteur et procure une sensation intense d'énergie, de plaisir, et de vivacité. C'est pourquoi on les utilise pour rester éveillé, maintenir un haut niveau d'énergie ou augmenter sa capacité de travail. Les médecins ne prescrivent plus les amphétamines aujourd'hui, sauf dans le traitement de la narcolepsie (endormissements soudains).

Du point de vue chimique, les stimulants sont semblables à la dopamine. Ils se concentrent dans les zones du cerveau où ce neurotransmetteur est produit, comme le bulbe rachidien,

> **Faites le 15 !**
>
> Si vous répondez « oui » à au moins deux de ces questions, il est probable que vous ayez un problème de dépendance à l'alcool ou à certaines drogues.
> - Ressentez-vous parfois le besoin de réduire votre consommation de drogue ou d'alcool ?
> - Êtes-vous irrité par les commentaires que peuvent vous faire vos proches sur votre consommation de drogue ou d'alcool ?
> - Consommez-vous de la drogue ou de l'alcool tôt dans la journée ?
> - Consommez-vous de la drogue ou de l'alcool lorsque vous êtes seul ?
> - Votre consommation vous a-t-elle déjà causé des ennuis (bagarres, conflits avec des proches, violence) ?
> - Utilisez-vous de la drogue ou buvez-vous pour avoir une meilleure estime de vous ou pour vous donner confiance en vous ?
> - Regrettez-vous des actions commises sous l'emprise de la drogue ou de l'alcool ?
> - Utilisez-vous de la drogue ou de l'alcool pour modifier votre humeur ?
> - Utilisez-vous des drogues pour vous intégrer auprès de vos amis ?

le cortex et l'hippocampe. Ils produisent une augmentation du rythme cardiaque, du rythme respiratoire et de la tension artérielle, ainsi qu'une dilatation de pupilles et une diminution de l'appétit. Parmi les effets secondaires, on compte l'anxiété, des troubles du sommeil, des étourdissements et des troubles de la vision. À l'extrême, les stimulants provoquent des hallucinations, des illusions sensorielles, des délires de persécution et des troubles du comportement. Les stimulants peuvent entraîner une dépendance, car souvent leurs consommateurs, pour éviter le sentiment de dépression consécutif à l'arrêt des effets de la drogue, augmentent les doses ou utilisent des stimulants encore plus puissants.

Sur la durée, ils peuvent occasionner la destruction ou l'atteinte des synapses à sérotonine. En revanche, il n'y a pas d'effet à long terme sur le fonctionnement du cerveau. Les effets négatifs disparaissent à l'arrêt de la prise.

Les tranquillisants comme le diazepam (valium) se fixent sur les récepteurs GABA et élargissent les canaux ioniques situés sur la membrane cellulaire des neurones. Ce changement physiologique nuit à la coordination des mouvements et induit une somnolence, une réduction de l'anxiété, un relâchement musculaire. À l'extrême, ces effets conduisent à la dépression et à une perte de conscience. L'activité du cerveau en est ralentie, notamment dans le cortex, le cerveau moyen et le cervelet.

Ce qu'il faut retenir

→ Les drogues illicites sont dangereuses, car elles imitent l'action des neurotransmetteurs et perturbent les échanges chimiques dans le cerveau.

→ L'idée que l'on se fait généralement d'une drogue influe sur sa consommation. Ainsi, l'utilisation du LSD a diminué, car les gens pensent qu'une seule prise peut être dangereuse. Inversement, l'usage du cannabis a augmenté parce qu'il est souvent considéré comme une drogue douce, donc sans conséquences graves.

→ L'abus d'alcool est un risque pour la santé qui n'affecte pas seulement le buveur, mais aussi son entourage. Les enfants d'alcooliques ont un risque plus important de devenir dépendants eux-mêmes.

→ Les stupéfiants qui produisent des sensations de plaisir, comme l'héroïne et la cocaïne, induisent un désir irrépressible pour ces drogues (le *craving*), qui conduit à la dépendance.

Chapitre 20

Courts-circuits

Dans ce chapitre

→ Il y a une différence entre « troubles » et « maladie »

→ Rupture avec la réalité

→ Anxiété majeure

→ Des hauts et des bas

→ Attirer l'attention de son gamin

On estime que 15 % de la population française souffre de troubles mentaux et seules 42 % de ces personnes sont soignées comme il le faudrait. La maladie mentale peut toucher n'importe qui. Les troubles de l'humeur concernent 11 % des hommes et 16 % des femmes. Les troubles anxieux concernent 17 % des hommes et 25 % des femmes. La classe d'âge des 18-29 ans présente systématiquement les prévalences les plus fortes.

La maladie mentale provoque des dysfonctionnements émotionnels, cognitifs, perceptifs. Elle empêche également la vie sociale. On distingue la maladie mentale modérée (c'est le cas de certaines dépressions) de la maladie mentale invalidante (les psychoses). Les personnes souffrant de troubles mentaux peuvent être incapables de mener une vie normale et, dans les cas les plus graves, une hospitalisation est nécessaire, car elles ne sont pas aptes à s'occuper d'elles-mêmes. Ce chapitre vous propose un aperçu des différents types de maladies mentales.

C'est dans la tête

Pour diagnostiquer une **maladie mentale**, les médecins doivent soigneusement relever des antécédents médicaux et pratiquer un examen neurologique. Ils n'ont pas besoin généralement d'examens plus poussés. Cependant, beaucoup de maladies mentales (plus souvent désignées aujourd'hui aussi sous le nom de **troubles mentaux**) présentent des symptômes similaires ou identiques à des maladies organiques du cerveau (les tumeurs, par exemple). Les hallucinations, par exemple, peuvent se manifester dans les derniers stades de maladies infectieuses ou dégénératives du cerveau. Ainsi, il est parfois nécessaire, pour établir le diagnostic, de pratiquer des examens complémentaires (un IRM, par exemple) pour éliminer toute cause physique. Avoir une maladie peut être traumatisant, mais si elle n'est pas bien diagnostiquée, cela peut être catastrophique.

> **Le jargon de la science**
>
> On préfère utiliser aujourd'hui l'expression de **troubles mentaux** plutôt que celle de **maladie mentale**. Une maladie est un état présentant des changements physiques détectables. Un trouble, généralement, est causé par une pathologie inconnue et est associé à une déficience ou à un dysfonctionnement.

Les recherches actuelles suggèrent que les symptômes des maladies mentales peuvent être liés à des changements pathologiques dans le cerveau et, plus spécifiquement, à des déséquilibres chimiques. De nombreuses recherches se concentrent sur les amygdales et l'hippocampe, qui influent sur les émotions et génèrent une réaction fight-or-flight.

L'enfermement : une longue tradition

Pendant des siècles, les gens pensaient que les personnes souffrant de troubles mentaux étaient possédées par le diable. Cette croyance a mené à de nombreuses persécutions contre ceux qui agissaient bizarrement. Parfois, le clergé justifiait cette persécution par la peur de la sorcellerie. Cependant, même durant la période où cette pensée a été dominante, certains médecins suggéraient que la maladie mentale était liée à des causes naturelles plutôt que surnaturelles.

Les malades mentaux n'étaient pas considérés comme des personnes ayant besoin d'aide, mais comme des personnes ayant besoin d'être délivrées du mal qui les possédait, même si cela devait provoquer leur mort. Les fous, ou **aliénés**, étaient enfermés dans des asiles, enchaînés et battus.

L'hôpital général est créé en France par édit royal en 1656. Ce sont les hôtels-Dieu. Celui de Paris réserve au début du XVIIIe siècle deux salles aux fous.

C'est Philippe Pinel, médecin des infirmeries de Bicêtre, et Jean-Baptiste Pussin, gouverneur de l'emploi des fous, qui inventent pendant la Révolution française le traitement moral des fous. Ils les délivrent et les traitent avec humanité. La première classification déterminante des maladies mentales est celle d'Emil Kraepelin, psychiatre allemand, en 1883. Kraepelin et d'autres savants commencent à comprendre que les comportements anormaux peuvent avoir une origine organique ou psychologique, dérangement de la raison plutôt que possession diabolique. Néanmoins, aujourd'hui encore, les personnes souffrant de troubles mentaux sont stigmatisées. Au lieu de les considérer comme des malades nécessitant un traitement, beaucoup de gens considèrent qu'elles sont incapables de résoudre leurs problèmes, de s'adapter et d'avoir la force de vivre normalement.

> **Le jargon de la science**
>
> Le mot **aliéné** vient du latin *alienus*, signifiant « étranger ». Le fou, dans sa folie, est étranger à lui-même et aux autres.

Un changement depuis les années 1950

Après la seconde guerre mondiale, de plus en plus de professionnels de la santé mentale concluent que seuls les plus sévèrement atteints ou handicapés doivent vivre en institution. Presque en même temps, on découvre de nouveaux médicaments qui permettent de contrôler nombre de symptômes. Cela permet même à des personnes souffrant de troubles graves comme la schizophrénie de vivre en dehors de l'hôpital avec, dans de nombreux cas, une qualité de vie satisfaisante.

La conception classique de la maladie mentale considère qu'elle n'a pas de cause organique. À l'opposé, selon une école de pensée plus récente, la maladie mentale est juste une maladie physique qui s'exprime par des symptômes mentaux. On pourrait combiner ces deux idées en disant que l'état mental d'un individu est le résultat de son histoire et de son héritage génétique.

Des troubles très nombreux

Les troubles mentaux sont trop nombreux pour qu'il nous soit possible d'en faire ici une étude exhaustive. Nous allons donc vous présenter les maladies les plus courantes et les plus invalidantes. Chacune se caractérise par plusieurs symptômes, mais vous ne devez pas conclure que vous êtes malade parce que vous présentez l'un d'entre eux. Chaque maladie mentale présente en général une combinaison de plusieurs symptômes.

Les troubles mentaux peuvent être classés de la manière suivante :
• les troubles diagnostiqués habituellement pendant l'enfance ou l'adolescence (retard mental, trouble déficitaire de l'attention avec hyperactivité);
• les délires, démences, amnésies (pertes de mémoire) et autres troubles cognitifs qui impliquent une détérioration du fonctionnement mental (maladie d'Alzheimer);
• les troubles mentaux dus à une affection médicale générale (les changements de personnalité non liés à un trouble spécifique);
• les troubles liés à des substances psycho-actives (abus de drogues);
• les troubles psychotiques (schizophrénie);
• les troubles de l'humeur (dépression, trouble bipolaire);
• les troubles anxieux (panique, phobie, TOC, troubles de stress post-traumatique);
• les troubles somatiques, qui impliquent des symptômes physiques issus de problèmes psychologiques (une personne dit qu'elle est aveugle ou sourde, mais ses yeux ou ses oreilles n'ont rien);
• les troubles factices (personnes qui simulent ou s'infligent des choses pour qu'on croie qu'elles sont malades);
• les troubles dissociatifs qui impliquent une perturbation de l'état de conscience (amnésie);
• les troubles sexuels et de l'identité sexuelle (fétichisme, exhibitionnisme, indécision sur l'orientation sexuelle);
• les troubles alimentaires (anorexie, boulimie);
• les troubles du sommeil (insomnie);
• les troubles du contrôle des impulsions (cleptomanie, pyromanie);
• les troubles de l'adaptation (réaction émotionnelle intense à un événement dans les trois derniers mois);
• les troubles de la personnalité (traits de personnalité inadaptés).

Cette liste reprend la classification officielle américaine ou DSM-IV (*Diagnostic ans Statistical Manual – Revision IV*; « Manuel diagnostique et statistique des troubles mentaux »), manuel de référence utilisé internationalement. Il existe une classification, la CIM-10 (*Classification des maladies mentales – Révision 10*), qui émane de l'Organisation mondiale de la santé. Contrairement à la CIM-10, le DSM-IV inclut tous les troubles du comportement intellectuel qui, en France par exemple, sont plutôt pris en charge par les neurologues. Mais les deux classifications convergent sur la plupart des points.

La psychose

La psychose est une catégorie générale de la maladie mentale, qui comprend les troubles de la perception et des processus mentaux. Le symptôme le plus commun est l'halluci-

> **Gagnez des points de Q.I.**
>
> Plus connu sous le nom de syndrome de Stendhal, le syndrome de Florence (décrit en 1979 par la psychiatre italienne Graziella Magherini) est une maladie psychosomatique qui se caractérise par des troubles graves (accélération du rythme cardiaque, vertiges suffocations, hallucinations, émotivité intense, comportement irrationnel) chez les personnes subjuguées face à une abondance d'œuvres d'art. Stendhal a lui-même éprouvé ces symptômes et les a décrits dans ses *Chroniques italiennes*. Des troubles similaires, connus sous le nom de syndrome de Jérusalem, sont observés chez certains pèlerins de la Ville Sainte, bouleversés par l'histoire spirituelle du lieu. Certains présentent même un délire de grandeur. Ils croient être le messie ou pouvoir parler directement avec Dieu ou Jésus.

nation, c'est-à-dire la conviction qu'une expérience est réelle, alors qu'elle ne l'est pas. Entendre des voix qui ne sont pas là est probablement l'hallucination la plus typique, mais les hallucinations peuvent aussi être visuelles, olfactives, tactiles ou gustatives.

Autre symptôme fréquent dans la psychose, le délire se caractérise en une croyance dans des faits manifestement opposés à la réalité. Les personnes délirantes pensent parfois qu'elles reçoivent des messages extraterrestres ou à travers les ondes radio. Un autre symptôme typique est le délire mégalomaniaque, où les gens croient être une personne célèbre (Jésus ou Napoléon) ou avoir les mêmes qualités. La paranoïa est un type de délire dans lequel les patients sont convaincus que les autres vont leur faire du mal en les empoisonnant, en les trompant ou en conspirant contre eux.

On ne développe pas soudainement une psychose. Généralement, cette maladie évolue lentement dans le temps. Le plus souvent, les signes avant-coureurs ne sont identifiés que lorsque la personne présente les symptômes les plus graves.

La schizophrénie

La schizophrénie est la forme de psychose la plus grave. C'est un trouble ravageur qui apparaît généralement la fin de l'adolescence et au début de l'âge adulte, période charnière au plan social et professionnel. On estime à environ 1 % de la population le nombre de personnes qui présentent les symptômes de la schizophrénie. Contrairement à d'autres maladies, ce taux est stable dans toutes les cultures.

En plus des délires et hallucinations, la schizophrénie présente des processus de pensée désorganisés, bizarres et illogiques, qui produisent des comportements similairement désorganisés, bizarres et illogiques. Les patients ont aussi souvent des difficultés à exprimer leurs émotions et à réagir de manière appropriée. Ils sont craintifs et restent en retrait. La schizophrénie catatonique est caractérisée par un repli si extrême que le malade ne peut plus parler ni bouger pendant de longues périodes. La catatonie peut aussi consister en un maniérisme et une activité incontrôlable. La schizophrénie génère un risque de suicide plus important que la moyenne (environ 10 % des schizophrènes mettent fin à leurs jours).

Certains schizophrènes souffrent de symptômes sporadiques et ont une vie à peu près normale entre deux crises. D'autres présentent des symptômes constants et répétés, souvent très invalidants. Voici les symptômes schizophréniques les plus fréquents :

> **Faites le 15 !**
>
> Contrairement à l'opinion commune, les schizophrènes n'ont pas de personnalité multiple ou divisée. De même, ils ne sont généralement pas violents, même s'ils ont des comportements bizarres qui peuvent faire peur.

- hallucinations
- délires
- agitation
- pensées et comportements désorganisés
- émoussement affectif
- difficultés avec la pensée abstraite
- impossibilité à ressentir du plaisir
- pensées illogiques
- motivation, spontanéité et initiative faibles

De mauvais gènes ?

Selon les chercheurs, la schizophrénie aurait une composante génétique et serait liée à un désordre chimique impliquant la dopamine et le glutamate. Un seul « mauvais » gène ne suffit pas à provoquer la maladie : c'est la combinaison d'un ou plusieurs gènes qui rend une personne plus susceptible de la développer. Une personne dont un parent ou un frère est schizophrène a 10 % de risque de développer la maladie ; le chiffre descend à 1 % pour une personne n'ayant aucun parent proche atteint de schizophrénie.

Mais l'origine de la schizophrénie n'est pas entièrement génétique. Grâce aux études sur les jumeaux homozygotes, on a découvert qu'il y a seulement un risque de 50 % que les deux jumeaux soient schizophrènes. Cette découverte a conduit les scientifiques à conclure que les facteurs environnementaux pouvaient intervenir de façon décisive, surtout pendant la vie fœtale.

Grâce aux techniques d'imagerie médicale moderne, les scientifiques ont mis en évidence que les schizophrènes ont des ventricules cérébraux hypertrophiés. Il apparaît également qu'il existe un lien entre la schizophrénie et un fort taux de dopamine.

Des hommes d'exception

Pendant des années, il n'existait que peu de traitements pour diminuer les symptômes les plus graves de la schizophrénie. Les médicaments antipsychotiques comme l'halopéridol (Haldol®) ou la chlorpromazine (Largactil®) ont été développés pour réduire les hallucinations, les délires, la démotivation et l'émoussement affectif dont souffrent les schizophrènes. Mais ces médicaments ont aussi de graves effets secondaires, provoquant en particulier des dyskinésies tardives qui se caractérisent par des mouvements involontaires. De nouveaux médicaments, appelés antipsychotiques atypiques, comme la rispéridone (Risperdal®) ou l'olanzapine (Zyprexa®), ont prouvé leur efficacité dans le traitement des symptômes, avec moins d'effets secondaires.

Le traitement médicamenteux, combiné à une thérapie intensive, permet à de nombreux schizophrènes de mener une vie relativement normale. Un dépistage précoce peut améliorer le pronostic. Malheureusement, la maladie est telle que les schizophrènes sont souvent incapables de reconnaître qu'ils sont malades et qu'ils ont besoin d'aide. Même ceux qui prennent un traitement rechutent s'ils décident de l'interrompre ou oublient de le prendre. Les cliniciens constatent que seulement 20 % des schizophrènes se rétablissent complètement. La plupart continuent de vivre avec des difficultés sociales et relationnelles.

L'anxiété

L'anxiété est une réaction émotionnelle importante et normale à la peur et au stress. Les gens franchissent une ligne quand ils se sentent anxieux sans raison particulière et que leur pensée est rongée par la peur. Ce type de réaction entre dans la catégorie des troubles de l'anxiété, qui concernent 17 % des hommes et 25 % des femmes en France. L'anxiété est le trouble mental le plus répandu.

Les troubles mentaux les plus fréquents sont les suivants :
- phobie sociale (PS)
- syndrome de stress post-traumatique (SSPT)
- anxiété généralisée (AG)
- trouble panique
- trouble obsessionnel compulsif (TOC)

Les personnes qui souffrent de phobie sociale présentent des réactions extrêmes dans des situations où elles sont exposées à l'observation des autres. Elles peuvent alors transpirer, trembler ou avoir des difficultés à respirer. Leur peur de l'embarras ou de l'humiliation peut être si forte qu'elles ont des difficultés à se trouver en présence d'autrui.

> **Remue-méninges**
>
> L'irresponsabilité n'est pas une catégorie médicale. Les gens sont malades mentalement ou en bonne santé. Il y a plusieurs degrés de gravité dans la maladie.
>
> L'irresponsabilité est une notion juridique énoncée par les articles 122-1 et suivant du Code pénal, qui prévoient des cas où une personne qui a commis une infraction prévue et réprimée par la loi ne peut pas être considérée comme pénalement responsable. Selon l'article 122-1 du Code pénal, « n'est pas pénalement responsable la personne qui était atteinte, au moment des faits, d'un trouble psychique ou neuropsychique ayant aboli son discernement ou le contrôle de ses actes ».

Le syndrome de stress post-traumatique (SSPT) a été présenté au chapitre 15. On observe ce trouble chez les personnes qui ont vécu un événement traumatique, qu'elles n'arrivent pas à dépasser. Elles ont souvent des *flash-back* et vivent dans un état d'angoisse invalidant quand elles se trouvent dans une situation qui leur rappelle l'événement.

L'anxiété généralisée

L'AG est une inquiétude injustifiée, persistante et excessive. Contrairement à une phobie – peur spécifique associée à une situation particulière – l'AG porte sur un nombre plus grand de situations. Une personne souffrant d'AG s'attend toujours au pire, sur des questions de santé, financières ou professionnelles. L'anxiété généralisée touche plus les femmes que les hommes et débute lsouvent pendant l'enfance ou l'adolescence. Elle s'accompagne de symptômes physiques (tremblements, nausées et maux de tête).

Une fois de plus, un déséquilibre chimique impliquant un ou plusieurs neurotransmetteurs, en particulier la sérotonine, joue un rôle dans cette maladie. Certaines recherches donnent des indices d'une composante génétique, mais la preuve en demeure incertaine.

Les signes suivants indiquent une anxiété aiguë :
- sentiment de peur ou de terreur
- rythme cardiaque accéléré
- étourdissements
- tremblements, agitation et tension musculaire
- transpiration
- souffle court
- extrémités froides

L'AG est généralement traitée par une combinaison de médicaments et de thérapie cognitivo-comportementale. Celle-ci apprend aux gens comment réduire leur anxiété.

Panique à bord

La panique est ce sentiment intense et bref de terreur qui survient soudainement et provoque des réactions physiques, comme la transpiration, les tremblements et une accélération du rythme cardiaque. Les recherches suggèrent qu'une activité anormale des amygdales peut contribuer au trouble panique. Une mdéication et la thérapie cognitivo-comportementale constituent le mode de prise en charge typique de ce trouble.

Les TOC

Les personnes souffrant de troubles obsessionnels compulsifs (TOC) ne peuvent s'empêcher de répéter un geste ou de penser tout le temps à la même chose. Contrairement à beaucoup d'autres maladies mentales, les TOC affectent autant les hommes que les femmes.

Dans le film *Pour le pire et pour le meilleur*, Jack Nicholson incarne un personnage extraordinaire qui présente des symptômes de TOC. Il ne peut pas marcher entre les pavés, il verrouille sa porte à plusieurs reprises quand il la ferme et son armoire à pharmacie est remplie de savonnettes qu'il utilise constamment pour se laver les mains.

L'opinion commune est que le comportement obsessionnel compulsif relève de l'éducation. Ce qui n'est pas forcément le cas. Même si vous êtes obsédé par l'hygiène, il n'est pas dit que votre enfant passera la fin de ses jours à se laver les mains ! Les faits suggèrent que les personnes souffrant de TOC présentent un modèle différent d'activité cérébrale dans une aire nommée *striatum*. Un certain nombre de médicaments se sont avérés efficaces dans le traitement des TOC. Un type de thérapie comportementale, qui expose les personnes au stimulus déclenchant leur rituel et les pensées obsédantes, est également efficace car il les entraîne à gérer l'angoisse et, par là même, à éviter le trouble compulsif qui d'habitude accompagne le malaise.

Les phobies

Une phobie est une peur extrême, spécifique, persistante et irrationnelle qui pousse irrépressiblement une personne à éviter la chose ou la situation qui déclenche la peur. N'importe quoi peut déclencher une phobie.

Les phobies les plus communes sont la peur des hauteurs (acrophobie), la peur des espaces confinés (claustrophobie), la peur des lieux publics (agoraphobie), la peur de la

> **Gagnez des points de Q.I.**
>
> Voici quelques exemples des phobies les plus singulières :
> - **triskaidekaphobie** : peur du nombre 13
> - **peladophobie** : peur des gens chauves
> - **pediophobie** : peur des poupées
> - **acarophobie** : peur de se gratter
> - **geliophobie** : peur du rire
> - **catoptrophobie** : peur des miroirs
> - **métrophobie** : peur de la poésie
> - **kathisophobie** : peur de s'asseoir
> - **klacophobie** : peur des pierres tombales
> - **cacophobie** : peur de la laideur
>
> Et, bien sûr, il y a la phobophobie... la peur des phobies !

foule (ochlophobie). Mais la liste est quasiment inépuisable. Attention toutefois à ne pas confondre les phobies au sens psychiatrique du terme, qui déclenchent un sentiment de panique incontrôlable, et les termes comportant ce mot « phobie » mais qui désignent avant tout un sentiment de rejet ou de haine, comme la xénophobie (rejet de l'étranger).

Ces peurs généralement commencent pendant l'enfance ou l'adolescence et persistent faute de traitement à l'âge adulte. Un traitement médicamenteux peut soulager l'anxiété associée à une phobie, mais la peur en elle-même est traitée dans le cadre de la thérapie. Les phobies répondent assez bien au traitement.

Du blues à la dépression

Tout le monde se sent parfois triste, coupable, fatigué et irritable. Mais quand ces sentiments persistent pendant des jours et des mois, c'est plus qu'un coup de blues, c'est une dépression. En France, elle touche environ 5 % de la population, soit 3 millions de personnes, dont 70 % ont moins de 45 ans. C'est l'une des causes principales de suicide dans le monde.

La forme la plus sévère de dépression se caractérise par une combinaison de symptômes qui empêchent une personne de fonctionner normalement. Les personnes déprimées peuvent perdre l'appétit et le sommeil, être dans l'incapacité de travailler ou de ressentir du plaisir. Un syndrome dépressif avéré doit durer au moins deux semaines. Une personne peut souffrir d'un épisode dépressif isolé ou d'épisodes récurrents. Les symptômes les plus communs sont les suivants :

- tristesse persistante ou désespoir
- insomnie

- perte de l'appétit
- difficultés pour se concentrer, se souvenir ou prendre des décisions
- anhédonie (inaptitude au plaisir)
- agitation et irritabilité
- apathie, perte de motivation, retrait social
- sentiment d'impuissance, de culpabilité ou d'indignité
- symptômes physiques persistants comme les douleurs chroniques, les troubles digestifs et les céphalées résistantes au traitement
- idées noires ou idéation suicidaire

Certaines personnes présentent des symptômes similaires, mais pas aussi prononcés. Les troubles dysthymiques sont un type de maladie mentale qui n'empêche pas les personnes de continuer leur vie, mais qui ne leur permet pas de fonctionner aussi bien que possible. Elles sont souvent malheureuses.

Tous égaux

On peut souffrir de dépression à tout âge. Même si on pense souvent qu'on déprime naturellement en vieillissant, ce n'est pas le cas. Les gens qui conçoivent le vieillissement comme une évolution naturelle et qui demeurent actifs sont généralement heureux et contents dans leur âge mûr.

À l'autre extrémité de l'échelle du temps, les enfants ne sont pas obligatoirement heureux et insouciants. Ils font parfois une dépression, souvent mal identifiée, car interprétée comme une mauvaise passe ou un problème de comportement. Les signes de la dépression enfantine peuvent être la colère et l'irritabilité, des maladies imaginaires, l'impossibilité à se détacher des parents. Parce que les enfants ne savent pas toujours très bien exprimer leurs sentiments, le diagnostic peut être difficile. Un changement brusque du comportement et de l'humeur de l'enfant justifie une visite chez le pédiatre, le travailleur social et/ou le psychologue.

Les femmes s'effondrent, les hommes aussi

Les femmes souffrent deux fois plus de dépression que les hommes et sont particulièrement vulnérables entre 35 et 45 ans. Leur humeur peut être affectée par leur cycle menstruel, la ménopause, une grossesse ou une naissance. Un type particulier de dépression, connu sous le nom de dépression du post-partum, peut être provoqué par les modifications physiques et hormonales qui accompagnent une naissance, à quoi s'ajoutent les inquiétudes liées à ces nouvelles responsabilités.

Mais les hommes ne sont pas non plus immunisés contre la dépression, même s'ils sont moins enclins à admettre qu'ils ont des problèmes et à chercher de l'aide. Les symptômes

> **Gagnez des points de Q.I.**
>
> De nombreuses personnalités sont connues pour avoir présenté des troubles dépressifs ou bipolaires (c'est-à-dire que l'humeur oscille entre un comportement maniaque et des phases également intenses de dépression). Pour certains d'entre eux, les périodes les plus productives correspondent à leur phase maniaque. Voici les noms les plus célèbres d'une longue liste : Winston Churchill, Vincent Van Gogh, Ernest Hemingway et Charlie Parker.

de dépression chez les hommes sont souvent différents. Au lieu de manifester un repli et de se sentir impuissants et tristes, ils témoignent souvent de la colère et de l'irritabilité.

La dépression peut être déclenchée par un événement traumatisant, comme un accident, une maladie grave ou la mort d'un être cher. Certains faits suggèrent que la tendance à la dépression est génétique. On pense également que cet état est provoqué par un déséquilibre chimique impliquant deux neurotransmetteurs, la sérotonine et la noradrénaline. Ceux qui croient en une origine chimique de la dépression ont tendance à la considérer comme une maladie comme les autres qui requiert un traitement médicamenteux pour contrôler les symptômes. Cependant, une psychothérapie de soutien associée à la prise d'antidépresseurs offre de plus grandes chances de succès pour venir à bout de la maladie et éviter les récidives.

Soigner la dépression

Les antidépresseurs comme la fluoxétine (Prozac®) se sont avérés très utiles pour beaucoup de personnes souffrant de dépression. Mais il y a parfois des tâtonnements avant de trouver le traitement qui convient le mieux à un individu en particulier. Le traitement met plusieurs semaines à faire effet. Les antidépresseurs, comme tous les médicaments, ont des effets secondaires (constipation, vision trouble, étourdissements, difficultés sexuelles, maux de tête, nausées, sécheresse de la bouche...) qui conduisent souvent les personnes dépressives à y renoncer prématurément. De nombreuses personnes engagent une thérapie en complément du traitement, voire comme alternative à la médication.

On constate aussi une tendance à utiliser des plantes pour traiter la dépression, la plus connue étant le millepertuis. Cette plante est devenue le principal antidépresseur utilisé en Allemagne. Les chercheurs n'ont pas pu conclure à l'efficacité du millepertuis dans le traitement de la dépression, mais certaines recherches sont menées pour en évaluer les effets.

Le trouble bipolaire

L'opposé de la dépression est la manie, qui se caractérise par une humeur euphorique ou une irritabilité anormalement élevée et persistant dans le temps. On assiste à des phénomènes d'agitation, d'hyperactivité, d'accélération de la pensée, de logorrhée (grand besoin de parler), une émotivité exacerbée, une perte du sommeil et souvent une perte des repères sociaux qui conduit à des comportements déplacés.

Quand les personnes font l'expérience des hauts de la manie et des bas de la dépression, on parle de maladie maniaco-dépressive, plus connue aujourd'hui sous le nom de « trouble bipolaire ». En phase maniaque, une personne est une boule de nerfs et en fait beaucoup trop. La manie affecte la capacité de décision d'un individu et conduit à une variété de comportements psychologiquement très coûteux, voire très embarrassants. Les virages dépressifs arrivent généralement plus souvent et durent plus longtemps que les phases maniaques. Les personnes présentant ce trouble peuvent aussi présenter des symptômes psychotiques. Ce trouble affecte de nombreuses personnes, dont 20 % de ceux qui se suicident. Il frappe surtout les gens autour de 30 ans.

De nombreux chercheurs évoquent un déséquilibre chimique à l'origine du trouble bipolaire. Une déficience de la dopamine et de la noradrénaline peut déclencher la dépression, un excès, de la manie. D'autres scientifiques pensent que la cause est plutôt une anomalie dans la structure et/ou dans le fonctionnement de certains circuits cérébraux. Les scientifiques n'excluent pas non plus la possibilité d'une transmission génétique du trouble bipolaire. Deux tiers des personnes souffrant de trouble bipolaire ont au moins un parent proche bipolaire ou cliniquement déprimé.

Faites le 15 !

En France, 195 000 personnes font des tentatives de suicide chaque année, dont 10 000 en meurent. Mais ce chiffre ne tient compte que des suicides réellement déclarés et on estime le nombre de morts par suicide à 13 000 chaque année. Les tentatives touchent davantage les femmes, mais les hommes sont plus nombreux à mourir car ils ont recours à des méthodes qui leur laissent rarement la chance de s'en sortir : selon l'Union nationale pour la prévention du suicide, les femmes font 4 à 5 fois plus de tentatives que les hommes, mais 3 suicides sur 4 concernent ces derniers. Enfin, il faut savoir que le suicide est la deuxième cause de mortalité chez les 15-24 ans. Certains scientifiques pensent que le comportement suicidaire, comme la dépression, serait lié à une baisse du niveau de sérotonine dans le cerveau.

Comme dans l'épisode dépressif isolé, le trouble bipolaire est généralement traité par des médicaments associés à une thérapie. Le lithium a été utilisé pendant des années et il y a de nouveaux traitements régulateurs de l'humeur déjà connus comme antiépileptiques, comme le valproate et la carbamazépine.

L'autisme

Les autistes ne peuvent généralement pas communiquer avec les autres et semblent vivre dans leur propre monde. Ils présentent parfois des comportements répétitifs et des mouvements corporels, comme le balancement. Ils peuvent s'attacher excessivement aux personnes comme aux objets. Ils peuvent aussi être agressifs envers les autres ou envers eux-mêmes.

Les symptômes d'autisme apparaissent généralement vers l'âge de 3 ans et ne disparaissent jamais. La prévalence de l'autisme est d'environ 1 à 2 pour 1 000. Les hommes sont quatre fois plus touchés que les femmes. L'autisme n'est pas héréditaire. La cause exacte en est inconnue, mais les scientifiques ont trouvé des différences dans l'activité électrochimique et la structure des cerveaux d'autistes. Les traitements médicamenteux, les thérapies et l'éducation peuvent aider à soulager certains symptômes.

Le TDAH

Le trouble déficit de l'attention/hyperactivité (TDAH) est diagnostiqué de plus en plus fréquemment chez les enfants qui ont des difficultés à se concentrer, à rester tranquilles, et à contrôler leurs comportements impulsifs. À mesure que ce trouble devient de plus en plus connu, de plus en plus d'enfants sont diagnostiqués. En France, on estime que ce trouble toucherait 5 % des enfants.

Chez certains enfants, le trouble disparaît en grandissant, mais pas chez tous. De plus en plus d'adultes réalisent qu'ils ont peut-être souffert de TDAH depuis l'enfance et cherchent des traitements et des thérapies pour surmonter les problèmes qu'ils rencontrent dans leur vie sociale et professionnelle.

Le TDAH fait l'objet de nombreuses recherches du fait de sa prévalence chez les enfants. Les études en imagerie médicale montrent que certaines structures cérébrales (le cortex préfrontal, le striatum, les noyaux gris centraux) sont plus petites que la moyenne chez les personnes présentant un TDAH et que les zones contrôlant l'attention sont moins actives. Certains chercheurs ont suggéré la prédominance des causes environnementales. Le fait que les personnes souffrant de TDAH ont généralement un parent proche atteint par le même problème permet de faire aussi l'hypothèse que ce trouble serait héréditaire.

Comme pour beaucoup d'autres maladies mentales, il n'existe pas de traitement curatif, mais certains médicaments peuvent atténuer les symptômes. En France, le traitement de référence est le méthylphénidate (Ritaline®), un stimulant léger du système nerveux qui améliore la concentration, apaise l'enfant et lui permet de vivre des relations plus harmonieuses avec son entourage. Mais son administration est très encadrée : elle ne peut se faire que chez les enfants de plus de 6 ans et sa prescription est réservée aux spécialistes en pédiatrie, neurologie et psychiatrie.

Il semble paradoxal de prescrire des stimulants aux enfants hyperactifs, et les chercheurs ne savent pas expliquer comment cela marche. La théorie de base est que les zones du cerveau impliquées dans la planification, l'anticipation et l'inhibition des actions sont insuffisamment stimulées chez les personnes présentant un TDAH. Les stimulants augmentent l'activité neuronale dans ces zones jusqu'à un niveau normal.

Mais le corps médical s'accorde à penser que d'autres prises en charge doivent être associées au traitement par médicament, comme les psychothérapies et les rééducations (orthophonie, psychomotricité), qui permettent à l'enfant de mettre en place des stratégies d'adaptation. Les études montrent que cette approche multimodale est plus efficace sur le long terme qu'un traitement médicamenteux isolé.

Ce qu'il faut retenir

→ La maladie mentale peut être modérée et permettre une vie normale. Mais elle peut être handicapante et nécessiter une prise en charge institutionnelle.

→ Les scientifiques débattent encore la question de savoir si l'origine de la maladie mentale est purement physique, mais la plupart des chercheurs pensent qu'il s'agit d'une combinaison de facteurs génétiques et environnementaux.

→ Les personnes souffrant de psychose, comme les schizophrènes, sont stigmatisées comme incapables de vivre dans le monde réel. La plupart cependant ne sont pas enfermées dans un hôpital et peuvent vivre presque normalement avec l'aide de médicaments.

→ Tout le monde peut traverser un moment de blues, mais ce sentiment devient dangereux pour la santé mentale quand il persiste et atteint l'intensité d'une dépression déclarée. Les traitements médicamenteux et une psychothérapie peuvent aider à surmonter la dépression.

Partie 5 — Le cerveau malade

QCM

1 – Parmi les tumeurs au cerveau, quel est le pourcentage de tumeurs malignes ?
- ❏ **A** - 20 %
- ❏ **B** - 40 %
- ❏ **C** - 50 %

2 – Par quoi est provoqué un accident vasculaire cérébral (AVC) ischémique ?
- ❏ **A** - le saignement d'une artère cérébrale
- ❏ **B** - la privation du cerveau en oxygène
- ❏ **C** - un caillot dans le cerveau

3 – Lequel de ces critères indique une mort cérébrale ?
- ❏ **A** - l'absence totale de conscience et d'activité motrice
- ❏ **B** - l'abolition de tous les réflexes du tronc cérébral
- ❏ **C** - l'absence totale de ventilation spontanée

4 – Quel est le pourcentage de personnes souffrant de migraines en France ?
- ❏ **A** - 6 %
- ❏ **B** - 12 %
- ❏ **C** - 24 %

5 – Quelle maladie se caractérise notamment par des tremblements, la rigidité du visage et des muscles ?
- ❏ **A** - la maladie de Parkinson
- ❏ **B** - l'épilepsie
- ❏ **C** - la névralgie du trijumeau

6 – Quelle maladie provoque une démyélinisation croissante de zones diffuses de la matière blanche et de la moelle épinière ?
- ❏ **A** - la sclérose en plaques
- ❏ **B** - la maladie d'Alzheimer
- ❏ **C** - l'hydrocéphalie à pression normale

7 – Quel est le traitement pour la maladie de Creutzfeldt Jakob ?
- ❏ **A** - un traitement médicamenteux
- ❏ **B** - un traitement par rayons
- ❏ **C** - il n'existe pas de traitement

8 – Quel est le symptôme le plus commun de la psychose ?
- ❏ **A** - l'aphasie
- ❏ **B** - les hallucinations
- ❏ **C** - l'agitation

9 – Une personne souffrant d'acrophobie a peur...
- ❏ **A** - des espaces ouverts
- ❏ **B** - des hauteurs
- ❏ **C** - des maladies

Réponses

1 : A - 2 : B - 3 : A, B et C
4 : B - 5 : A - 6 : A - 7 : C
8 : B - 9 : B

Nombre de bonnes réponses ☐

Si vous avez au moins 6 bonnes réponses, passez au chapitre suivant, sinon... faites quelques révisions !

Partie 6
Divans, pilules et bistouris

Nous pensons que vous avez maintenant quelques connaissances sur la structure et les fonctions du cerveau. Vous avez également découvert ce qui peut clocher dans cet organe fondamental de notre corps. Certains problèmes arrivent naturellement, d'autres résultent d'une blessure ou d'une maladie, d'autres encore sont la conséquence de certains de nos excès. On en sait aujourd'hui beaucoup sur les blessures et les maladies qui affectent le cerveau. De meilleurs traitements ont été développés pour améliorer, voire guérir ces états dans certains cas. Tout au long de cette partie, nous allons voir comment les maladies du cerveau peuvent être diagnostiquées et traitées. En conclusion, nous essayerons de nous projeter dans l'avenir et d'envisager les directions que pourraient désormais prendre les recherches. Qu'apprendrons-nous sur le cerveau dans les années à venir ?

Chapitre 21

Examens en tous genres

Dans ce chapitre

→ Écouter un patient est indispensable pour établir un diagnostic

→ Ce que révèle le liquide cérébro-spinal

→ Les secrets de l'électricité

→ Biopsies, myélographie, angiographie et autres explorations approfondies

→ Les merveilles de l'imagerie médicale

On a décrit dans les derniers chapitres un large éventail de maladies organiques ou mentales touchant le cerveau. La principale difficulté, pour les médecins, est de déterminer si une maladie relève d'un trouble mental ou physiologique, voire d'une combinaison des deux, et d'identifier quelles en sont les causes.

Si la maladie est organique, le praticien trouve souvent un lien direct entre les symptômes et la maladie ou la lésion. Mais les problèmes psychiatriques ou psychologiques, qui présentent souvent les mêmes symptômes, sont plus difficiles à identifier. Scanners, examens sanguins et autres outils de diagnostic sont utilisés pour évaluer les maladies organiques, mais ils ne sont d'aucune aide pour détecter les troubles mentaux. Son appréciation relève davantage d'un jugement « subjectif » posé par un professionnel qui se fonde sur l'histoire du patient, sur ses comportements et sur les informations recueillies au cours de l'examen.

Les médecins disposent d'une batterie de tests et d'analyses pour diagnostiquer une maladie. À la fin du XXe siècle, les techniques d'imagerie médicale ont révolutionné la pratique médicale, permettant de poser des diagnostics beaucoup plus précis. Ce chapitre décrit les tests actuellement disponibles et leur utilisation.

Un patient a toujours une histoire

La première chose que fait un médecin est d'interroger son patient sur ses antécédents et de l'ausculter. La connaissance de cette histoire est indispensable au **diagnostic**. Le médecin veut savoir quand les symptômes sont apparus, combien de temps ils ont duré, avec quelle intensité ils se sont manifestés, s'ils s'étaient déjà produits et, dans ce cas, si le patient a reçu alors un traitement ? Des membres de la famille ont-ils présenté les mêmes symptômes ? Le patient fume-t-il, boit-il, prend-il des drogues ? Est-ce qu'il suit un traitement actuellement ? Au cours de l'auscultation, le médecin se livre à un examen général de la tête, des oreilles, des yeux, du nez, de la gorge, de la poitrine, de l'abdomen, des extrémités, du rectum, du pelvis et des parties génitales. Sans oublier l'examen neurologique, qui consiste à évaluer le fonctionnement des nerfs crâniens, la force des membres, les sensations corporelles, le langage et les réflexes. Cette auscultation permet au médecin de déterminer s'il existe un problème physique.

> **Le jargon de la science**
>
> Un **diagnostic** est le processus d'identification d'une maladie ou d'une blessure par recueil des antécédents, étude des symptômes et analyse des résultats des examens complémentaires.

En complément de l'examen, le médecin peut également faire passer au patient un test d'évaluation de ses fonctions cognitives de base : mémoire, orientation et compréhension. Voici un échantillon des questions d'évaluation qui peuvent être posées :

1. Quel âge avez-vous ?

2. Quelle heure est-il ?

3. Je vais vous donner une adresse, et j'aimerais que vous la mémorisiez : 15, rue de la Poste (on demande au patient de répéter l'adresse afin de s'assurer qu'elle a été entendue correctement. C'est à la fin du test qu'on demande au patient de s'en souvenir).

4. En quelle année sommes-nous ?

5. Quel est le nom de cet hôpital ?

6. Pouvez-vous me dire qui vous a accompagné en consultation aujourd'hui ?

7. Quelle est votre date de naissance ?

8. Connaissez-vous la date de la prise de la Bastille ?

9. Quel est le nom du président de la République ?

10. Comptez à l'envers de 20 à 1.

Chaque réponse juste rapporte un point. Une personne dont le score ne dépasse pas 7 ou 8 points peut présenter un problème d'ordre cognitif. Mais cette échelle est loin d'être parfaite. 20 % des personnes ayant un score égal ou inférieur à 7 ne présentent en fait aucun trouble cognitif et 20 % des personnes ayant un score de 8 ou plus en sont atteintes.

À l'issue de cette consultation approfondie, le praticien peut prescrire des examens complémentaires. Les plus fréquents sont le scanner et l'IRM, plus sophistiqués et plus complets qu'une radiographie crânienne.

La ponction lombaire : ça fait mal !

La ponction lombaire permet de diagnostiquer différentes infections ou maladies du cerveau comme les méningites, les méningo-encéphalites, les abcès. Elle est aussi très utile quand on soupçonne un saignement à la surface du cerveau (hémorragie subarachnoïde).

Le patient est allongé sur le côté ou assis, le dos bien arrondi, et on applique une solution antiseptique sur la région lombaire inférieure. Le médecin repère la dépression entre la troisième et la quatrième vertèbre ou entre la quatrième et la cinquième vertèbre pour y injecter un anesthésique local. Il introduit lentement une aiguille dans l'espace autour des nerfs contenant le liquide cérébro-spinal. La pression de ce liquide est alors mesurée et un ou plusieurs prélèvements sont effectués. Le liquide est stocké dans des tubes et envoyé au laboratoire pour être analysé. Les biologistes recherchent des signes d'infection et d'autres anomalies : couleur, transparence, quantité de sucre, de protéines, de chlore. Ils mettent en culture pour détecter d'éventuelles bactéries.

L'arthrite, l'obésité, une récente opération de la colonne vertébrale empêchent une ponction

Faites le 15 !

On ne doit pas pratiquer de ponction lombaire sur un patient chez qui on suspecte une masse cérébrale, comme une tumeur au cerveau, car cette opération peut augmenter drastiquement la pression intracrânienne et entraîner des dommages irréversibles, voire la mort.

lombaire (ou alors sous contrôle radiographique). Le médecin peut alors prélever du liquide cérébro-spinal par une ponction à la base du crâne. Seul un neurologue, un neurochirurgien ou un radiologiste est habilité à réaliser cette opération.

Les complications des ponctions lombaires sont peu fréquentes, mais un mal de tête succède souvent à l'intervention. D'intensité moyenne, il disparaît en quelques heures, sauf dans certains cas où il est violent et dure plusieurs jours. On pratique alors un *blood patch* : on injecte quelques gouttes du sang du patient au point de ponction pour cicatriser la brèche, ce qui soulage les maux de tête.

Une ambiance électrique

L'électromyographie évalue l'activité électrique des muscles au moyen d'une électrode. L'activité électrique est différente selon que les lésions impliquent le nerf d'un muscle, la jonction neuromusculaire ou le muscle lui-même. En mesurant à quel point le nerf est endommagé, les médecins peuvent donner un pronostic d'évolution plus précis, comme dans le cas de la maladie de Bell. En d'autres termes, ils peuvent prévoir si le rétablissement sera partiel, complet ou nul. L'électromyographie est importante pour faire la différence entre une anomalie du nerf et un dysfonctionnement du muscle qu'il innerve.

Les médecins pratiquent généralement une étude de la conduction nerveuse en complément de l'électromyographie. Ce test mesure la rapidité avec laquelle l'influx nerveux voyage le long du nerf et permet au médecin de différencier les neuropathies périphériques des troubles du système nerveux central. Cet examen est souvent prescrit pour diagnostiquer un **syndrome du canal carpien**.

Le jargon de la science

Le **syndrome du canal carpien** est un trouble provoqué par la compression d'un nerf dans le canal carpien (à l'endroit où le nerf passe à travers le poignet). Il se signale par une douleur, des picotements et/ou une faiblesse dans la main. Depuis que l'utilisation des ordinateurs s'est répandue, le nombre de personnes présentant ce syndrome a beaucoup augmenté, car la plupart des utilisateurs d'ordinateur placent leurs mains et leurs bras dans une position qui comprime le nerf impliqué. Ce phénomène a conduit à mettre au point des claviers et accessoires plus ergonomiques pour prévenir les symptômes du syndrome du canal carpien.

Le potentiel évoqué

Pour évaluer un problème neurologique, les médecins peuvent mesurer l'activité électrique du cerveau en réaction à un stimulus auditif, visuel, ou somatique (peau). Le signal électrique produit par le système nerveux à ces stimuli s'appelle « potentiel évoqué » (PE). Ainsi, un potentiel évoqué somatosensoriel est l'activité électrique produite dans le cerveau par la stimulation d'une zone corporelle (généralement le bras ou la jambe), que l'on peut mesurer en procédant à un **électroencéphalogramme** (par le biais d'électrodes placées sur le cuir chevelu).

Quand on stimule un nerf périphérique, on peut enregistrer une activité électrique qui passe à travers la colonne vertébrale et le cuir chevelu. Lors de l'examen, on demande par exemple au patient de regarder un schéma et on enregistre une activité électrique sur le cuir chevelu. S'il y a une lésion sur le trajet de l'information visuelle, l'activité électrique est perturbée (elle est par exemple plus longue).

> **Le jargon de la science**
>
> L'**électroencéphalogramme** est un instrument qui mesure l'activité électrique du cerveau par le biais d'électrodes placées sur le cuir chevelu. C'est un examen indolore, qui permet d'établir certains diagnostics neurologiques.

Les chirurgiens utilisent ces méthodes pour déterminer si un geste opératoire spécifique a provoqué un changement spécifique dans le potentiel évoqué (car un changement signale un dysfonctionnement neural). Si un changement se produit, le geste opératoire peut être modifié, ce qui réduit ou annule le dysfonctionnement neurologique.

Cet examen électroencélographique peut être pratiqué en complément d'une IRM pour aider à diagnostiquer une sclérose en plaques.

Les ondes ne mentent pas

L'électroencéphalogramme est l'appareil de mesure le plus efficace pour le diagnostic de l'épilepsie. Pendant une crise, une personne manifeste une activité électrique anormale du cerveau. Pendant les périodes où l'individu n'a pas de crise, l'électroencéphalogramme peut montrer des variations épileptiformes (pics sur le tracé). On compare l'activité de base du cerveau (test effectué les yeux fermés) et son activité quand il est soumis à certains stimuli.

L'électroencéphalogramme aide à distinguer les différents types de convulsions et par conséquent à décider du traitement approprié. La découverte d'un foyer d'activité épileptique est très importante dans la perspective d'une intervention chirur-

> **Remue-méninges**
>
> L'électroencéphalogramme est également utilisé pour établir un diagnostic de mort cérébrale. Un électroencéphalogramme plat chez un patient qui n'est ni hypothermique ni en overdose est un indicateur de mort cérébrale.

gicale. Les pics observés sur le tracé de l'électroencéphalogramme permettent au chirurgien de ne retirer que la partie du cerveau à l'origine des crises. Cependant, l'électroencéphalogramme peut être normal chez des patients dont l'épilepsie est consécutive à une blessure à la tête. Dans ce cas, si l'électroencéphalogramme est anormal puis se normalise, le patient peut continuer de souffrir de convulsions. Un électroencéphalogramme normal n'est donc pas, en l'occurrence, un indicateur fiable. Le patient ne doit pas pour autant arrêter les traitements anticonvulsifs.

Les biopsies

Les biopsies du cerveau, des nerfs, des muscles et des artères sont utilisées pour diagnostiquer les maladies du système nerveux central. Un neurologue peut prescrire une biopsie du cerveau dans le cas où des techniques moins invasives n'ont pas permis d'établir le diagnostic. On ne pratique pas de biopsie dans le tronc cérébral, l'aire du langage et l'aire motrice. Les tumeurs cérébrales (primaires ou métastasiques), les abcès ou les maladies dégénératives sont diagnostiquées grâce à cette intervention.

Il y a deux façons de réaliser une biopsie. La première est d'ouvrir le crâne et l'enveloppe du cerveau pour retirer un petit morceau de tissu cérébral qu'on envoie au laboratoire. La seconde, plus répandue, est une technique stéréotaxique, qui utilise les techniques d'imagerie médicale (comme l'IRM) pour identifier la région à prélever. Quand celle-ci est identifiée, une aiguille est insérée à travers une toute petite ouverture dans le crâne et une infime quantité de tissu est aspirée par l'aiguille. Le résultat de la biopsie permet de décider de la thérapie à mettre en œuvre pour soigner le patient.

Myélographie, angiographie et autres

Un grand nombre d'explorations spécifiques permettent d'établir des diagnostics très précis. Par exemple, l'examen répondant au doux nom d'ultrasonographie-Doppler transcrânienne est utilisé pour détecter des anomalies des vaisseaux sanguins intracrâniens, comme une constriction (une pression) qui peut entraîner un AVC. L'exploration est réalisée avec un appareil qui ressemble à une souris d'ordinateur que le technicien déplace lentement sur le crâne.

La myélographie (ou sacco-radiculographie, pour ceux qui aiment les mots savants) implique l'injection d'un colorant radio-opaque (visible aux rayons X) au cours d'une ponction lombaire. Le colorant se diffuse le long du canal rachidien et on prend des clichés aux rayons X. Mais aujourd'hui l'IRM a supplanté la myélographie, qui n'est plus utilisée que dans certaines situations, par exemple en cas de douleurs persistantes dans le dos dont la cause n'a pas pu être identifiée au moyen d'un scanner ou d'une IRM.

L'artériographie (ou angiographie) nécessite l'injection dans une artère d'un colorant radio-opaque qui met en valeur les artères intracrâniennes et les veines en haute définition. Elle est utile dans le diagnostic des anévrismes intracrâniens ou des malformations des veines et des artères (malformations artério-veineuses). On utilise les artériographies pour diagnostiquer les lésions volumineuses, comme les tumeurs cérébrales, lorsqu'un scanner ou un IRM n'est pas disponible. L'artériographie est également employée lors d'une embolisation, opération qui consiste à installer de minuscules ballons amovibles, des petits ressorts en platine ou d'autres matériaux dans les vaisseaux sanguins afin de bloquer le flux qui alimente les anévrismes ou des malformations artérioveineuses.

> **Gagnez des points de Q.I.**
>
> L'angiographie à résonance magnétique a été utilisée ces dernières années pour étudier les gros vaisseaux du cou et de la base du cerveau. L'intervention est non invasive, mais le résultat n'a pas la résolution et la sensibilité de l'angiographie conventionnelle.

L'imagerie médicale

Le premier scanner a été le CT-scan ou CAT-scan (pour *Computerized Axial Tomography*). Cette technique a été développée par l'Américain Allan McLeod Cormack et l'Anglais Godfrey Houndfield, ce qui leur a valu d'obtenir le prix Nobel de médecine en 1979. Le CAT-scan a permis aux médecins d'observer pour la première fois des structures anatomiques à l'intérieur du crâne sans technique invasive.

On peut comparer l'invention du CAT-scan avec celle du pneumoencéphalogramme par Walter Dandy en 1921 et avec celle de l'angiographie cérébrale par Egaz Moniz en 1934. Le CAT-scan a révolutionné la neurologie et a entraîné des changements importants en neurochirurgie. Il évite d'avoir à faire des trous dans le crâne pour explorer des hémorragies intracrâniennes et offre aux neurochirurgiens une approche plus précise des lésions du cerveau, comme les tumeurs ou les abcès.

L'imagerie par résonance magnétique (IRM), une technologie développée au début des années 1980, va encore plus loin que le CAT-scan et permet de voir l'anatomie du cerveau avec des détails exceptionnels. TEP, SPECT et IRM sont les acronymes des nouveaux types de scanners qui ont été développés pour l'étude des fonctions du cerveau plus que pour l'examen de son anatomie. Enfin, l'angio-scanner ou ARM (angiographie par résonance magnétique) permet d'analyser les gros vaisseaux sanguins à la base du cerveau et pourrait remplacer à terme l'artériographie conventionnelle, technique invasive et qui nécessite généralement une hospitalisation.

Le premier scanner

Comme vous l'avez appris au chapitre 4, le scanner (CAT-scan ou CT-scan en anglais) permet de prendre un grand nombre de clichés aux rayons X qui, analysés par ordinateur, constituent une représentation en 3D du cerveau. L'injection d'un produit de contraste permet d'augmenter sensiblement les capacités diagnostiques de cet appareil. Le scanner est également très sensible à la présence de sang. Il peut donc être utilisé sans produit de contraste, en cas d'accident vasculaire cérébral ou de trauma, afin de localiser l'hémorragie intracrânienne. Le scanner est également très utile pour diagnostiquer les tumeurs cérébrales et les maladies dégénératives.

Les complications dues au scanner sont rares, mais le patient peut faire une réaction au produit de contraste. On surveille également la quantité de radiation émise lors de cet examen, surtout quand il est pratiqué sur un enfant.

L'IRM : une image plus nette

L'introduction de l'IRM a révolutionné la pratique de la neurologie et de la neurochirurgie dans le monde entier. En France, on compte aujourd'hui 2,8 appareils d'IRM par million d'habitants. L'indice d'équipement est fixé par décret ministériel et défini par la carte sanitaire nationale, dispositif juridique qui a pour objectif d'assurer l'égalité d'accès sur tout le territoire à ces moyens modernes de diagnostic.

Contrairement au scanner, l'IRM n'utilise pas de radiations. Pour faire simple, on pourrait dire que le sujet se trouve à l'intérieur d'un gros aimant. Le champ magnétique aligne les atomes d'hydrogène et les protons du corps humain. Ils sont ensuite « poussés » à un niveau d'énergie supérieure par une onde à haute fréquence, suivie d'une étape de repos. Le changement dans l'alignement des protons indique les différences de densité des tissus, ce qui permet de les distinguer les uns des autres : les os, les muscles, les nerfs, les tissus adipeux et les fluides. Ces informations sont analysées par un ordinateur, qui les convertit en image selon n'importe quel plan de référence (par exemple sagittal, frontal ou transversal). La sensibilité de l'IRM permet d'examiner les structures anatomiques avec une grande précision.

> **Faites le 15 !**
>
> On ne peut pas pratiquer d'IRM sur un patient dont le corps contient des objets ou des particules métalliques, comme des implants neurochirurgicaux (utilisés dans le traitement des anévrismes), un corps étranger métallique dans l'œil (ou dans une autre partie du corps, d'ailleurs), des pacemakers, des prothèses d'articulation (à la hanche ou au genou) et des implants cochléaires.

Pour un diagnostic d'AVC, l'IRM montre la zone touchée en quelques heures, là où il faudrait plusieurs jours à un scanner pour la déceler. Cependant, ce dernier reste important pour poser rapidement (dans les quatre premières heures) un diagnostic d'hémorragie cérébrale dans le contexte d'un AVC.

L'IRM est l'examen de base pour le diagnostic des tumeurs du cerveau. Il produit avec une précision incroyable des images des tumeurs à la base du cerveau, comme les neurinomes de l'acoustique. Il est également très utile pour le diagnostic de sclérose en plaques. Il peut détecter des lésions autour des fibres nerveuses, ce qui permet au médecin de mettre le patient sous traitement plus tôt, donc de prévenir les séquelles. L'IRM est en outre plus sensible dans l'évaluation des maladies dégénératives, comme la maladie de Creutzfeld-Jakob et très opérationnel pour déceler des problèmes affectant la moelle épinière, comme les hernies discales ou les tumeurs (bénignes ou malignes).

Scanner et IRM ressemblent à des tunnels. Comme ils ne sont généralement pas très larges, l'examen peut être difficile à supporter pour les personnes claustrophobes. Leur utilisation est contre-indiquée en cas de présence de métaux dans le corps ou d'appareils comme les stimulateurs cardiaques ou les pompes à insuline. Avant tout examen, le praticien s'assurera auprès du patient de ces risques potentiels.

L'IRM fonctionnelle est une version de l'IRM appliquée à l'étude du fonctionnement du cerveau. Cet outil est principalement utilisé en recherche. Il a ainsi été employé récemment pour étudier les différences entre les maladies dégénératives et la schizophrénie par la mesure des changements dans le flux sanguin lié à l'activité cérébrale.

Le TEP-scanner

Le TEP-scanner (tomographie par émission de positrons) utilise des substances émettrices de positrons, comme le glucose radioactif, pour révéler certaines parties du cerveau. La TEP scanne l'absorption de radioactivité depuis l'extérieur du crâne.

Les cellules cérébrales utilisent le glucose comme combustible et la TEP fonctionne sur le posutlat suivant : plus les cellules cérébrales sont actives, plus elles consommeront de glucose radioactif.

Un ordinateur interprète la quantité de glucose absorbé et crée une carte du cerveau codée avec des couleurs. Cette carte rend compte de l'activité des différentes parties du cerveau. Le rouge représente généralement les zones les plus actives, le bleu les zones les moins actives. L'ordinateur examine le cerveau en tranches, permettant une étude des structures cérébrales profondes bien plus détaillée qu'avec les technologies d'imagerie plus anciennes.

La TEP est très utile dans l'identification des zones cérébrales activées, spécifiquement chez les patients épileptiques candidats à une intervention chirurgicale. Ce scanner donne au chirurgien la localisation précise de la zone d'activité électrique anormale.

Par ailleurs, cette technologie est utilisée dans le diagnostic de certaines maladies dégénératives par sa capacité à mesurer les variations d'activité entre les différentes zones du cerveau. Des recherches récentes suggèrent que la TEP permettrait de détecter une maladie d'Alzheimer avant l'apparition des symptômes. Une étude menée par Nuclear Imagin Research Group de l'UCLA (University of California, Los Angeles), sur un échantillon de 284 personnes a montré que la TEP dépiste 93 à 95 % des cas d'Alzheimer précoce et qu'elle est en mesure de prévoir, dans 90 %, des cas si des patients sont susceptibles de développer à terme la maladie. Ainsi, les personnes qui présentent des symptômes apparentés à ceux de la maladie d'Alzheimer peuvent savoir s'ils sont atteints ou s'ils ont des risques de développer cette maladie. Ces résultats encourageants permettent d'envisager une prise en charge précoce qui prolonge le bon fonctionnement cognitif.

La TEP offre un certain nombre d'avantages sur les autres technologies :
• elle est sans danger ;
• elle peut remplacer un certain nombre d'examens diagnostiques en une seule procédure ;
• elle montre la progression des maladies et la façon dont le corps réagit au traitement ;
• elle rend compte de tous les systèmes organiques en une image ;
• elle peut parfois diagnostiquer une maladie avant d'autres tests.

Il n'est pas toujours facile de distinguer une tumeur cérébrale récidivante d'une nécrose due aux radiations chez un patient qui a subi des traitements par chirurgie, chimiothérapie et radiothérapie. La TEP sait faire la différence, car une tumeur récidivante consomme beaucoup de glucose ; la tumeur apparaît en rouge et jaune sur l'image alors qu'un tissu nécrosé apparaît en bleu, car il ne consomme pas de glucose.

La TEP s'avère également précieuse dans le développement des recherches en neurophysiologie sur l'étude des comportements et des tâches cognitives. Cette technologie a été beaucoup employée dans l'analyse du fonctionnement cérébral des patients schizophrènes ou présentant des troubles bipolaires. Mais on pense qu'elle pourrait aussi nous aider à mieux comprendre le fonctionnement du cerveau dans l'exécution de certaines tâches comme la parole, la mémoire, la lecture et le rêve.

Ce qu'il faut retenir

→ En recherchant les antécédents, en pratiquant une auscultation et en évaluant le fonctionnement cognitif d'un patient, un médecin peut diagnostiquer la plupart des problèmes mentaux et physiques.

→ Pour identifier la cause des symptômes, les médecins ont recours à de nombreux tests diagnostiques incluant la ponction lombaire, l'électromyographie, l'électroencéphalogramme, et la biopsie.

→ Les techniques d'imagerie médicale modernes comme le CAT et l'IRM ont révolutionné la médecine et permis aux médecins de faire des diagnostics plus précis qu'avant.

→ De nouvelles avancées technologiques permettent aux chercheurs d'étudier l'anatomie des structures cérébrales de manière plus détaillée et d'étudier les fonctions cérébrales pour la première fois.

Chapitre 22

On peut traiter certains problèmes

Dans ce chapitre

→ Des médicaments merveilleux

→ Quelqu'un à qui parler

→ Lobotomie et électrochocs

→ Une chirurgie de plus en plus performante

→ De nouveaux espoirs

Dans les chapitres qui précèdent, nous avons évoqué certains traitements des troubles ou des maladies qui touchent le cerveau. Cette fois, nous allons entrer dans les détails. Avant d'aller plus loin, il nous faut reconnaître que nombre de maladies qui affectent le cerveau sont encore incurables et que même les plus grands spécialistes ne peuvent parfois que traiter les symptômes (ce qui aide quand même les malades à mieux vivre). Dans les cas les plus désespérés, seul un miracle peut amener la guérison et de nombreuses personnes meurent de maladies du cerveau. Mais il ne faut pas désespérer, car de nouvelles découvertes sont faites tous les jours, ce qui ouvre de nouvelles pistes thérapeutiques pour bon nombre de maladies. Et n'oublions pas que les technologies les plus récentes aident à établir des diagnostics de plus en plus fiables et de plus en plus précoces.

Dans l'immédiat, nous nous contenterons d'examiner les traitements et les prises en charge qui existent et qui ont fait leur preuve, ce qui inclut aussi bien les médicaments que les interventions chirurgicales ou les thérapies.

Les médicaments : une aide précieuse

L'utilisation des traitements médicamenteux a révolutionné la santé mentale. En premier lieu parce qu'elle a permis d'envisager une alternative à l'internement. Grâce aux médicaments, on sait aujourd'hui traiter les lésions cérébrales et réduire les troubles liés à l'épilepsie, à la maladie de Parkinson ou à la maladie d'Alzheimer.

La mise à disposition de médicaments plus sûrs et plus efficaces incite de plus en plus de personnes à se faire soigner. C'est ce qui explique en partie le succès d'antidépresseurs comme la fluoxétine (commercialisé à ses débuts sous le nom de Prozac®).

De nouveaux antalgiques sont également apparus, comme l'Oxycontin®, créé pour les personnes ayant besoin en permanence d'un médicament contre la douleur (son effet dure 12 heures). Ce médicament contient de l'oxycodone, un opioïde (comme la morphine ou la méthadone), et son utilisation n'est pas anodine si elle ne respecte pas des précautions élémentaires.

Beaucoup de médicaments ont souvent des effets indésirables. Au chapitre 20, nous avons signalé que les personnes sous traitement antipsychotique présentaient souvent des dyskinésies tardives. Tous les traitements médicamenteux comportent des risques. Les effets secondaires sont parfois seulement gênants, mais ils peuvent aussi être graves dans certains cas.

L'effet Placebo

Un placebo est une mesure thérapeutique sans efficacité réelle (ou seulement très faible), mais dont la prise agit si le patient pense avoir reçu un traitement actif. L'effet placebo fonctionne donc largement sur un mécanisme psychologique : *grosso modo*, ça marche parce qu'on y croit. Les études sur l'effet placebo ont montré que l'attitude du patient a un effet direct sur sa santé, surtout s'il est confronté à une maladie grave.

Lors d'un essai clinique pour tester un nouveau médicament, on divise toujours les patients en deux groupes. L'un reçoit le médicament testé ; l'autre, appelé « groupe contrôle », reçoit quelque chose qui n'a pas de vertu médicinale. Au lieu d'un médicament liquide, par exemple, un patient se voit proposer de l'eau. On lui explique que le médicament est sans couleur et sans goût comme de l'eau. Logiquement, le placebo ne devrait produire aucun effet sur les patients du groupe contrôle, mais nombreux sont ceux qui disent qu'il leur a fait du bien. Si les volontaires qui ont reçu le médicament actif ne montrent pas, du point de vue statistique, d'améliorations significatives plus marquées que le groupe contrôle, on conclura à l'inefficacité du médicament.

On a avancé de nombreuses théories pour expliquer ce phénomène. La plus évidente est celle de l'anticipation. Les volontaires pour un essai clinique espèrent se sentir mieux après avoir pris le nouveau médicament, même si c'est juste de l'eau.

Je vous écoute...

La prise en charge des problèmes organiques nécessite des traitements comme la physiothérapie, les médicaments, la radiothérapie, la chirurgie ou une combinaison de ces différents soins. Pour gérer les troubles mentaux, on associe souvent dans un premier temps médicaments et psychothérapie. La psychothérapie est une forme de traitement destinée aux personnes présentant des troubles mentaux et/ou des problèmes émotionnels et comportementaux. Le but du thérapeute est d'aider le patient

Remue-méninges

Un psychologue est un professionnel qui a suivi une formation universitaire d'au moins cinq ans, et, dans de nombreux cas, une formation personnelle.
Son travail est avant tout un travail d'écoute : il accompagne le patient dans l'introspection que celui-ci a choisi d'entreprendre sur lui-même, sur ses conflits, ses traumatismes, ses angoisses...
Un psychiatre est un médecin ayant fait une spécialité de quatre ans en psychiatrie : il est donc un professionnel de la santé mentale fortement ancré dans l'organique. Il prescrit des médicaments agissant sur le psychisme et le comportement.
Un psychanalyste est généralement un psychologue ou un psychiatre ayant suivi une spécialisation psychothérapeutique en psychanalyse, qui consiste principalement en un travail d'analyse sur soi-même. La caractéristique de cette approche est de laisser le patient s'exprimer le plus librement possible, pour pouvoir ensuite interpréter les associations du sujet et dévoiler les aspects inconscients de sa personnalité.
Un psychothérapeute est souvent un psychologue ou un psychiatre. Son intervention varie en fonction de l'approche qu'il a choisie pour sa spécialisation. La cure peut se réaliser sur le mode du face-à-face, avec un dialogue entre le thérapeute et le patient, ce qui n'est pas le cas dans la cure psychanalytique proprement dite.

à affronter ses difficultés et à changer les pensées et les comportements qui le rendent malheureux ou qui l'empêchent de fonctionner comme il le souhaite. La psychothérapie entraîne une introspection rendue possible par l'échange verbal avec le thérapeute. Elle peut également favoriser une modification comportementale. Le patient apprend des comportements plus satisfaisants, et « désapprend » les comportements qui contribuent à ses problèmes ou en résultent.

La psychothérapie de groupe est une autre forme de psychothérapie. En 1930, le psychosociologue américain Jacob Moreno a développé une pratique nommée psychodrame. Dans cette méthode, le patient « joue » ses problèmes comme au théâtre, afin d'en être plus conscient et de mieux les comprendre. Il existe aujourd'hui de nombreuses formes de thérapies de groupe. Des couples, des familles et des enfants consultent des thérapeutes à la recherche d'une solution pour des problèmes liés au couple, à la sexualité, au travail ou à la dynamique familiale.

Les personnes peu au fait des distinctions entre les différents modes de psychothérapies ont parfois l'impression qu'il y en a autant que de psychothérapeutes. On peut toutefois décrire trois grandes approches : psychodynamique, comportementale et cognitiviste.

La thérapie psychodynamique

Cette thérapie favorise un processus de compréhension de soi en mettant l'accent sur le rôle du passé dans la formation du présent (les secrets du passé sont enfouis dans l'inconscient). Largement inspirée des théories de Freud, cette école de pensée rassemble plusieurs modes de thérapies.

• **La psychanalyse.** Dans la cure psychanalytique type, le patient est allongé sur le divan, l'analyste se trouve en retrait, hors de sa vue. La méthode est celle de l'association libre : dire tout ce qui nous passe par l'esprit. L'analyste interprète le sens des rêves, des souvenirs et des fantasmes du patient.

• **La psychothérapie néofreudienne.** Certains élèves de Freud ont introduit des modifications importantes sur les conceptions et les buts de la thérapie. Erik Erikson (1902-1994), par exemple, s'attache à construire la confiance et l'assurance pour un Moi en bonne santé. Il déplace également l'étude des conflits du champ de la sexualité vers le champ du social et complète la théorie freudienne des stades du développement en l'étendant à la vie entière.

• **L'analyse jungienne.** Carl Jung (1875-1961), qui collabora à ses débuts avec Freud, pense que ce dernier insiste trop sur le rôle de la sexualité dans l'inconscient et qu'il ne prend pas suffisamment en compte les expériences de l'humanité, accumulées au cours de l'évolution et partagées par tous au plus profond de leur inconscient. C'est ce que

Jung appelle l'inconscient collectif. Il distingue les personnes introverties, qui préfèrent l'introspection et l'activité solitaire, des personnes extraverties, qui interagissent avec les autres et l'environnement. Cette forme de psychothérapie essaye d'aider les patients à prendre conscience de leur inconscient tant personnel que collectif. Elle accroît le respect et la connaissance de soi.

• **La psychothérapie adlérienne.** Alfred Adler (1870-1937) a cherché à créer une psychologie qui permettrait de comprendre l'autre en fonction de sa biographie, différente pour chaque individu. Pour lui, chaque personne est unique et c'est cette individualité qu'il s'agit de comprendre. Adler avance que le conscient et l'inconscient travaillent ensemble pour surmonter les défis de la vie. Sa thérapie diffère donc de celles de Freud et Jung, qui considèrent que les instances de la psyché sont en conflit.

L'approche comportementaliste

Cette approche ne s'intéresse pas à la compréhension des événements passés, mais se penche sur les actions du présent. Les thérapeutes comportementalistes s'efforcent de modifier le comportement en utilisant le conditionnement ou d'autres méthodes introduites par B.F. Skinner et ses élèves.

• **Le conditionnement aversif.** Cette thérapie peut être considérée comme l'opposé de la psychanalyse. Elle porte sur le comportement plus que sur ce qui se passe dans l'esprit. La thérapie associe une conséquence punitive à certains types de comportement. Cette « punition » rend donc moins probable que le comportement soit reproduit ultérieurement. Inversement, des conditionnements positifs sont proposés pour stimuler les comportements à encourager. Cette forme de thérapie est rare aujourd'hui et surtout utilisée dans le traitement de certaines addictions.

• **L'exposition avec prévention de la réponse.** Cette technique comportementale est parfois utilisée pour traiter les TOC (troubles obsessionnels compulsifs), en empêchant tout rituel. Par exemple, quelqu'un qui se lave compulsivement les mains parce qu'il croit qu'il a des germes sera contraint à toucher quelque chose de sale et empêché de se laver les mains.

• **La relaxation.** Le thérapeute apprend à son patient des exercices qu'il peut faire lui-même pour réduire l'anxiété et le stress.

• **La désensibilisation.** Dans cette forme de thérapie, on apprend au patient à être moins sensible aux situations qu'il redoute. On lui apprend à se mettre en situation lors de séances de relaxation, afin de supprimer la connexion entre la situation et la peur. On peut ainsi apprendre aux personnes phobiques, par exemple, à se confronter à l'objet de leur phobie.

L'approche cognitiviste

Le problème des thérapies comportementalistes est qu'elles occultent la dimension psychique et négligent la part de la pensée et des émotions sur le comportement. L'approche cognitiviste part du principe que les pensées affectent les sentiments et les comportements.

• **La thérapie rationnelle émotive.** Développée par Albert Ellis dans les années 1950, elle propose une approche active du développement émotionnel. Elle aide le patient à identifier et à comprendre les croyances irrationnelles qui sont à la source de ses émotions, et à agir en fonction de cette compréhension. Elle lui apprend à choisir et à mettre en œuvre des alternatives aux comportements qu'il utilise. Selon Ellis, chaque individu peut développer une façon de penser plus rationnelle et plus en accord avec sa propre réalité, et qui permet de rendre la vie plus satisfaisante.

• **La thérapie cognitive.** Introduite par Aaron Beck, cette forme de thérapie se concentre sur les distorsions de la pensée qui affectent nos sentiments et la façon dont nous nous comportons. Les causes d'une dépression ne sont pas liées essentiellement à l'environnement du patient mais plutôt à la manière dont il interprète cet environnement. Les cognitions (c'est-à-dire les croyances et les pensées) sont avant tout subjectives et peuvent nous conduire à une vision déformée du monde et de notre vie. Pour Beck, la dépression est le résultat de trois formes de distorsions : dans la connaissance de soi, dans la connaissance de son environnement (le monde et les personnes qui nous entourent) et dans l'appréhension de son avenir. Cette triade de Beck peut se résumer ainsi : je suis nul, le monde est pourri (ou les gens sont mauvais), ça ne pourra jamais aller bien. Le rôle du thérapeute est de faire prendre conscience au patient du rôle de ces croyances, mais aussi des règles de vie qu'il s'impose, afin d'examiner si elles sont rationnelles ou non et comment elles influencent ses comportements. Ainsi, une personne qui croit qu'elle doit exceller en tout est susceptible de déprimer si elle n'obtient pas la première place à un examen ; une personne qui a vécu un échec sentimental aura tendance à penser que rien d'heureux ne peut lui arriver en amour, etc. La thérapie cognitive aide les gens à inventer de nouvelles règles plus en adéquation avec ce qu'ils sont réellement. Elle propose d'ailleurs des « devoirs maison », comme l'incitation à tenir un journal pour consigner ses pensées, ses sentiments et ses comportements afin d'en discuter ensuite avec le thérapeute.

• **La thérapie cognitivo-comportementale.** C'est un mélange entre les deux écoles de pensées. Les thérapeutes cherchent à identifier les pensées qui sont à la source des difficultés du patient et utilisent des techniques comportementales pour changer sa manière de réagir dans une situation anxiogène.

Des traitements radicaux

Les interventions chirurgicales sont rarement utilisées pour traiter les problèmes émotionnels et psychologiques, mais il y a des exceptions. Au chapitre 4, nous avons parlé de la lobotomie, technique qui a été totalement abandonnée, car les dommages qu'elle provoquait étaient pires que les effets escomptés. Les scientifiques ont néanmoins continué à explorer les moyens d'aider des patients présentant des troubles mentaux graves en retirant les parties du cerveau dont on pensait qu'elles pouvaient être impliquées dans leurs troubles.

L'une des plus récentes approches dans ce domaine est la cingulotomie. Dans cette opération, on détruit une partie du système limbique, le cingulum. Cette opération a été utilisée pour traiter les dépressions sévères et les troubles bipolaires. Toutefois, son efficacité est loin d'être optimale (on estime qu'elle ne fonctionne que dans 50 % des cas) et ses conséquences peuvent être lourdes : certains patients ont souffert de paralysie suite au saignement survenu dans le cerveau au moment de l'opération. Cette intervention est interdite en France, en Allemagne et au Japon, ainsi que dans vingt-huit États américains.

L'électroconvulsivothérapie (sismothérapie ou électrochoc) est un autre type de traitement assez radical, dont les dangers et les abus ont été largement popularisés par le film *Vol au-dessus d'un nid de coucou*. Actuellement, cette pratique est très limitée et n'est utilisée que sur des patients présentant des troubles mentaux graves et après échec des traitements médicamenteux. Elle ne peut aujourd'hui se pratiquer qu'avec le consentement écrit du patient (ou de son entourage si sa dépression est trop sévère). On anesthésie le patient et on lui donne un relaxant musculaire avant d'administrer des impulsions électriques. Le cerveau est stimulé pendant 30 secondes environ, ce qui provoque une crise épileptiforme. Il n'y a pas de mouvement trop violent, car le traitement empêche les contractions musculaires. Cependant, même si la sismothérapie peut aider dans le cas de dépressions sévères, ses répercussions à long terme sont sujettes à débat. On ne sait pas si la mémoire s'en trouve affectée.

Sous le bistouri

Les avancées technologiques de ces trente dernières années ont beaucoup fait progresser la neurochirurgie. Mais celle-ci reste un acte lourd et qui exige de la part du praticien des nerfs d'acier et une main très sûre...

La chirurgie du cerveau est pratiquée par des équipes expérimentées composées d'un neurochirurgien, d'un neuroanesthésiste, d'infirmiers spécialisés et de techniciens. La salle d'opération est toujours la même : du coup, chacun connaît les mouvements de l'autre, un peu comme dans une équipe sportive.

Tout le monde sait que le titre de chirurgien se décroche au prix d'un investissement intellectuel intense, mais peu de personnes savent à quel point ce métier peut être physique. La plupart des opérations neurochirurgicales durent de 4 à 8 heures et il n'est pas rare qu'elles se prolongent jusqu'à 12 heures ou plus.

Un travail de spécialistes

L'issue des opérations neurochirurgicales dépend (et peut-être plus qu'aucune autre intervention) de la prise en charge pré- et postopératoire et des conditions de l'anesthésie. C'est d'ailleurs ce qui a conduit au développement de la neuroanesthésie comme spécialité médicale (les neuroanesthésistes sont formés aux maladies neurologiques). Les interactions médicamenteuses pendant et après l'opération, les manipulations du cerveau et la maladie en elle-même joue toutes un rôle décisif dans l'issue de l'opération.

L'utilisation de l'imagerie médicale pendant l'opération (CAT, IRM, et l'artériographie) a permis aux neurochirurgiens de traiter un certain nombre de lésions considérées auparavant comme inopérables. L'utilisation de techniques de monitoring comme l'électroencéphalogramme et la surveillance des potentiels évoqués a permis aux neurochirurgiens d'obtenir de meilleurs résultats et de réduire le taux de mortalité.

Une bonne préparation est indispensable

Comme vous le savez, le crâne est une boîte osseuse et rigide contenant le tissu cérébral, de l'eau, du liquide céphalo-rachidien et du sang. L'équilibre délicat entre ces substances doit être maintenu pendant la période préopératoire, pendant l'opération et en post-opératoire. Cela demande l'expertise de l'ensemble des praticiens.

Même la position du patient est cruciale pour équilibrer le flux sanguin dans les zones vitales du cerveau. Le contrôle de la pression intracrânienne avant et pendant l'opération est d'une importance capitale. Dans la plupart des opérations neurochirurgicales, on place la tête du patient dans une structure métallique fixée au crâne par des vis. Ce dispositif permet au neurochirurgien d'opérer sans craindre le moindre mouvement de la tête pendant l'opération.

Souvenez-vous qu'un certain nombre d'opérations neurochirurgicales sont réalisées alors que le patient est conscient (notamment les opérations corrigeant des convulsions intraitables par médicaments). C'est pourquoi toutes ces opérations sont faites selon une planification très stricte et après évaluation très poussée. Toutes les opérations du cerveau comportent des risques (paralysie, décès) qui ne doivent pas être pris à la légère.

Mais de grands progrès ont été faits ces dernières décennies pour diminuer le taux de mortalité et de morbidité grâce à de nombreuses découvertes techniques. L'avenir est porteur de grandes promesses.

Les traumas crâniens

Les opérations des traumas crâniens sont les plus fréquentes. Elles vont de la simple élévation d'une fracture du crâne déprimée (enfoncée à l'intérieur) à la réparation d'une fracture sévère de la face impliquant les sinus, avec hémorragie intracérébrale. Cette opération exige l'intervention de plusieurs chirurgiens et spécialistes. Elle peut nécessiter le retrait et l'assemblage de fragments d'os, des greffes de peau, l'évacuation de caillots sanguins et de tissu cérébral mort, le contrôle d'hémorragies artérielles ou veineuses et la réparation d'un ou de plusieurs nerfs crâniens.

L'apparition de caillots sanguins entre le cerveau et son enveloppe est un problème fréquent après une blessure à la tête. C'est ce qu'on appelle un hématome sous-dural. Le drainage et l'évacuation de l'hématome s'effectuent la plupart du temps en passant par de petits trous dans le crâne.

Dans cette opération, le chirurgien incise la peau sur quelques centimètres de chaque côté de la zone où se trouve l'hématome, puis il utilise une perceuse (et oui !) pour pratiquer des ouvertures dans le crâne. Ensuite, il ouvre la dure-mère pour drainer l'hématome avec un aspirateur. Les trous dans l'os crânien sont recouverts de plastique ou laissés tels quels. La peau est enfin suturée. Dans beaucoup de cas, cette opération sauve la vie.

Remue-méninges

Les opérations les plus compliquées impliquant des blessures multiples sont généralement pratiquées au milieu de la nuit. C'est à ce moment-là que surviennent les accidents de la route les plus graves et les blessures par balle.

Un cas clinique. Un lycéen de 18 ans est amené inconscient aux urgences, après un accident de voiture à 3 heures du matin. Il est dans le coma et sent fortement l'alcool. Il a une fracture multiple de l'os frontal et du liquide cérébro-spinal s'échappe d'une blessure au-dessus de son œil droit. Il est opéré en urgence. On retire un caillot sanguin dans le lobe frontal droit. La poignée du levier de vitesse est retrouvée dans le cerveau et retirée prudemment. La dure-mère ayant été déchirée au moment de l'accident, une greffe est pratiquée (de plus en plus, on utilise des greffons artificiels). Le patient se réveille une heure après l'opération, mais développe une infection cérébrale (due à la poignée du levier, souillée) qui provoque un abcès cérébral. Une nouvelle intervention est entreprise. Après quelques mois, une plaque de plastique va venir remplacer les fragments osseux retirés pendant la première opération. Un an plus tard, le patient est en bonne santé.

L'hydrocéphalie

Cet état se caractérise par un excès de liquide et une hypertrophie des ventricules cérébraux. Elle apparaît pendant les premiers mois de la vie et elle est souvent diagnostiquée à la naissance.

Pour traiter l'hydrocéphalie, le chirurgien pratique une petite ouverture dans le crâne, au-dessus et derrière l'oreille droite. Il glisse un tube en plastique dans le cerveau jusqu'au ventricule, puis pratique un tunnel sous la peau depuis l'incision du crâne jusqu'à une petite incision dans l'abdomen. Il glisse enfin l'autre extrémité du tube en plastique dans la cavité abdominale. Cette opération permet une dérivation du liquide cérébro-spinal vers la cavité abdominale, prévenant l'augmentation de la pression intracrânienne et le développement anormal de la tête.

Les anomalies crâniofaciales

Cette maladie infantile se caractérise par une configuration anormale du crâne et de la face. Certains de ces états sont provoqués par une fermeture prématurée des fontanelles (espaces membraneux séparant les os du crâne et qui permettent sa croissance normale).

Pour obtenir le meilleur résultat, il faut intervenir rapidement après la naissance. Dans la plupart des cas, le but de l'opération est surtout de limiter la déformation crânienne (le traitement précoce protège l'enfant de graves malformations faciales qui peuvent être difficiles à vivre), mais l'intervention est indispensable dans certains états qui peuvent conduire à des déficits neurologiques conséquents et/ou à un retard mental, surtout en cas d'hydrocéphalie associée.

L'opération nécessite plusieurs incisions pour ouvrir les fontanelles prématurément fermées, retirer de l'os et permettre l'avancement d'autres os, notamment le socle osseux de l'œil (l'orbite). Ces dernières années, ces opérations ont été pratiquées par des équipes incluant un chirurgien plasticien, un chirurgien ORL (oreilles, nez, gorge) et un neurochirurgien. Les résultats se sont sans cesse améliorés et de plus en plus de chirurgiens plasticiens s'intéressent au problème.

Les tumeurs cérébrales

La chirurgie des tumeurs bénignes (tumeur pituitaire, neurinome de l'acoustique, méningiome) commence avec l'ablation complète de la tumeur. Avant l'opération, les médecins localisent la tumeur au moyen d'un CAT-scanner ou d'une IRM. Cette localisation dicte la façon dont l'opération sera menée.

Dans le cas d'une tumeur maligne (astrocytome ou glioblastome) ou de tumeur métastasique, l'ablation est généralement impossible, parce que ces tumeurs infiltrent les tissus avoisinants, atteignant certaines parties vitales du cerveau. Toutefois, certaines avancées récentes permettent aux neurochirurgiens de retirer de plus grandes parties des tumeurs avec moins de décès, grâce, notamment, à l'utilisation de bras robotisés pour certains gestes chirurgicaux et le recours à l'IRM pendant l'opération.

Les tumeurs pituitaires

On atteint les tumeurs pituitaires en pratiquant une incision au-dessus des dents de la mâchoire supérieure, à l'intérieur de la bouche, *via* la cavité nasale. En utilisant un microscope opératoire, le neurochirurgien peut atteindre la glande pituitaire dans la cavité crânienne en passant derrière le nez, à travers le sinus sphénoïde et une fine sangle osseuse. La tumeur peut alors être retirée par succion et quelques points de suture referment l'incision. Cette procédure permet de retirer la tumeur sans ouvrir le crâne.

Un cas clinique. Une femme de 29 ans souffre d'une aménorrhée (arrêt des règles) depuis six mois alors qu'elle ne peut pas avoir d'enfant. Une légère sécrétion de lait la pousse à consulter son gynécologue. L'examen approfondi ne décèle aucun signe pelvien, mais les analyses en laboratoire révèlent des anomalies hormonales. Une IRM montre la présence d'une tumeur pituitaire. La tumeur est retirée, les règles reviennent et, dix-huit mois plus tard, la jeune femme est enceinte.

Le neurinome de l'acoustique

Cette opération requiert l'intervention conjointe d'un neuro-otologiste et d'un neurochirurgien. Le neurinome de l'acoustique est une tumeur bénigne à la base du cerveau, dans l'angle entre le cervelet et le tronc cérébral. Le but de l'opération est de préserver le nerf facial et l'audition, si celle-ci est jugée bonne après le passage d'un audiogramme. En cas de perte de l'audition, la tumeur est atteinte par une incision derrière l'oreille et en perçant un trou à travers les cellules mastoïdiennes au moyen d'une perceuse à diamant. De cette manière, on peut enlever facilement de petites tumeurs.

De grosses tumeurs, ou n'importe quelle tumeur risquant d'affecter l'audition, seront retirées à travers ce qu'on appelle la fosse postérieure. Le chirurgien fait une ouverture dans le crâne au-dessus du cervelet et atteint la tumeur par le côté et le dessous. Cette technique permet de préserver le nerf facial et l'audition dans la plupart des cas. La couverture au-dessus du cervelet est réparée et le bout d'os enlevé peut être remplacé ou non. Les muscles du cou incisés pour accéder au crâne sont ensuite suturés, tout comme la peau.

Un cas clinique. Un homme de 44 ans souffre d'une perte d'audition dans l'oreille droite, mais ne se plaint pas d'autres troubles. Son médecin l'adresse à un otologiste (spécialiste des problèmes d'audition) et l'examen révèle une perte d'audition de 50 % à droite et une audition normale à gauche. Une IRM fait apparaître une petite tumeur (moins de 2 cm) à l'angle onto-cérebelleux, ce qui est compatible avec l'hypothèse d'un neurinome de l'acoustique bénin. Conjointement, un neurochirurgien et un neuro-otologiste retirent complètement la tumeur. L'audition du patient est préservée et la légère paralysie faciale postopératoire disparaît en quelques mois.

Les méningiomes

Dans le cas de méningiome de la partie frontale du cerveau, le chirurgien incise derrière la ligne des cheveux et retourne le cuir chevelu pour accéder au crâne. En utilisant une perceuse à haute vitesse (à air comprimé ou électrique), il pratique une petite ouverture dans le crâne. Il utilise alors une scie mécanique pour retirer une portion du crâne, sans déchirer l'enveloppe du cerveau (dure-mère). La taille de la partie du crâne retirée dépend de la taille de la tumeur sous-jacente. L'enveloppe du cerveau est ensuite ouverte, exposant la surface cérébrale. Pendant le reste de l'opération, le chirurgien utilise un microscope pour mieux voir. La tumeur est retirée au moyen d'un aspirateur à ultrasons ou d'un laser, en faisant attention à ne pas endommager les tissus cérébraux avoisinants ou d'importants vaisseaux sanguins. Le chirurgien recoud l'enveloppe du cerveau et replace la portion d'os crânien. L'opération prend fin avec la suture de la peau et un bandage stérile.

Un cas clinique. Un homme de 37 ans consulte son médecin pour des maux de tête croissants depuis les six derniers mois et parce que sa femme remarque des changements dans sa personnalité. La simple auscultation ne donne rien, mais un examen neurologique révèle un léger trouble de l'élocution et une faiblesse minime du bras droit et de la jambe droite. L'IRM révèle une grosse tumeur dans le lobe frontal gauche. Une artériographie cérébrale montre les artères irriguant la tumeur et l'aspect typique d'un méningiome bénin. La tumeur du patient est complètement retirée et il se rétablit parfaitement.

Les tumeurs métastasiques

Le traitement chirurgical des tumeurs métastasiques présente des difficultés spécifiques. Dans la plupart des cas, si l'imagerie médicale révèle la présence de tumeurs multiples, l'excision chirurgicale n'est pas indiquée. Les patients seront traités par radiothérapie et chimiothérapie. Si on trouve une tumeur isolée dans une zone du cerveau contrôlant le langage ou une fonction motrice, elle peut être retirée chirurgicalement. Dans tous les cas, on doit tenter de trouver le site de la tumeur primaire (organe d'origine de la métastase cérébrale) afin de traiter cette zone.

> **Gagnez des points de Q.I.**
>
> Beaucoup des tumeurs peuvent être traitées au moyen d'un couteau gamma. Cette technique non invasive (pas d'incision de la peau ni d'ouverture du crâne) irradie la tumeur de manière très localisée en n'entraînant que très peu d'effets sur le tissu cérébral adjacent. Vous vous demandez sans doute pourquoi on ne traite pas toutes les tumeurs au scalpel gamma. Ttout simplement parce qu'elles ne répondent pas toutes à ce type de traitement.

Un cas clinique. Un homme de 56 ans remarque, en trois semaines, une faiblesse de plus en plus marquée dans son bras gauche. À la suite d'une crise d'épilepsie de type « Grand Mal », il est transporté aux urgences où on observe une paralysie du bras gauche, mais l'homme est tout à fait alerte une fois la crise terminée. L'IRM révèle cependant une tumeur dans une aire motrice de l'hémisphère cérébral droit. On initie un traitement par stéroïdes (pour réduire l'enflement cérébral) et un traitement anticonvulsif (pour prévenir d'autres crises). Une opération est programmée pour le lendemain.

Lors de l'opération, une grosse tumeur est trouvée à 1 cm de la surface du cerveau. On retire à peu près 90 % de la tumeur, mais le reste est infiltré profondément dans des zones vitales. On pratique une biopsie qui révèle un glioblastome « multiforme hautement malin » (forme maligne de la tumeur). Il n'y a pas de complications postopératoires et le patient récupère assez bien au niveau du bras. Il commence ensuite une radiothérapie et une chimiothérapie. Malheureusement, la tumeur réapparaît au bout de quatorze mois et le patient décède.

Anévrismes et malformations artérioveineuses

Les anévrismes (formation d'une petite poche sur la paroi affaiblie d'une artère) peuvent être opérés. Dans la plupart des cas, le but est d'empêcher le sang d'affluer dans la bulle. Cela peut être réalisé en isolant l'anévrisme de l'artère au moyen d'un clip métallique (sorte de pince à linge) à la base de la pche. Une malformation artérioveineuse, amas d'artères et de veines, peut être retirée en utilisant les mêmes techniques que pour retirer les tumeurs cérébrales. Les anévrismes et les malformations artérioveineuses peuvent aussi être traités par embolisation (insertion d'un corps étranger dans le vaisseau sanguin pour bloquer le flux sanguin), avec de petits ressorts, de petits ballons détachables ou une sorte de colle. Dans certains cas, les malformations artérioveineuses peuvent être traitées au couteau gamma.

> **Faites le 15 !**
>
> Si vous soufflez dans une vieille chambre à air et qu'elle présente un point faible, une sorte de bulle apparaîtra : c'est à cela que ressemble un anévrisme. On ne retire pas les anévrismes très souvent, car cela laisserait un trou dans le vaisseau sanguin, ce qui provoquerait une hémorragie mortelle.

Pour réaliser une embolisation, une équipe composée d'un neurochirurgien et d'un neuroradiologiste place un tube en plastique dans une artère de la cuisse. Sous contrôle par rayons X, le tube est conduit à l'aorte de l'abdomen puis à l'artère carotide pour arriver dans l'artère cérébrale où se trouve l'anomalie (anévrisme ou malformation artérioveineuse).

Très rarement, cette opération peut avoir des complications, notamment un AVC se concluant par une paralysie ou par la mort. Cette opération ne doit être réalisée que dans des centres dont les équipes sont spécialement formées et où exercent des spécialistes aptes à prendre en charge les complications éventuelles.

Un cas clinique. Une femme de 24 ans est conduite aux urgences par son ami parce qu'elle souffre d'un mal de tête atroce survenu pendant un rapport sexuel. La douleur ne faiblit pas. La jeune femme se plaint également de raideur de la nuque et de somnolence. L'IRM est normale, mais la ponction lombaire révèle la présence de sang dans le liquide cérébro-spinal. Une artériographie réalisée en urgence montre la présence d'un anévrisme dans la portion cérébrale de l'artère carotide interne. Les médecins ont l'intuition que l'anévrisme s'est rompu, d'où le mal de tête et la présence de sang dans le liquide cérébro-spinal. La patiente est opérée le matin suivant : on place un clip métallique à la base de l'anévrisme, l'isolant ainsi de la circulation cérébrale et empêchant tout nouveau saignement. La patiente se rétablit sans difficultés après ce qui est généralement considéré comme une opération chirurgicale à hauts risques.

Traiter les attaques cérébrales

Le traitement chirurgical des attaques cérébrales est de trois types :
- la prévention
- l'évacuation en urgence d'un caillot sanguin
- la revascularisation (permettant au sang d'affluer vers la région qui en a été privée)

La cause de la plupart des attaques cérébrales est une embolie (caillot), qui provient d'une plaque d'athérome dans l'artère carotide. Ce caillot bloque l'artère à un certain point dans le cerveau, provoquant la mort des neurones dans cette zone (infarctus cérébral).

Plusieurs interventions peuvent être pratiquées à titre préventif. L'endartériectomie de la carotide implique une incision dans le cou à mi-chemin entre le menton et l'épaule.

Les muscles de la nuque sont poussés sur le côté pour dégager l'artère carotide, qui se signale par sa pulsation. Le flux sanguin dans l'artère est temporairement stoppé au moyen d'un tourniquet placé autour de l'artère. On ouvre ensuite l'artère, on retire la plaque d'athérome et on débloque l'artère. Imaginez un tuyau d'arrosage avec un caillou dedans : le caillou empêche l'eau de passer ; quand on enlève le caillou, l'eau circule à nouveau. Une fois que l'artère est dégagée, on remet les muscles du cou à leur place et on recoud la peau.

En cas d'attaque aiguë, quand un scanner révèle la présence d'un gros hématome intracérébral (caillot sanguin), on conseillera une intervention si le patient présente des signes d'augmentation de la pression intracrânienne. Le caillot sanguin est enlevé avec les mêmes techniques que pour les tumeurs cérébrales.

La revascularisation est une procédure qui restaure le flux sanguin dans une zone privée d'irrigation. Cette opération consiste à connecter l'artère extracrânienne (artère temporale superficielle en face de l'oreille) à une branche de l'artère cérébrale moyenne sur la surface du cerveau. Cette procédure est utilisée chez des patients présentant un AIT (accident ischémique transitoire) ou un AIR (accident ischémique régressif) et qui n'ont pas de rétrécissement avéré (sténose) de la carotide provoquée par une plaque d'athérome.

Garder espoir

Grâce aux progrès de la médecine et de la chirurgie, il est souvent possible de diminuer certains troubles et de parfois même de guérir la maladie. On traite aujourd'hui beaucoup de lésions et de troubles cérébraux qui autrefois causaient un handicap permanent ou provoquaient la mort. Pour autant, il ne faut pas confondre traitements et remèdes. Les traitements peuvent réduire des symptômes, tandis que les remèdes peuvent vous protéger d'une maladie ou en inverser les effets. Le médecin le plus compétent et la technologie la plus sophistiquée sont incapables de remédier à tout. Certaines tumeurs et maladies du cerveau, comme la maladie de Creutzfeldt-Jakob, restent malheureusement fatales. La médecine progresse chaque jour, mais ce serait indécent de prétendre que tous les traitements décrits dans ce chapitre remédient à coup sûr à toutes les maladies liées au cerveau.

Un soutien de l'entourage est souvent un gage d'amélioration. Il vous encourage à suivre les traitements prescrits quand la maladie se déclare et à vous accrocher quand vous découragez. Si tout ne se résout pas par la seule volonté, sachez aussi qu'une attitude positive et battante peut contribuer à faire reculer certaines atteintes ou à leur faire marquer le pas. Même si ce n'est pas facile, on peut apprendre à vivre mieux avec la maladie et chaque répit est toujours un peu de temps gagné.

Ce qu'il faut retenir

→ La science médicale ne peut guérir toutes les maladies, mais les progrès récents élargissent le champ des guérisons possibles et favorise la résorption de nombreux symptômes.

→ Il existe une grande variété d'approches psychologiques efficaces pour traiter les troubles mentaux.

→ Pendant des siècles, une intervention chirurgicale sur le cerveau équivalait à une condamnation à mort. Les techniques modernes ont fait de la plus complexe des opérations du cerveau une procédure relativement sûre.

Chapitre 23

Un avenir chargé de promesses

Dans ce chapitre

→ C'est dans les gènes

→ Questions éthiques

→ Faites entrer les clones

→ La réalité dépasse la fiction

Voilà que nous touchons au terme de notre voyage dans le cerveau. Un voyage parfois complexe, parfois inquiétant, parfois troublant... Nous espérons que vous n'avez pas attrapé mal à la tête et que toutes vos nouvelles connaissances ne vont pas vous conduire à vous inquiéter à tort...

Chaque jour les chercheurs en connaissent davantage sur le fonctionnement du cerveau. En quelques années, on en a appris bien plus qu'en plusieurs siècles. Si les financements de la recherche sont suffisants, si l'engagement dans ce domaine se maintient et si nous avons assez de flair et de chance, cette progression exponentielle des connaissances devrait continuer.

Les conceptions anciennes et les idées développées dans les premiers stades de la recherche sur le cerveau peuvent paraître naïves et absurdes aujourd'hui. Mais il faut savoir rester humble, car nos propres conceptions sembleront un jour archaïques et seront considérées avec une égale incrédulité. Mais que cela ne vous empêche pas de découvrir en quelques pages les principales avancées récentes dans la recherche sur le cerveau...

Du génie dans les gènes

En février 2001 ont paru les premières analyses du **génome humain** et le séquençage complet de l'ADN du génome humain a été achevé en 2003. Le projet a donné de l'espoir aux chercheurs qui croient en un support génétique des maladies mentales et des troubles physiques du cerveau et la communauté scientifique rêve de pouvoir identifier les gènes responsables des maladies dégénératives comme l'Alzheimer, aussi bien que des troubles mentaux comme la schizophrénie et la dépression.

L'étude du génome humain offre de nombreuses pistes passionnantes pour le traitement des maladies. Par exemple, la thérapie génique intervient sur les gènes responsables des maladies. Le problème est que, en l'état actuel, les scientifiques ne comprennent la fonction que d'un nombre restreint de gènes parmi les 30 000 à 35 000 qui composent notre génome. De plus certaines maladies impliquent le dysfonctionnement de plusieurs gènes.

> **Le jargon de la science**
>
> Le **génome humain** correspond à l'ensemble du matériel génétique d'un individu. Les gènes sont des séquences d'ADN qui contiennent l'information nécessaire à la synthèse des protéines. Celles-ci déterminent à quoi nous ressemblons, comment nous nous défendons d'une infection et, dans une certaine mesure, comment nous nous comportons.

L'un des rejetons de la recherche génétique est la pharmacogénétique. C'est l'étude de l'influence du patrimoine génétique sur la réaction du corps aux médicaments. Selon cette discipline, les médicaments pourraient être personnalisés pour correspondre au patrimoine génétique d'un individu. De puissants traitements pourraient ainsi être développés. Même si la thérapie génétique a été fortement médiatisée, cette technique est encore balbutiante et en est à un stade expérimental, avec peu de projets de recherches incluant des sujets humains.

Les débats éthiques de la science moderne

Plus les chercheurs progressent dans le développement de nouvelles technologies, plus ils soulèvent de débats éthiques. Si vous avez vu le film *Jurassic Park*, souvenez-vous de la remarque du mathématicien incarné par Jeff Goldblum, qui constate que les scienti-

Un avenir chargé de promesses **Chapitre 23** 319

fiques se focalisent tellement sur ce qu'ils *peuvent faire* pour faire revivre les dinosaures qu'ils ne se posent jamais la question de savoir s'ils *devraient le faire*. Dans le film, la réponse à cette question morale est clairement non.

Aujourd'hui, une foule de comités de lecture passent en revue les articles scientifiques et les examinent d'un point de vue éthique. L'éthique médicale est devenue une discipline à part entière dans la seconde moitié du xxe siècle. De nos jours, les répercussions éthiques de n'importe quelle découverte scientifique sont débattues publiquement.

Prenons un exemple. En février 2002, une équipe médicale de Chicago a annoncé qu'il était possible d'utiliser des tests génétiques sophistiqués sur des ovocytes humains pour donner naissance à un enfant exempt de tout risque de développer la maladie d'Alzheimer en cas d'antécédents familiaux. Cette annonce a soulevé un tollé, beaucoup de gens redoutant que ce type de découverte ne conduisent à terme à « fabriquer » des bébés selon des caractéristiques choisies à l'avance par les parents. Il ne resterait plus qu'à cocher les cases... La question fait débat et on n'est pas prêt de conclure sur le sujet. De toute façon, en dépit des lois de bioéthique ou des avis des comités de vigilance, il y aura toujours des scientifiques prêts à aller plus loin.

Outre la question de savoir si on peut, sur le plan éthique, poursuivre les recherches, beaucoup se demandent aussi quelle utilisation peut être faite à terme de certaines découvertes. Car la science, si elle peut améliorer la vie, peut aussi la rendre plus précaire. Le nucléaire, par exemple, a de nombreuses applications bénéfiques, mais a également généré de nouveaux risques, du traitement des déchets radioactifs à la menace d'une guerre sans précédent. En cherchant à mettre au point certains remèdes, les scientifiques pourraient bien découvrir de nouvelles maladies sans remèdes... Les recherches financées par le gouvernement américain sur les armes biologiques ont produit des agents pathogènes dont certains, spécifiquement dirigés contre le système nerveux, entraînent la maladie ou la mort.

Parfois, les nouveaux traitements ne marchent pas ou sont pires que le mal. Par exemple, un vaccin prometteur a été découvert pour arrêter les effets d'une forme de la maladie d'Alzheimer chez les souris. Les essais cliniques sur des êtres humains ont dû être interrompus d'urgence quand plusieurs volontaires ont développé une inflammation cérébrale.

> **Faites le 15 !**
>
> Le test génétique de dépistage précoce de la maladie d'Alzheimer ne peut pas être utilisé pour la forme commune de la maladie parce qu'aucun gène n'a été identifié comme responsable de ce trouble. Les scientifiques ont en revanche découvert une anomalie génétique associée à la forme rare d'Alzheimer, qui touche les personnes entre 30 et 40 ans.

À la source

L'utilisation de cellules souches constitue aujourd'hui un domaine de recherche potentiellement révolutionnaire et hautement controversé. Une cellule souche a le pouvoir de se développer en n'importe quelle cellule du corps humain et peut se multiplier, fournissant une source continue de cellules. Les cellules souches sont produites pendant la vie embryonnaire. Non spécialisées, elles produisent des centaines de types différents de neurones. De nombreux chercheurs pensent que les cellules souches ont le pouvoir de créer de nouveaux organes, de remplacer ou réparer les cœurs malades, les foies et peut-être même les cerveaux.

> **Remue-méninges**
>
> Pendant longtemps, personne ne savait que les cellules souches étaient actives dans le cerveau adulte. Nous savons maintenant qu'elles sont actives dans l'hippocampe.

La plupart des études utilisent aujourd'hui des cellules de rat. Dans une étude publiée début 2002, les cellules souches de rat ont été injectées dans le cerveau d'un animal présentant des symptômes d'une maladie de Parkinson. Une fois en place, elles se sont transformées en neurones produisant de la dopamine, le neurotransmetteur qui fait défaut dans la maladie de Parkinson. S'il faut garder à l'esprit qu'il existe un fossé entre l'expérimentation sur des animaux et son application aux êtres humains, cette étude reste pour l'heure l'une des plus prometteuse concernant le pouvoir des cellules souches.

Encore une controverse

Mais l'utilisation des cellules souches est controversée, car les embryons dont elles proviennent sont potentiellement des êtres à part entière et le prélèvement des cellules souches entraîne la mort de l'embryon. Au terme de la nouvelle loi bioéthique (2004), les embryons surnuméraires issus de la fécondation *in vitro* et ne faisant plus l'objet d'un projet parental ne peuvent plus être utilisés pour des recherches scientifiques.

Un débat virulent fait rage sur la question des cellules souches. L'argument avancé par ceux qui défendent ces recherches est que ces embryons sont voués à la destruction et que les expérimentations représentent un espoir pour des avancées médicales majeures. Les opposants disent que les recherches sur les cellules souches détruisent la vie humaine et qu'elles sont donc, à ce titre, éthiquement injustifiables. La plupart des cellules souches proviennent d'embryons abandonnés suite à des conceptions médicalement assistées ou à des avortements, ce qui a relancé le débat sur l'IVG dans certains pays. Et la situation s'est encore compliquée quand ont été créés des embryons spécifiquement destinés à la recherche...

Hello Dolly !

En 1997, une brebis née dans un laboratoire écossais a surpris le monde scientifique et provoqué une controverse animée sur les dangers de défier la nature. Car Dolly n'est pas le produit de la rencontre entre un spermatozoïde et un œuf. Son matériel génétique provient de cellules de culture prélevées sur une brebis adulte. Dolly est donc un clone (une réplique génétique) de la brebis donneuse. Les scientifiques avaient cloné d'autres animaux avant elle, mais Dolly est le premier mammifère à avoir été cloné à partir d'un spécimen adulte. Son existence soulève la possibilité théorique de cloner un jour un être humain.

La question du clonage est l'une des questions les plus controversée. Nous savons cloner beaucoup d'organismes vivants. Toutefois, même avant l'annonce du premier clonage réussi d'une brebis, des questions étaient soulevées sur la pertinence à poursuivre ces recherches et sur les limites qu'on devait leur fixer. Pour beaucoup, la ligne à ne pas franchir est celle du clonage humain. De nombreux gouvernements ont pris des dispositions pour interdire ce type d'expérimentation, mais il n'est pas dit que les scientifiques s'en tiennent là...

D'ailleurs, le clonage ouvre de nombreuses voies à la science médicale. Par exemple, la modification des gènes d'animaux permettrait d'utiliser leurs organes pour des implants chez les humains. On pourrait aussi créer des animaux pourvus de défauts génétiques destinés à la recherche thérapeutique (projet très impopulaire pour tous les défenseurs des animaux !) ou cloner des cellules destinées au traitement de maladies comme celle de Parkinson. Le clonage permettrait également de développer pour le bétail des fourrages dépourvus du gène qui expose à la maladie de la vache folle.

Les limites du clonage

Il y a donc un potentiel énorme. Cependant, indépendamment des questions éthiques, les scientifiques n'en savent pas encore assez sur le génome humain pour le manipuler. De plus, le processus de clonage est imparfait et le taux de succès reste très bas : il a fallu pas moins de 276 essais pour que Dolly existe... D'ailleurs la pauvre Dolly a commencé à souffrir d'arthrite alors qu'elle avait à peine 5 ans et les chercheurs qui l'ont cloné ont avoué qu'elle avait une singulière tendance à vieillir prématurément... Pour finir, elle a été euthanasié en 2003 en raison de ses problèmes d'arthrite et de difficultés respiratoires. On débat toujours sur la question de savoir si c'est le clonage qui est en cause ou si Dolly était simplement une brebis fragile !

Deep Blue

L'intelligence artificielle est un champ de recherche dédié à la création de machines qui ont les qualités du cerveau humain : l'intelligence, la créativité et la perception. On construit aujourd'hui des robots et des ordinateurs de plus en plus sophistiqués et Deep Blue, conçu par IBM, est sans doute le plus célèbre : c'est lui qui a battu Gary Kasparov aux échecs.

Le champ d'investigation sur les neuroprothèses est encore plus intéressant. Il implique des recherches sur la restauration des fonctions neurales en utilisant des moyens artificiels. Par exemple, des implants peuvent créer des chemins alternatifs pour l'information en cas de lésion. Les implants cochléaires, qui pallient à une audition endommagée, sont un exemple de ce type d'appareillage. Il en va de même pour les électrodes implantées dans le cerveau des malades parkinsoniens. D'autres chercheurs espèrent rendre la vue à des aveugles par le biais d'électrodes mises en place dans le cortex visuel.

En mars 2002, une expérience a retenu l'attention des médias. Elle a consisté à implanter des électrodes dans le cortex moteur de singes, ce qui a permis aux chercheurs de convertir l'influx neural en signal électrique. Les singes ont été ensuite entraînés à utiliser une souris sur un écran d'ordinateur. Une fois les électrodes implantées, la souris a été désactivée et les scientifiques ont alors constaté que les singes étaient capables de faire bouger le curseur par la pensée. Quand les singes se sont rendu compte qu'ils n'avaient pas besoin d'utiliser leur main pour bouger le curseur, ils ont utilisé de moins en moins la souris et activé le curseur par la pensée. Une expérimentation plus récente est allée encore plus loin puisque des singes ont réussi à commander par la pensée des bras-robot, ce qui a leur permis de saisir des aliments pour les manger. Une des applications possibles de cette expérience serait de rendre possible à des personnes paralysées le contrôle par la pensée de certaines parties robotisées de leur corps.

Un nouveau cerveau ?

Aujourd'hui les médecins peuvent transplanter des poumons, des foies, des cœurs et des pancréas, mais personne n'a trouvé le moyen de transplanter un cerveau. Ce qui ne

> **Gagnez des points de Q.I.**
>
> L'idée de combiner les humains et les machines a longtemps été un sujet de science-fiction. Dans le film *A.I. Intelligence artificielle*, de Steven Spielberg, des robots réalistes font partie de la société et il est possible d'en créer un doué d'émotions humaines. Dans le film *Matrix*, les humains sont pourvus de connexions à la base du crâne qui leur permettent d'être reliés à un ordinateur.

signifie pas que ce soit impossible. La difficulté consiste à établir les connexions pour que tout fonctionne. Une procédure extrêmement compliquée à cause de l'intrication des relations entre le cerveau, le tronc cérébral et la moelle épinière, sans parler des milliards de liaisons neuronales.

En revanche, les chercheurs ont réussi à transplanter des neurones. Les essais initiaux ont été effectués sur des patients souffrant d'AVC. Mais ces neurones pourraient aussi être utilisés dans le traitement des traumatismes crâniens, de la maladie de Parkinson et de lésions de la moelle épinière. Les scientifiques essayent de résoudre la difficulté induite par le fait que le cerveau est doté d'un certain nombre de barrières qui empêchent la régénération ou la transplantation des cellules nerveuses.

Des chercheurs ont déjà réussi l'implantation de cellules souches dans le cerveau. Cet essai ouvre de nouveaux espoirs, car les cellules souches implantées pourraient aider au remplacement de gènes manquants ou défectueux dans le cas de maladies neurodégénératives ou suite à des lésions graves du cerveau ou de la moelle épinière.

De nous à vous

Nous approchons le terme de notre exposé sur le cerveau. Si votre curiosité est aussi insatiable que la nôtre, vous aurez envie d'en savoir plus, même s'il vous faut lire des ouvrages beaucoup plus difficiles que celui-ci.

Ne culpabilisez pas si vous ne vous souvenez pas de tout ou si vous n'avez pas tout compris. Glissez ce livre dans votre bibliothèque et vous pourrez toujours y revenir quand vous en aurez envie.

Gagnez des points de Q.I.

Dans les années 1970, le professeur Robert White de Cleveland a réussi à transplanter la tête d'un singe sur le corps d'un autre. Cette opération controversée fut taxée d'expérience folle sans intérêt médical. White a affirmé que l'opération était la suite logique des greffes cardiaques, également contestées à l'époque. Il a également avancé que les personnes paralysées ou handicapées pourraient bénéficier de telles transplantations. Mais White, tout comme les chercheurs qui ont prolongé ses travaux, ont échoué à rétablir les connexions entre certaines artères et veines importantes qui auraient permis au singe coiffé d'une nouvelle tête de bouger.

Nous espérons que vous avez pris autant de plaisir à le lire que nous en avons eu à l'écrire. Le cerveau est un organe fascinant et extraordinaire qui demeure encore mystérieux. Un jour, peut-être, plus rien de ce qui le concerne ne nous restera inconnu. Nous referons alors ce livre et partagerons avec vous ces nouvelles découvertes. En attendant, continuez d'utiliser votre cerveau, car il peut vous être utile.

Ce qu'il faut retenir

→ Nous avons beaucoup appris sur le cerveau au cours des dernières décennies. Mais il est à peu près certains que les générations futures découvriront que nous avons aussi fait des erreurs.

→ L'analyse du génome humain peut nous aider à découvrir les causes des maladies et à mettre au point des traitements adaptés.

→ Les évolutions de la science et les progrès qui en découlent se heurtent quand même à un problème éthique : certaines choses sont devenues possibles à réaliser, mais avons-nous moralement le droit de les réaliser ? Ce débat est au cœur des recherches en biotechnologie.

→ Si nous sommes encore loin de réussir une greffe du cerveau, la transplantation de cellules souches a déjà pu être réalisée, ce qui ouvre de nouveaux espoirs dans le traitement de certaines maladies neurodégénératives.

Un avenir chargé de promesses Partie 2

1 – Quel examen permet de prélever du liquide cérébro-spinal ?
❏ **A** - la ponction lombaire
❏ **B** - la biopsie
❏ **C** - l'endoscopie

2 – L'électroencéphalogramme est l'appareil de mesure le plus efficace pour le diagnostic de...
❏ **A** - l'épilepsie
❏ **B** - la sclérose en plaques
❏ **C** - la tumeur au cerveau

3 – Dans quelle zone du cerveau ne pratique-t-on pas de biopsie ?
❏ **A** - le tronc cérébral
❏ **B** - l'aire du langage
❏ **C** - l'aire motrice

4 – Quel est l'avantage de la TEP par rapport aux autres techniques d'imagerie ?
❏ **A** - elle est moins onéreuse
❏ **B** - elle est plus rapide
❏ **C** - elle est sans danger

5 – Qu'opère-t-on le plus fréquemment ?
❏ **A** - les traumatismes crâniens
❏ **B** - les méningiomes
❏ **C** - les anévrismes cérébraux

6 – La revascularisation sert à...
❏ **A** - augmenter le taux d'oxygène dans le sang
❏ **B** - restaurer le flux sanguin dans une zone qui en a été privée
❏ **C** - éliminer un caillot dans une artère

7 – Quel programme de recherche récent offre de nombreuses pistes et de nombreux espoirs pour le traitement des maladies ?
❏ **A** - l'étude des facteurs environnementaux
❏ **B** - l'étude des micro-organismes
❏ **C** - l'étude du génome humain

8 – Quand les cellules souches sont-elles produites ?
❏ **A** - lors de la vie embryonnaire
❏ **B** - depuis la naissance jusqu'à l'âge de 12 ans
❏ **C** - tout au long de la vie

9 – Qu'est-il possible de transplanter à l'heure actuelle ?
❏ **A** - des cellules souches
❏ **B** - des neurones
❏ **C** - des cerveaux

10 – Quels muscles le nerf hypoglosse contrôle-t-il ?
❏ **A** - les muscles du cou
❏ **B** - les muscles de la langue
❏ **C** - les muscles des oreilles

Réponses

1 : A - 2 : A - 3 : A, B et C
4 : C - 5 : A - 6 : B - 7 : C
8 : A - 9 : A et B

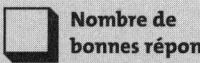 **Nombre de bonnes réponses**

Si vous n'avez au moins 6 bonnes réponses, faites quelques révisions !

Annexe A

Glossaire

Acupuncture. Méthode très ancienne de guérison développée en Extrême-Orient et qui consiste à implanter de très fines aiguilles dans des points spécifiques du corps pour traiter différentes affections.

Addiction. Usage compulsif d'une substance (drogue, alcool...) en dépit de ses conséquences nocives.

ADN. Acronyme d'« acide désoxyribonucléique », qui désigne les acides nucléiques qui forment une double hélice et qui sont le support moléculaire de l'hérédité.

Antiseptiques. Substances qui préviennent ou arrêtent le développement de micro-organismes.

Aromathérapie. Les huiles essentielles extraites des plantes sont utilisées pour soigner toute une variété de troubles. On utilise ces substances aromatiques par massage et par inhalation.

Asepsie. Méthode systématique d'élimination des micro-organismes nuisibles, de sorte qu'ils ne pénètrent jamais dans la salle d'opération.

Aura. Phénomène subjectif ou sensation marquant le début d'une crise d'épilepsie. Cette sensation peut être auditive (entendre des sons étranges), visuelle (voir des choses étranges) ou motrice (bouger de manière étrange) ou gastro-intestinale (ressentir des douleurs abdominales).

Biopsie. Prélèvement et examen de tissus, de cellules ou de liquides du corps.

Capillaire. Microscopiques vaisseaux sanguins qui forment un réseau de conduits minuscules à travers tout le corps, reliant les plus petites artères et les veines. Les capillaires ont des parois très fines composées d'une simple couche de cellules qui distribuent l'oxygène et les nutriments du sang dans les tissus du corps, et qui absorbent les déchets et le dioxyde de carbone.

Cerveau antérieur. Ou prosencéphale. Partie frontale de l'encéphale incluant le cerveau, le thalamus, l'hypothalamus, le système limbique et le corps calleux.

Cerveau moyen. Ou mésencéphale. Partie supérieure du tronc cérébral.

Cerveau postérieur. Ou rhombencéphale. Région basse du tronc cérébral, comprenant la protubérance annulaire (ou pont), le bulbe rachidien et le cervelet.

Cochlée. Partie de l'oreille interne enroulée comme la coquille d'un escargot et responsable de l'audition.

Cortex cérébral. Couche de substance grise qui constitue la paroi des hémisphères cérébraux. Il est particulièrement développé chez les mammifères. Le terme est adéquat puisque le cortex est la couche de tissus qui constitue l'enveloppe externe du cerveau.

Démence. Détérioration des fonctions mentales telles que la mémoire, la concentration et le jugement, résultant d'une maladie organique ou d'un trouble cérébral. Elle s'accompagne parfois de troubles émotionnels et de changements de personnalité qui entravent le fonctionnement quotidien du sujet.

Dérivation. Dispositif utilisé lors d'une opération chirurgicale détournant le liquide cérébro-spinal du système ventriculaire vers la cavité abdominale où il est absorbé.

Diagnostic. Processus d'identification d'une maladie ou d'une lésion sur la base du récit du patient, de l'étude de ses symptômes et de l'évaluation des données fournies par les laboratoires et autres examens.

Exérèse. Intervention chirurgicale qui consiste à retirer d'une partie du corps un élément nuisible (corps étranger, tumeur, caillot...).

Fissure longitudinale. Dans le cerveau, il s'agit du sillon mince qui sépare l'hémisphère droit de l'hémisphère gauche.

Génome humain. Ensemble du matériel génétique (de l'ADN) de la cellule.

Hallucinogènes. Drogues affectant les perceptions, les sensations, la pensée, la conscience et les émotions.

Homéopathie. Traitement développé par un médecin allemand, Samuel Hahnemann (1755-1843) sur la base que les éléments chimiques qui provoquent les maladies peuvent avoir une efficacité thérapeutique quand ils sont utilisés à doses extrêmement faibles.

Hominidés. Les hominidés forment une famille d'espèces regroupant les grands primates (homme, chimpanzé, bonobo, gorille, orang-outan). Les hominidés se distinguent des autres familles animales entre autres par un cerveau très développé, la position verticale, un mode de locomotion de type « bipède », la capacité à utiliser et fabriquer des outils, un comportement social très développé, la manipulation de concepts abstraits, et la conscience d'eux-mêmes.

Hypnose. Terme introduit par James Braid au milieu du XIXe siècle. On parle aussi de mesmérisme, d'après le nom de Franz Anton Mesmer. Ce terme décrit un état qui ressemble au sommeil, mais qui est induit par une autre personne.

Idiot savant. Personne handicapée mentale témoignant d'aptitudes exceptionnelles dans un champ particulier comme l'art, la musique ou les mathématiques. Cet état a été décrit la première fois par le docteur J. Langdon Down en 1887. Il a utilisé le terme « idiot », car c'était la classification utilisée à l'époque pour désigner les personnes dont le Q.I. était inférieur à 25. Le terme « idiot » est considéré aujourd'hui comme péjoratif.

Invasive. Se dit d'une technique qui nécessite une incision de la peau ou une ouverture d'une partie du corps. On parle aussi à l'inverse de technique non invasive quand il n'y a ni incision ni ouverture.

LASIK. Acronyme de « LAser in-Situ Keratomileusis ». C'est une intervention chirurgicale qui consiste à découper avec précision une fine lamelle dans l'épaisseur de la cornée avec un laser spécial, afin de remodeler la courbure de la cornée pour améliorer sa capacité de mise au point. Avant de se décider pour une telle opération, il faut consulter un ou plusieurs spécialistes de la chirurgie de l'œil.

Linguistique. Étude scientifique du langage. La neurolinguistique est une branche de cette discipline qui examine plus précisément comment le langage est traité et représenté dans le cerveau.

Maladie. État avec changements physiques détectables.

Mémoire explicite. Ce terme renvoie à des représentations mentales que nous sollicitons par la conscience et l'attention alors que la **mémoire implicite** relève d'un processus automatique.

Mésencéphale. Voir « cerveau moyen ».

Méthode des loci. Méthode mnémotechnique servant à mémoriser de longues listes d'éléments ordonnés. Elle est basée sur le souvenir de lieux déjà bien connus, auxquels on associe par divers moyens les éléments nouveaux que l'on souhaite mémoriser. Cette méthode vient de la Grèce antique. Les orateurs grecs l'utilisaient pour retenir leurs discours. On raconte que Simonide de Ceos était à un banquet pour faire un discours. Il sortit un instant et le bâtiment s'écroula, tuant tout le monde à l'intérieur. Simonide put reconnaître les corps, atrocement mutilés, en se remémorant l'endroit où ils étaient assis durant le banquet.

Muscles lisses. Muscles d'aspect lisse au microscope et reliés aux organes internes.

Muscles squelettiques. Muscles attachés aux os, d'aspect strié au microscope.

Myélinisation. Formation de la myéline, une substance grasse qui recouvre certaines fibres nerveuses.

Neurophatie. Terme médical utilisé pour décrire une détérioration ou une inflammation des nerfs périphériques. Les symptômes dépendent du type de nerf(s) atteint(s). Ainsi, une neuropathie peut provoquer une atrophie musculaire ou une paralysie si les nerfs moteurs sont atteints. Les fonctions végétatives peuvent être affectées (pression artérielle et fréquence cardiaque anormales, réduction de la capacité respiratoire, constipation, incontinence...) si les nerfs du système autonome sont atteints. La neuropathie peut également être à l'origine de sensations de brûlure ou d'élancements (c'est-à-dire de douleurs « neuropathiques ») qui peuvent devenir chroniques si les nerfs sensitifs sont touchés. Une douleur neuropathique est une douleur engendrée par une lésion des nerfs périphériques ou du système nerveux central.

Neurotransmetteur. Substance chimique qui transmet l'influx nerveux à travers la synapse.

Névrose. Trouble sans origine organique apparente. Toutes les maladies mentales ont été autrefois qualifiées de névroses. Le terme est abandonné dans les classifications américaines.

Plaques. Petites formations en forme de disque et, plus spécifiquement, lésions des tissus cérébraux résultant d'amas anormaux de cellules nerveuses mortes ou mourantes.

Potentiel évoqué. Activité électrique produite par le système nerveux en réponse à un stimulus visuel, auditif ou somatique. Un potentiel évoqué somatosensitif est l'activité électrique produite par la stimulation d'une zone du corps, habituellement le bras ou la jambe.

Prophylaxie. Processus qui permet de prévenir l'apparition ou la propagation d'une maladie ; il peut s'agir aussi bien d'actions médicamenteuses que de campagnes d'information sur les précautions à prendre.

Propriocepteurs. Ensemble de capteurs sensoriels localisés dans les muscles, tendons et articulations. Ils sont à l'origine de la perception de la position ou du déplacement de l'ensemble du corps dans l'espace, et de la position ou du déplacement de nos membres les uns par rapports aux autres.

Prosencéphale. Voir « cerveau antérieur ».

Réaction « fight-or-flight ». Réaction naturelle du corps au stress, impliquant notamment une hausse de la pression sanguine, une accélération du rythme cardiaque, et une contraction des muscles, en vue de se préparer à affronter ou à fuir une situation menaçante.

Réflexe conditionné. Comportement acquis qu'il faut distinguer du réflexe inné (automatique, comme de retirer sa main du feu).

Rhombencéphale. Voir « cerveau postérieur ».

Score d'Apgar. Évaluation des nouveau-nés sur la base de cinq caractéristiques : coloration de la peau, fréquence cardiaque, réflexes à la stimulation de la plante du pied, respiration, tonus musculaire. Chaque caractéristique est notée de 0 à 2, avec un total de 10 pour un score parfait.

Sélection naturelle. Processus dont résulte la survie de plantes ou d'animaux qui sont les mieux adaptés à leur milieu et qui conduit à la perpétuation des qualités génétiques garantissant cette adaptation.

Souvenirs flashs. En 1977, Roger Brown et James Kulick suggèrent que si les personnes peuvent se souvenir si vivement de ce qu'elles faisaient au moment de l'assassinat de John F. Kennedy, c'est parce qu'un événement choquant active un mécanisme du cerveau qu'ils appellent « empreinte du moment ». Tout comme le flash d'un appareil photo, l'empreinte du moment fige dans notre esprit ce qui se passait au moment même où nous avons appris la nouvelle de l'événement choquant. Ce sont ces souvenirs qu'on appelle « souvenirs flashs ».

Syndrome du canal carpien. Trouble causé par la compression du nerf dans le canal carpien (là où le nerf passe au niveau du poignet), se manifestant principalement par de la douleur, des engourdissements, des fourmillements et/ou une faiblesse dans la main.

Système nerveux périphérique. Partie du système nerveux incluant le système autonome, situé anatomiquement en dehors du cerveau et de la moelle épinière, même s'il y est intimement relié physiologiquement. Ce système se compose de 36 paires de nerfs périphériques : 31 paires de nerfs rachidiens qui pénètrent le système nerveux central en dessous de la nuque et 5 paires de nerfs crâniens directement connectés au cerveau.

Système pyramidal. Système qui tire son nom de la forme pyramidale des faisceaux nerveux dans la zone du bulbe rachidien (décussation des pyramides) que la plupart des faisceaux pyramidaux traversent. Contrairement au système pyramidal, le **système extrapyramidal** n'est pas une entité anatomique, mais un ensemble de voies de transmission des influx nerveux responsables de la motricité involontaire (entre autres les réflexes) et du contrôle de la posture.

Tic. Mouvement (ou vocalisation) soudain, rapide, récurrent, non rythmique et stéréotypé

TOC. Acronyme de « trouble obsessionnel compulsif », un trouble anxieux se manifestant notamment par la survenue chez une personne de compulsions (besoin impératif d'adopter un comportement, sous peine de sombrer dans l'angoisse) ou la mise en place de rituels. La notion d'obsession est également présente dans le TOC. L'obsession correspond à une idée qui se répète inlassablement, qui s'incruste, finissant par entraîner des angoisses.

Trauma. Lésion ou blessure produite par l'impact mécanique d'un agent extérieur.

Traumatisme. Ensemble des conséquences physiques ou psychologiques engendrées par un trauma. En d'autres termes, le traumatisme est la conséquence d'un trauma.

Trou occipital. Encore appelé *foramen magnum* (« grand trou » en latin), il s'agit d'une ouverture à la base du crâne par laquelle passe la moelle épinière.

Troubles. Généralement causés par une pathologie inconnue, associés à une déficience ou à un dysfonctionnement.

Ventromédian. Partie inférieure du centre ou de la ligne médiane.

Annexe B

Index

A

abcès cérébraux, 233
accidents vasculaires cérébraux, 239-241
acétylcholine, 94, 152
    Voir aussi « neurotransmetteurs »
acide désoxyribonucléique
    Voir « AND »
acromégalie, 86
addiction, 259-270
ADN, 6
adrénaline, 76, 152
adrénocorticotrophine, 76, 87, 154
Agpar, score d', 247
aire d'association
    auditive, 74
    sensitive, 74
    visuelle, 74
aire de Broca, 39, 71, 73
    fonction, 74
    langage, 118
aire de Wernicke, 71
    fonction, 74
Albucasis, 22

Alcméon de Crotone, 19
alcool, 261-262
algie vasculaire de la face, 245
Al-Razi, 22
Alzheimer, Aloïs, 50
    maladie d', 50, 61, 87, 253-254
amnésie, 185-186
amphétamines, 268-269
amusie, 183
amygdale limbique, 85
amygdales cérébelleuses, 80
anévrisme, 313-314
angiographie, 295
angiographie cérébrale, 55
angiographie par résonance magnétique
    Voir « ARM ».
angio-scanner
    Voir « ARM ».
anomalies congénitales, 237-239
anomalies crâniofaciales
    chirurgie, 210
anosmie, 100
antéhypophyse
    hormones sécrétées par l', 87

anxiété, 277-280
    anxiété généralisée, 278
aphasie, 39, 120
appareil labyrinthique, 165-166
appétit, 140
aqueduc de Sylvius, 83
arachnoïde, 68
Aristote, 19
ARM, 296
Arnold, Magda, 195
Arnold-Chiari, maladie d', 237
artériographie, 295
astricytome, 230
astrocytes, 96
attaques cérébrales
    traitement, 314-315
audition, 120-121, 128-133
autisme, 284
Avicenne, 22
axone, 91

B

Babbitt, Raymon, 213
Babinski, Joseph, 54
Bard, Philip, 194
barrière hémato-encéphalique, 70
behaviorisme, 37
Bell, Charles, 35
    Bell, maladie de, 104
Berger, Hans, 58
Berkeley, George, 30
Bernard, Claude, 38, 150
Bertrand, Alexandre Jacques-François, 33
besoins biologiques, 138
Binet, Alfred, 50, 209
Bini, Lucino, 57
Binnig, Gerd Karl, 58
biopsie, 294

boire, 140-141
boîte crânienne, 68
Boyle, Robert, 29
Broca, Pierre-Paul, 39
    Voir aussi « Aire de Broca ».
Broussais, François, 32
bulbe rachidien, 8, 84

C

cannabis, 263-264
Cannon, Walter, 194
capillaires, 70
Caton, Richard, 37
CAT-scan, 59, 295, 296
cécité, 103
cellule gliale, 95-96
    Voir aussi « névroglie ».
cellules de Cajal, 35
cellules de Purkinje, 80
cellules de Schwann, 96
cellules nerveuses, 71
cellules olfactives, 133
cellules souches, 320
céphalée, 244
    céphalée de tension, 245
Cerletti, Ugo, 57
cerveau moyen
    Voir « mésencéphale ».
cerveau postérieur, 8
cervelet, 8, 72, 79-88
    fonctions, 80
Charcot, Jean-Martin, 36
chiasma optique, 102, 125
chirurgie du cerveau, 42, 307-314
chorée d'Huntington, 61, 72, 237
cingulotomie, 307
citerne cérébellomédulaire, 69
Clarke, Robert Henry, 52

clonage, 321
cocaïne, 264-265
cochlée, 129
coculli (supérieurs et inférieurs), 83
cognitivisme, 306
commissures, 72
commotion cérébrale, 225-226
    évaluation et traitement, 226
comportementalisme, 305
coordination des mouvements, 80
cornée, 124
corps calleux, 8, 72
    intelligence, 214
corps géniculé, 102
corps genouillé
    voir « corps géniculé ».
cortex associatif, 72
cortex associatif moteur
    fonction, 74
cortex auditif, 71
    fonction, 74
cortex cérébelleux, 79
cortex cérébral, 71-77
cortex moteur, 51, 71, 73
    fonction, 74
cortex olfactif, 71
cortex pariétal, 71
cortex préfrontal
    fonction, 74
    mémoire, 179
cortex prémoteur, 71
    fonction
cortex sensitif, 59, 71
    émotions, 194, 197
cortex somato-sensiitif primaire, 74
    fonction, 74
cortex visuel71,
    fonction, 74
corticolibérine, 76

couche moléculaire, 80
couteau gamma, 132
crâne, fractures du, 227
craving, 264
Creutzfeldt-Jacob, maladie de, 88, 255
CT-scan, 59, 295, 296
Cushing, Harvey, 52, 53

D

daltonisme, 126-127
Damadian, Raymond, 60
Dandy, Walter, 52, 53
Darwin, Charles, 4
Darwin, Charles, 41
dendrites, 91
dépendance, 259-270
dépression nerveuse, 280-282
Descartes, René, 28
détecter les mensonges, 202
dopamine, 83, 94
    Voir aussi « neurotransmeteurs »
douleur fantôme, 224
Down, John, 35
drogues, 259-270
dure-mère, 68
dyscalculie, 119
dysgraphie, 119
dyslexie, 119

E

ectasy, 268
effet Mozart, 184
Ehrlich, Paul, 43
Eisenhardt, Louise, 53
électrochocs, 55, 56, 307
électroconvulsivothérapie, 307
électroencéphalogramme, 58, 142,

293-294
électromyographie, 292
embolisation, 313
émotions, 193-203
    émotions premières, 196
    et aires du cerveau
    et comportement, 194-196
    peur, 200
    stress, 201
encéphalites, 233
encéphalographie
    électroencéphalographie, 58
    magnétoencéphalographie, 60
    pneumoencéphalographie, 54
encéphalopathie de Wernicke, 262
encéphalopatie bovine spongiforme, 255
enclume (oreille), 128, 129
encodage des informations, 181
enfants surdoués, 211
enképhaline, 61
épilepsie, 249-252
équilibre, 80, 164
Érasistrate de Chios, 19
Erlanger, Joseph, 51
étrier (oreille), 128, 129
Eustachi, Bartolomeo, 24
évocation (souvenir), 183

F

Fathergill, John, 33
fissure longitudinale, 72
flash-back, 278
Flourens, Pierre, 37
Foix, Charles, 35
fonctions vitales, 83
foramen de Magendie, 69
foramen interventriculaire, 69
foramen magnum, 80

formation réticulaire, 84, 141
fovéa, 124, 127
fractures du crâne, 227
fréquence cardiaque, 83
Freud, Sigmund, 48

G

Gage, Phineas, 41
Galien, 20, 80, 90
Gall, Franz, 32
Galton, Francis, 44
Galvani, Luigi, 33
ganglion sympathique, 156
Gardner, Howard, 207
Gasser, Herbert, 51
génome humain, 318
gigantisme, 86
glande pituitaire8, 76, 85
    chirurgie, 311
    tumeur, 125, 231
glande surrénale, 76
gliomes, 230
glucocorticïde, 154
Goldsmith, Michael, 60
Golgi, Camillo, 34, 92
goût, 104, 134-136

H

hallucinogènes, 266-268
Hartley, David, 31
Harvey, William, 29
hémisphères cérébraux
    audition, 130
    intelligence, 214, 72
    langage, 118
héroïne, 265-266
Hérophile, 19, 90

hippocampe
    mémoire, 178
Hippocrate, 19
histamine, 88
homéostasie, 150
homoncule sensitif, 58, 74
horloge biologique, 88
hormones, 69, 86
    adrenocorticotrophine, 87
    hormone antidiurétique, 87
    hormone de croissance, 87
    hormone de stimulation
        folliculaire, 87
        thyroïdienne, 87
    hormone lutéinisante, 87
    ocytocine, 87
    prolactine, 87
hormones de stress, 154
hormones sexuelles, 147
Horsley, Victor, 52
Hounsfield, Godfrey, 59
Huntington, chorée d', 61, 237
hydrocéphalie à pression normale, 255
hydrocéphalie, 70, 230, 237-238
    chirurgie, 310
hypnose, 32, 48
hypophyse, 76, 85, 86, 87
    tumeurs hypophysaires, 231
hypotalamus, 8, 75, 76
    antérieur, 140
    latéral, 139, 140
    ventro-médian, 139, 140

I

imagerie médicale, 295-299
imagerie par résonnance magnétique, 60
    Voir aussi « IRM ».
incus, 128

infarctus cérébral, 240
infections cérébrales, 232-235
insomnie, 145
intelligence, 205-219
    émotionnelle, 203
    intelligence multiple, 207-208
    mesurer l', 50, 208-210
    et taille du cerveau, 213
    iris, 124
IRM, 60, 295-296
Ishihara, test d', 103

J

Jackson, John Hughlings, 38
Jacobo Berengario da carpi, 24
James, William, 194

K

Koch, Robert, 40
Korsakof, Sergueï, 44
Korsakoff, syndrome de, 262
Kraepelin, Emil, 45

L

La Borde, clinique de, 57
La Mettrie, Julien de, 30
labyrinthe
    membraneux, 166
    osseux, 165
langage, 71, 113-121
    aire de Broca, 118
    centre cérébral du langage, 118
    langage des bébés, 115-116
Lange, Carl, 194
Lemke, Leslie, 213
Léonard de Vinci, 23

liquide cérébro-spinal, 69, 70
Lister, Joseph, 40
lobe
    frontal, 71, 73
    occipital, 71, 73
    pariétal, 71, 73
    temporal, 71, 73, 75
lobotomie, 55, 56, 307
    préfrontale, 198
Locke, John, 31
locus niger, 83
Loewi, Otto, 51
LSD, 266-267
Lyme, maladie de, 235

M

Macewen, William, 42
magnétoencéphalographie, 60
    Voir aussi « MEG ».
Maïmonide, Moïse, 22
mal des transports, 105, 166-167
maladies
    d'Alzheimer, 187, 253-254
    d'Arnold-Chiari, 237
    de Bell, 104
    de Charcot, 36
    chorée d'Huntington, 61, 72
    de Creutzfeldt-Jacob, 88, 255
    dégénératives héréditaires, 236-237
    de Lyme, 235
    maladie maniaco-dépressive, 283
    Ménière, 168
    de Parkinson, 35, 61, 72, 83, 94, 120, 247-249
    du sommeil, 236
    de la vache folle, 255
malaria, 235
malléus, 128

Malpighi, Marcello, 30
manger, 140-141
marteau (oreille), 128, 129
mastication, 104
maux de tête, 244-246
médicaments, 302-303
medulla oblongata, 84
médulloblastome, 230
MEG, 60
mélanine, 124
mélatonine, 88
mémoire, 71, 177-191
    encodage des informations, 181
    gonfler sa mémoire, 188-190
    mémoire à court terme, 179-180
    mémoire déclarative, 178
    mémoire épisodique, 182
    mémoire explicite, 178
    mémoire implicite, 178
    mémoire à long terme, 181-182
    mémoire procédurale, 182
    mémoire sémantique, 182
    mémoire sensorielle, 179
    mémoire de travail, 180
    souvenirs, 182-183
Ménière, maladie de, 168
méninges, 68
méningiome, 228
    chirurgie, 312
méningite, 70
    bactérienne, 232
mensonge, détecter les, 202
Mescaline, 266
mésencéphale, 8, 83
Mesmer, Franz Anton, 32
message électrochimique, 95
messages nerveaux, 93
méthode des loci, 189
microbiologiste, 12

migraine, 244
Minkoff, Larry, 60
Mitchel, Silas Weir, 39
moelle allongée
    Voir « bulbe rachidien ».
moelle épinière, 69, 72
Molyneux, William, 30
Moniz, Egas, 55
mort cérébrale, 241
motoneurones, 151
mouvements du visage, 104
Mueller, Max, 114
Müller, Johannes, 35
muqueuses olfactives, 133, 134
myéline, 92, 96
myélographie, 295

N

nerfs
    abducens, 100, 101, 103
    accessoire, 100, 101, 107
    connecteurs, 88
    crâniens, 99-107
    effecteurs, 92
    facial, 100, 101, 104
    glosso-pharyngien, 100, 101, 106
    hypoglosse, 100, 101, 107
    moteurs, 88, 92
    oculaire, 100, 103, 132
    olfactif, 100, 101, 125
    optique, 101, 101, 102, 103
    sensoriels, 89
    trijumeau, 100, 101, 104
    trochléaire, 100, 101, 10
    vague, 100, 101, 106
    vestibulaire, 81
    vestibulo-cohléaire, 100, 101, 105
neurinome de l'acoustique

    chirurgie, 311
neurochirurgie, 12, 53, 54
neurochirurgien, 12
neurologie, 29
neurologue, 12
neurones, 95, 91
    adrénergiques, 152
    cholinergiques, 152
    moteurs, 151
    préganglionnaires, 152
neuropathie, 224
neurophysiologiste, 12
neuroradiologue, 12
neurotoxines, 96
neurotransmetteurs, 93, 94
    acétylcholine, 94, 152, 155
    adrénaline, 152
    dopamine, 94
    noradrénaline, 94, 152
    sérotonine, 94
névralgie du trijumeau, 33, 246
névroglie, 95
    Voir aussi « cellule gliale ».
nicotine, 262-263
Nissl, Franz, 50
noradrénaline, 88, 94, 152
noyaux gris centraux, 72

O

ocytocine, 87
odorat, 100, 133-134
œil, 124-127
    fonctionnement, 124-125
olfaction, 100, 101
oligodendrocytes, 96
onde électriques cérébrales, 142
opiacées, 265
oreille, 128-132

fonctionnement, 128-130
oreille externe, 128
oreille interne, 80, 128, 129, 165, 168
oreille moyenne, 128
organes tendineux de Golgi, 169
oubli, 187
ouïe, 71, 75, 83

P

paludisme, 235
papilles gustatives, 134-135
paralysie
    de Bell, 35
    cérébrale, 247
    supranucléaire progressive, 249
Parkinson, James, 35
    maladie de, 35, 61, 83, 94, 120, 247-249
parole, 117-118
Pasteur, Louis, 40
Pavlov, Ivan, 37
PCP (phencyclidine), 267-268
pédoncules cérébelleux, 83
Penfield, Wilder, 58, 74, 113
périlymphe, 166
PET-scan, 59
peur, 200
phencyclidine
    Voir « PCP ».
phobies, 279-280
    phobie sociale, 277
phrénologie, 32
Phryesen, Laurentius, 24
pie-mère, 68
Placebo, 302
planches de Rorschach, 51, 52
Platon, 114
pneuma, 19, 80
pneumoencéphalographie, 54

Polygonne de Willis, 29
ponction lombaire, 291
pont, 83
    Voir aussi « protubérance annulaire »
post-hypophyse
    hormones sécrétées par la, 87
potentiel évoqué, 293
prolactine, 87
propriocepteurs, 164
prosencéphale, 8
prostaglandine, 61
protubérance annulaire, 8, 83
    Voir aussi « pont ».
psychanalyse, 48, 304
psychologue, 12
psychose, 274-277
    psychose maniaco-dépressive, 45
psychothérapie, 304
    psychothérapie institutionelle, 57
pupille, 124
Purkinje, Jan, 34

R

radiation optique, 102
rage, 40, 234
Ramon y Cajal, Santiago, 13
Ramon y Cajal, Santiago, 35
rayons X, 43, 54
réacquisition (souvenir), 183
réaction, 170
    fight-or-flight, 84, 152, 153, 194
récepteurs
    labyrinthiques, 164
    sensoriels du visage, 104
récognition (souvenir), 183
rééducation intégrée, 227
réflexe 156-159, 170
    conditionné, 37

cornéen, 104
optiques, 102
remémoration (souvenir), 183
retard mental, 212
rétine, 124
rêves, 143
rhombencéphale, 8
Roentgen, William, 43
Rohrer, Heinrich, 58
Rolando, Luigi, 36
Rorschach, Hermann, 51
Ruska, Ernst, 58

S

Saint-Alban, clinique de, 57
scalpel gamma, 132, 229
scanner
    CAT-scan, 59, 295
    TEP-scanner, 297, 299
Schachter, Stanley, 195
schizophrénie, 45, 94, 275-277
sclérose
    latérale amyotropique, 36
    en plaques, 252-253
score d'Agpar, 247
sélection naturelle, 5
sens, 123-138
sérotonine, 88, 94
sexualité, 147-148, 159-160
Sherrington, Charles Scott, 35
SIDA, 236
signe de Romberg, 164
Simon, Théodore, 50
Singer, Jerome, 195
sismothérapie, 307
Snellen, test de, 103
soif, 140
soma, 91

sommeil 140-146
    cycles, 142
    maladie du, 236
somnanbulisme, 141
souvenir, 178, 182-183
    et émotion, 197
    faux souvenir, 184
Spearman, Charles, 211
stapes, 128
stress, 76, 153-155, 201
substance noire, 83
surdité, 131-132, 169
sympathectomie lombaire, 156
synapse, 35, 51, 92, 93, 94
syndrome
    de Down, 35, 238-239
    de Korsakoff, 186, 262
    de la Tourette, 44, 256-257
    de stress post-traumatique, 197, 201, 278
syphilis, 235
système nerveux, 90
    autonome, 150-161
    parasymapthique, 150-161
    somatique, 151
    sympathique, 150-161
système extrapyramidal, 169
système limbique, 71, 71
    et émotions, 197
système pyramidal, 169
système vestibulaire, 165, 166, 168
système visuel, 126

T

TDAH (trouble déficit de l'attention/ hyperactivité), 284
TEP-scanner, 297-299
test

d'Ishihara, 103, 126
de Q.I., 209
de Snellen, 103, 126
de Stanford-Binet, 209
de Turing, 11
thalamus, 8, 75, 76
théorie de l'évolution, 5
thérapies, 303-306
tics, 256
TOC, 256, 279
tomographie axiale assistée par ordinateur, 59
    Voir ausi CT-scan ou CAT-scan.
tomographie par émission de positron, 59
    Voir aussi « PET-scan ».
tonus musculaire, 80, 169
toucher, 136-137
Tourette, Gilles de la, 44
tractus, 92
tranquillisants, 269
traumas cérébraux, 224-228
traumas crâniens, 225
    chirurgie, 309
trépanation, 16
trisomie 21, 238-239
trompe d'Eustache, 129
tronc cérébral, 8, 72, 83
trou occipital, 80, 81
troubles
    bipolaire, 218, 283-284
    panique, 278, 279
    du langage, 119, 120
    du traitement auditif, 119
    du traitement visuel, 119
    maniaco-dépressifs, 218
    mentaux, 271-285
    obsesionels compulsifs
    Voir « TOC ».
tumeur
    des nerfs crâniens, 229
    du cerveau, 53, 228-232
    chirurgie, 310-313
    crâniennes, 228,
    hypophysaires, 231
    métastasique, 312
Turing, Alan, 11
tympan, 128, 129

V

Van Leeuwenhoek, Antoni, 30
Vane, John, Robert, 61
ventricules, 69
ventriculographie, 54
vermis, 80
Vésale, Andréas, 24
vestibule osseux, 166
Vincent, Clovis, 54
Vue, 71, 75, 83, 123-128, 100-103
    test de Snellen, 126
    test Ishihara, 126

W

Wagner-Jauregg, Julius von, 56
Wepfer, Johann, 29
Wernicke, Carl, 39
    encéphalopathie de, 262
Willis, Thomas, 29

Notes personnelles

Notes personnelles

Notes personnelles

Notes personnelles

Notes personnelles

Notes personnelles

Notes personnelles

Notes personnelles

Notes personnelles

Notes personnelles

Notes personnelles

Notes personnelles

Notes personnelles

Notes personnelles

Notes personnelles

Notes personnelles

DIPLÔME

La Marabout Académie

décerne à ....

le diplôme de fin de lecture au titre de son assiduité, de sa persévérance et de sa réelle volonté à connaître le fonctionnement du cerveau et à remuer un peu ses méninges....

Le doyen de la Marabout Académie

Fait à Paris, le ....

Imprimé en Italie par Europrinting S. p. A.
ISBN : 978-2-501-06149-0
Dépôt légal : mars 2009
Édition 01
4051199 / 01